SWARTS, Th

Précis de chimie général[e]
[d]escriptive exposée au poi[nt de]
vue des doctrines moder[nes]

Tome 2

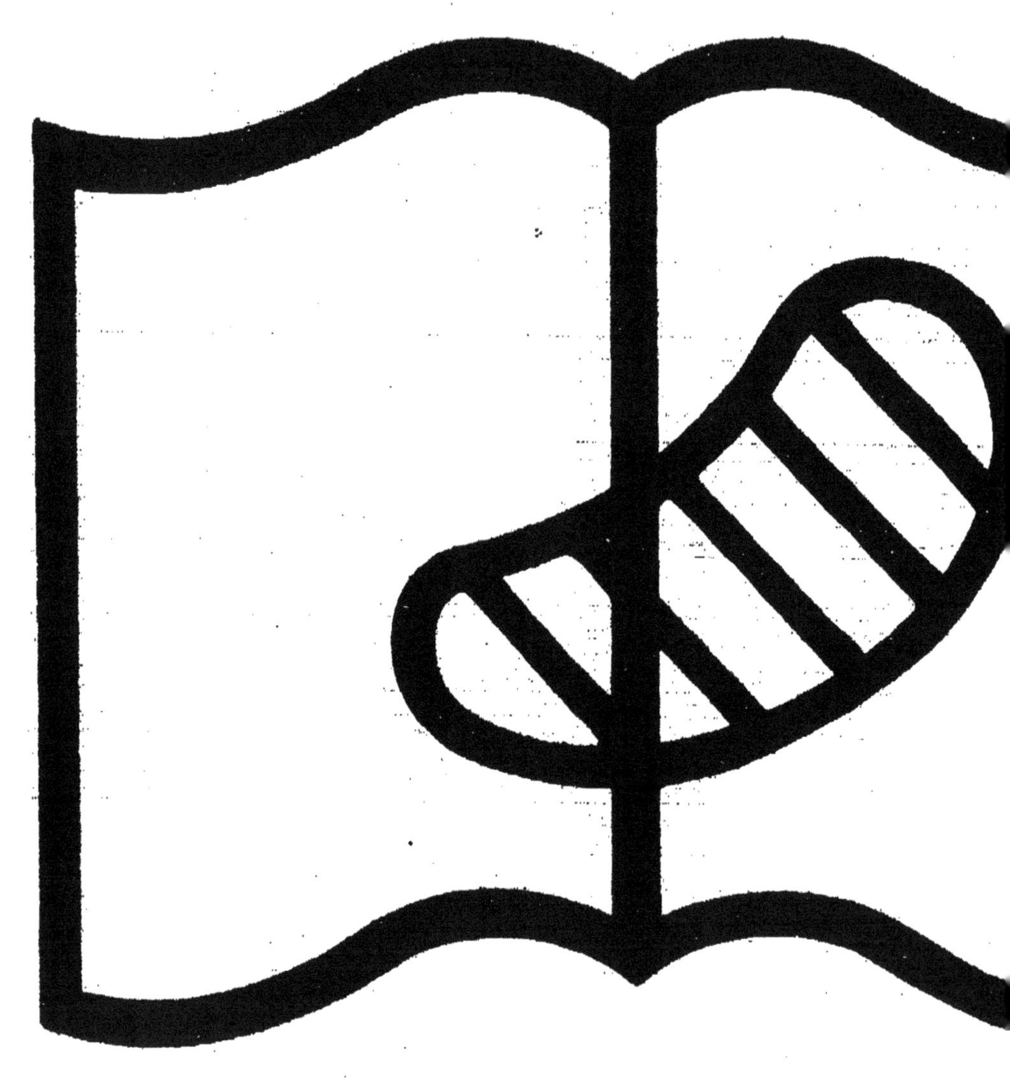

**Symbole applicable
pour tout, ou partie
des documents microfilmés**

**Symbole applicable
pour tout, ou partie
des documents microfilmés

1632

PRÉCIS

DE

CHIMIE GÉNÉRALE ET DESCRIPTIVE.

Gand, imp. C. Annoot-Braeckman, Ad. Hoste, succr.

PRÉCIS DE CHIMIE

GÉNÉRALE ET DESCRIPTIVE

EXPOSÉE

AU POINT DE VUE DES DOCTRINES MODERNES

PAR

TH. SWARTS

PROFESSEUR A L'UNIVERSITÉ DE GAND

TROISIÈME ÉDITION

ENTIÈREMENT REFONDUE ET CONSIDÉRABLEMENT AUGMENTÉE

TOME DEUXIÈME

AVEC UNE PLANCHE LITHOGRAPHIÉE ET 24 GRAVURES SUR BOIS

GAND

LIBRAIRIE GÉNÉRALE DE AD. HOSTE, ÉDITEUR

rue des Champs, 49

1887

PRÉCIS

DE

CHIMIE GÉNÉRALE & DESCRIPTIVE.

MÉTAUX.

1. On appelle métaux les éléments qui, à l'égal de l'hydrogène, remplissent la fonction positive ou basique. Ce sont ceux qui peuvent remplacer l'hydrogène des acides avec une facilité plus ou moins grande, et donner ainsi naissance à des sels. Ce remplacement peut se faire directement ou indirectement; ce sont les composés hydroxyliques qui s'y prêtent le mieux :

$$HCl + MOH = MCl + H_2O.$$

Comme nous l'avons déjà dit en parlant des métalloïdes, cette définition est loin d'être rigoureuse ou absolue. Il est impossible, en effet, de déterminer quel doit être le degré de facilité avec laquelle se fait ce remplacement, et de dire où finissent les métalloïdes et où commencent les métaux. Aussi plusieurs chimistes rangent-ils encore parmi les uns, des éléments qui devraient logiquement se trouver parmi les autres, et réciproquement. Il n'en saurait être autrement d'ailleurs, puisque dans la nature les corps forment, non pas des groupes isolés et distincts les uns des autres, mais des séries continues, où les différents termes se rattachent entre eux par des transitions insensibles. L'antimoine est parfois placé au nombre des métaux, tandis que d'un autre côté le bismuth, l'étain, l'or, l'osmium, le tungstène etc. sont considérés par plusieurs savants comme de vrais métalloïdes.

On a souvent essayé de définir et de distinguer les métaux, en se basant sur leurs propriétés physiques, et notamment sur l'éclat, la densité, la conductibilité électrique ou calorifique. Ces caractères se prêtent très mal à cette distinction, car ils se rencontrent dans des corps appartenant à l'une ou à l'autre classe, et semblent être dans un rapport non encore défini avec le poids moléculaire, mais non avec la fonction chimique. Nous rappellerons ici que l'iode et le graphite ont un éclat métallique très prononcé, sans que jamais on ait songé à mettre ces métalloïdes au nombre des métaux.

Il faut remarquer toutefois que l'éclat métallique se rencontre chez tous les métaux; parmi les métalloïdes on l'observe surtout chez ceux qui, par quelques-unes de leurs propriétés, semblent faire la transition aux éléments métalliques.

Quant aux définitions basées sur les propriétés chimiques, elles constituent presque toujours des cercles vicieux, attendu qu'elles définissent le métal par le métalloïde et vice versâ.

Cependant il est certains caractères qui, sans se prêter à une distinction rigoureuse, permettent dans beaucoup de cas de différencier les deux genres de corps. Ainsi, les combinaisons des métalloïdes avec l'oxygène sont presque toujours des anhydrides acides : à l'état hydraté, elles sont presque toujours acides. Les oxydes et les hydroxydes métalliques, au contraire, jouent presque toujours le rôle de bases. Mais il ne faut pas oublier qu'il existe des acides métalliques, tels que l'acide ferrique, l'acide chromique, l'acide manganique, etc.; il ne faut pas oublier non plus qu'il existe un sulfate d'arsenic et un sulfate d'antimoine.

Les sulfures métalloïdiques jouent presque toujours le rôle de sulfoanhydrides, et forment avec les sulfures alcalins des sulfosels solubles. C'est ainsi que le sulfure d'arsenic se dissout dans une solution d'hydrosulfure de potassium. Mais ce caractère n'est pas plus précis que les autres : le sulfure de mercure est soluble dans le même réactif.

Enfin les chlorures des métalloïdes sont presque tous décomposables par l'eau, avec formation d'acide chlorhydrique et d'un oxacide : les chlorures métalliques au contraire, sont presque toujours intégralement solubles dans l'eau, et se comportent comme de véritables sels. On a donc cru pouvoir définir les métaux en disant que ce sont des éléments dont la chaleur d'oxydation est inférieure à la chaleur de chloruration.

2. État naturel. Quelques métaux se trouvent dans la nature à l'état libre ou natif. C'est surtout le cas pour l'or, l'argent, le platine et le bismuth; le cuivre, le mercure, le fer et le nickel natifs se rencontrent plus rarement.

Le plus souvent les métaux se trouvent dans le sein de la terre à l'état de minéraux, c'est-à-dire en combinaison avec d'autres éléments. Les principaux agents minéralisateurs sont l'oxygène, le soufre et l'arsenic.

On donne le nom de *minerai* à tout minéral susceptible d'exploitation métallurgique.

Le plomb, le fer, le zinc, le cuivre, le mercure et l'argent existent surtout à l'état de sulfures. Le nickel et le cobalt se rencontrent fréquemment à l'état d'arséniures ou de sulfarsénites; le fer, l'aluminium, le manganèse et l'étain à l'état d'oxydes. Beaucoup de métaux se trouvent à l'état de sels, témoin les chlorures de potassium, de sodium, de magnésium, de plomb et d'argent, les carbonates de baryum, de strontium, de calcium, de magnésium, de manganèse, de fer, de zinc, de cuivre et de plomb, les sulfates de baryum, de calcium, de strontium, de magnésium, de plomb, de fer et de cuivre. On connaît enfin de nombreux silicates, contenant du potassium, du sodium, du lithium, du calcium, du magnésium, du fer, du zinc ou de l'aluminium.

3. Extraction. Quoique l'étude des procédés métallurgiques employés pour l'extraction des métaux appartienne à l'histoire individuelle de chacun d'eux, il ne sera pas sans intérêt d'exposer ici les principes généraux qui sont appliqués dans ce genre d'opérations.

On procède d'abord dans le voisinage même de la mine à un triage à la main pour séparer les fragments de roche stérile d'avec le minerai pur et d'avec les morceaux formés d'un mélange de gangue et de minerai. Ces derniers sont ensuite pulvérisés, soit au moyen de moulins à pilons nommés bocards, soit à l'aide de meules ou de cylindres concasseurs. La poudre obtenue, mélange de minerai et de matières terreuses, est soumise à la lévigation, c'est-à-dire à l'action d'un courant d'eau dans des appareils appropriés qui sont ordinairement des plans inclinés. L'eau entraîne les poussières terreuses, et laisse le minerai, généralement plus dense. C'est de cette manière qu'on extrait l'or natif des sables ou des quartz aurifères.

Le minerai ainsi dépouillé de sa gangue est soumis à un traitement chimique dont la nature varie nécessairement avec sa composition. Parfois on procède par substitution en déplaçant le métal cherché par un autre plus commun : on peut obtenir l'antimoine, le mercure et le plomb en chauffant leurs sulfures avec du fer; l'argent s'extrait de son chlorure en traitant ce dernier par le mercure; le magnésium et l'aluminium s'obtiennent par l'action du sodium sur les chlorures de ces métaux.

Mais le plus souvent on procède par réduction. Les oxydes naturels sont directement réduits par le charbon ou par l'oxyde de carbone; les sulfures et les arséniures sont grillés, c'est-à-dire chauffés dans un courant d'air, les carbonates calcinés, et transformés ainsi en oxydes qui sont réduits à leur tour. Les métaux dont les oxydes ne se laissent pas réduire, comme le baryum, le strontium, le calcium, le magnésium, l'aluminium, le chrôme, etc. sont convertis en chlorures, et ces derniers sont décomposés par le potassium ou le sodium, qui eux-mêmes s'obtiennent en chauffant leurs carbonates avec du charbon.

4. Les métaux usuels, obtenus par l'un des procédés que nous venons d'esquisser, sont loin d'être purs; ils retiennent généralement de petites quantités des éléments qui les accompagnaient dans leurs minerais, et notamment du soufre, du phosphore, de l'arsenic, du silicium ou du carbone. Il faut alors les soumettre à l'*affinage*. Cette opération consiste en une oxydation ménagée qui brûle les éléments étrangers et leur permet soit de se dégager à l'état d'oxydes volatils, soit de se transformer en anhydrides. Ces derniers s'unissent tantôt à l'oxyde du métal lui-même, tantôt à de l'oxyde de calcium ou de magnésium qu'on introduit dans le four. Il se produit alors des sels fusibles, connus sous le nom de *scories*.

5. Dans la plupart de ces opérations il est indispensable de liquéfier les gangues qui se trouvaient encore mêlées aux minerais; il

est indispensable aussi de garantir le métal réduit et incandescent contre l'action oxydante de l'air. On y parvient au moyen des *fondants*. On appelle ainsi certaines substances qu'on ajoute au minerai et qui peuvent former avec la gangue un silicate fusible connu sous le nom de *laitier*. Ce silicate en fondant permet aux gouttelettes métalliques de se réunir ; il recouvre comme un vernis le métal fondu et le garantit contre l'oxydation.

Le choix des fondants se règle d'après la composition des gangues. On cherche d'ordinaire à obtenir des orthosilicates doubles, attendu que ces silicates sont plus fusibles que les autres. Si la gangue est argileuse, on ajoute comme fondant de la chaux ou du calcaire, car le silicate d'aluminium (argile) est infusible, tandis que le silicate double d'aluminium et de calcium est fusible à une température élevée.

Si la gangue est calcareuse, on ajoute de l'argile et même du feldspath (silicate double d'aluminium et de potassium) attendu que de minimes quantités de potasse ou de soude augmentent notablement la fusibilité des silicates. Les silicates de fer sont également très fusibles, de là l'emploi fréquent des fondants ferrugineux. La fluorine ou spath fluor ($Ca Fl_2$) est également employée ; non-seulement elle peut éliminer une partie de l'anhydride silicique à l'état de fluorure de silicium, mais elle détermine aussi la fusion des gangues sulfatées ($Ba SO_4$ et $Ca SO_4$).

6. Toutes ces opérations se font tantôt dans des fours sans foyer indépendant, où le combustible et le minerai sont directement mélangés et dont le haut fourneau est le type, tantôt dans des fours à foyer indépendant, dans lesquels on trouve deux compartiments, l'un servant de foyer où brûle le combustible, l'autre de laboratoire, où le minerai reçoit l'action des gaz chauds produits par la combustion. Le type de ces fourneaux est le four à réverbère. (Voir le § consacré à la métallurgie du fer).

7. Quelques métaux peuvent être obtenus par voie électrolytique. Le potassium et le sodium ont été préparés d'abord par l'électrolyse de leurs hydroxydes ; le baryum et le strontium se préparent encore aujourd'hui par l'électrolyse de leurs chlorures fondus. L'invention des machines dynamo-électriques permet actuellement d'obtenir l'électricité à un prix relativement bas ; aussi a-t-on commencé à appliquer la décomposition galvanique au traitement des minerais, pour peu que ceux-ci soient conducteurs. C'est ainsi qu'on peut extraire le plomb de la galène PbS par électrolyse. Dans un bain de nitrate de plomb on fait passer un courant galvanique : le plomb se dépose au pôle négatif, qui est formé par une lame du même métal; le résidu halogénique NO_3 se porte au pôle positif qui est formé par une plaque de galène comprimée. Il se produit ainsi du nitrate de plomb qui se dissout et que le courant décomposera ultérieurement, et du soufre qui se sépare, et peut être recueilli à son tour.

5. Propriétés physiques. Parmi les propriétés physiques des métaux, il en est dont l'étude est du domaine spécial de la physique : ce sont surtout la ductilité, la malléabilité, la ténacité, la dilatabilité, la conductibilité électrique et calorifique, la chaleur spécifique, et le pouvoir magnétique.

Nous devons donc nous borner à les mentionner. Parmi ces propriétés celles là seules intéressent le chimiste, qui peuvent servir à reconnaître ou à différencier ces éléments.

A la température ordinaire, tous les métaux sont solides, excepté le mercure, et peut-être le cæsium.

La couleur de la plupart des métaux est comprise entre le blanc pur et le blanc bleuâtre; le calcium, le strontium, l'or et le cuivre font exception(1). La couleur d'un métal peut varier suivant qu'il est en masse ou à l'état de division; elle est modifiée aussi par la manière plus ou moins parfaite dont se font l'absorption et la réflexion de la lumière à sa surface. Ainsi, après plusieurs réflexions successives d'un même rayon lumineux l'or paraît rouge et l'argent jaune, le zinc bleu et le fer violet.

Les métaux sont doués d'un brillant particulier qu'on désigne sous le nom d'éclat métallique. L'éclat d'un même métal varie selon son état. En masse compacte, les métaux sont toujours brillants, tandis qu'ils sont généralement ternes à l'état de grande division. Quand on ajoute de l'acide phosphoreux dissous à une solution d'un

---

(1) Le strontium et le calcium sont généralement décrits comme des métaux ayant la couleur du métal des cloches. Des observations récentes semblent démontrer que ces métaux sont blancs et que cette teinte jaunâtre doit être attribuée à une oxydation superficielle.

sel d'argent ou de mercure, on voit les métaux se déposer à l'état d'une poudre grise qui ne rappelle en rien le brillant que nous leur connaissons habituellement.

La compression leur communique leur éclat propre; les poussières métalliques deviennent brillantes sous le brunissoir.

La plupart des métaux peuvent cristalliser : quelques-uns même se rencontrent dans la nature à l'état cristallin. L'octaèdre régulier, le cube, le dodécaèdre rhomboïdal sont les formes les plus ordinaires des métaux cristallisés. Le potassium, le gallium et l'étain cristallisent dans le système du prisme droit à base carrée; le zinc, le magnésium et le bismuth cristallisent en rhomboèdres. La cristallisation s'obtient, soit par voie de fusion, soit par précipitation galvanique. La structure cristalline des métaux apparaît souvent par la cassure ou par le décapage de leur surface.

En masse, tous les métaux sont opaques; très divisés ou en feuilles très minces ils laissent passer la lumière, qui présente alors une couleur particulière dépendante de la nature du métal. La lumière blanche passant à travers une feuille d'or paraît verte: passant à travers de l'argent très divisé, elle devient bleu pourpré.

Il n'y a aucun rapport apparent entre le poids spécifique des métaux et leur poids atomique : le lithium, le calcium, le rubidium, le potassium, le sodium, sont plus légers que l'eau; tous les autres sont plus pesants que ce liquide. Le poids spécifique de ces derniers varie de 2,5 à 21,5.

La dureté des métaux est très variable; quelques-uns comme le lithium, le rubidium, le potassium, le sodium, le baryum, le strontium, le calcium, le plomb, le thallium, sont très mous et se laissent rayer par l'ongle; l'or, l'argent, le cuivre, le platine, le cadmium, le bismuth et l'étain sont rayés par le spath d'Islande. Le magnésium, le fer, le cobalt, le nickel et le zinc sont plus durs, mais se laissent rayer par le verre. Le manganèse raie le verre, le chrôme raie même le quartz.

La structure des métaux est cristalline ou fibreuse. L'état cristallin est le seul stable et se produit toujours à la suite de vibrations répétées. C'est là la principale cause de rupture des essieux de voitures. Les métaux ductiles et malléables deviennent plus ou moins fibreux par l'étirage et le martelage. La ténacité d'un métal varie d'après sa structure; elle est au minimum dans l'état cristallisé complet, et au maximum dans l'état fibreux. D'après la forme des cristaux, la cassure des métaux est *lamellaire* ou *grenue*.

Quand un métal malléable ou ductile passe à la filière ou au laminoir, il subit d'ordinaire un changement moléculaire qui a pour effet de le gercer ou de le rendre plus dur et plus cassant, il *s'écrouit*. Pour lui rendre ses propriétés primitives, il faut le recuire, c'est-à-dire le chauffer au rouge et le laisser refroidir lentement.

La *fusibilité* des métaux varie dans les limites très larges; le mercure fond à — 59°, l'iridium vers 2500°. On n'est pas encore parvenu à fondre l'osmium.

Les propriétés magnétiques ne sont sensibles que chez le fer, le cobalt et le nickel. Le chrôme est magnétique à — 15°; à la température ordinaire il est sans action sur l'aiguille aimantée.

Tous les métaux paraissent volatils, pourvu qu'on les chauffe suffisamment : le mercure, le rubidium, le potassium, le sodium, le cadmium, le zinc, le magnésium peuvent bouillir et être distillés dans des cornues en grès ou en fer. A la chaleur produite par le gaz oxhydrique, l'argent, le palladium, le platine même, peuvent bouillir et distiller. Plusieurs métaux donnent des vapeurs incolores, d'autres, comme le potassium, produisent des vapeurs colorées.

Certains métaux possèdent un goût et une odeur véritables. L'étain, le cuivre, le fer, frottés entre les mains, exhalent chacun une odeur particulière; ils possèdent également un goût propre.

Le tableau suivant résume les principales propriétés physiques des métaux :

CONDUCTIBILITÉ CALORIFIQUE.	CONDUCTIBILITÉ ÉLECTRIQUE.	DENSITÉ.	DENSITÉ (suite).	POINT DE FUSION.	TÉNACITÉ.
Ag . . 1000	Ag . . 1000	Os . . 22,50	Al . . 2,56	Os . . (?)	Co . . 452[1]
Cu . . 756	Cu . . 733	Ir . . 22,40	Sr . . 2,50	Ir . . 2500°	Ni . . 320
Au . . 532	Au . . 585	Pt . . 21,15	Mg . . 1,70	Pt . . 2000	Fe . . 250
Zn . . 190	Zn . . 240	Au . . 19,29	Ca . . 1,60	Co . . 1500	Cu . . 137
Sn . . 145	Sn . . 226	Hg . . 13,59	Rb . . 1,50	Ni . . 1500	Pt . . 125
Fe . . 119	Pb . . 107	Th . . 11,80	Na . . 0,97	Fe . . 1500	Ag . . 85
Pb . . 85	Pt . . 103	Pb . . 11,35	K . . 0,86	Au . . 1250	Au . . 68
Pt . . 84	Hg . . 100	Ag . . 10,57	Li . . 0,59	Ag . . 1000	Zn . . 50
Bi . . 18	Bi . . 19	Bi . . 9,8		Al . . 750	Sn . . 16
		Cu . . 8,70		Zn . . 410	Pb . . 10
		Ni . . 8,80		Cd . . 360	
		Co . . 8,80		Pb . . 335	
		Cd . . 8,60		Bi . . 264	
		Sn . . 7,29		Sn . . 228	
		Fe . . 7,25		Li . . 180	
		Cr . . 7,01		Na . . 96	
		Zn . . 6,86		K . . 62	
		Ga . . 5,90		Ga . . 50	
				Hg . . —39	

(1) Nombre de kilogr. nécessaire pour rompre un fil de 0,001 m. de diamètre.

9. Propriétés chimiques. Les propriétés chimiques des métaux, c'est-à-dire leur mode d'action sur d'autres corps, sont si variables d'un métal à l'autre, et souvent même pour les différents états d'agrégation d'un même métal, qu'il est impossible de les examiner d'une manière générale. Tout ce qu'on peut dire, c'est qu'ils ont tous une affinité plus ou moins grande pour les éléments ou radicaux halogéniques, et qu'ils peuvent par suite remplacer l'hydrogène des acides : mais tandis que pour les uns la combinaison ou le remplacement se produit directement et avec énergie, pour d'autres, il ne se produit qu'avec peine et par voie indirecte.

Les métaux communiquent aux combinaisons qui les renferment, des allures particulières, dont l'étude se résume dans celle des bases et des sels. Ils se combinent aussi entre eux pour former des composés définis nommés alliages.

10. La plupart des métaux s'unissent avec énergie aux métalloïdes : la combinaison se fait généralement avec dégagement de chaleur et de lumière ; elle est d'autant plus violente que les corps qu'on unit sont plus écartés les uns des autres dans la série électro-chimique. Tantôt la combinaison se fait directement à froid, tantôt elle exige le concours de la chaleur. Les métaux qu'on appelle nobles ou précieux, tels que l'or, le platine, l'iridium, etc., et qui font pour ainsi dire la transition aux métalloïdes, se montrent en général très rebelles à la combinaison ; l'oxygène, par exemple est sans action sur eux, même aux températures les plus élevées.

11. Quelques métaux s'unissent à l'oxygène de l'air à la température ordinaire, ou décomposent l'humidité atmosphérique, et se recouvrent ainsi d'une couche d'oxyde ou d'hydroxyde. Si cet enduit est continu et compacte, comme c'est le cas pour le zinc et le plomb, il forme vernis, et soustrait le métal à toute oxydation ultérieure. Mais s'il est poreux, comme la rouille du fer, loin de garantir le métal, il provoque une altération plus profonde, attendu que l'action chimique est favorisée par le couple galvanique formé par le métal et l'oxyde.

12. Les métaux très volatils communiquent tous une coloration particulière à la flamme de l'hydrogène et en général aux flammes incolores. Tous les métaux impriment une coloration particulière à l'étincelle électrique produite à l'aide d'une forte décharge. Ces propriétés sont mises à profit dans l'analyse qualitative, dans l'analyse spectrale, et dans la pyrotechnie.

Quand la coloration produite par un métal est tellement intense qu'elle masque celle des autres (comme c'est le cas pour le sodium dont la flamme jaune couvre complètement la teinte violette du potassium par exemple), on peut faire apparaître ces dernières en regardant la flamme à travers des verres diversément colorés.

Pour observer ce phénomène on humecte d'acide sulfurique, un fil de platine bien propre ou un brin d'amiante, on y fait adhérer la substance en poudre et on porte le tout dans la flamme d'une lampe de Bunsen. On emploie le brin d'amiante quand on soupçonne la présence de métaux aisément réductibles, qui s'allieraient au platine. On observe ainsi une coloration :

Jaune, disparaissant quand on la regarde par un verre bleu et faisant apparaître incolore un cristal de bichromate de potassium : Na.

Violette, masquée par la couleur de la soude, visible à travers un verre bleu : K.

Verte, BO_3H_3, $Cu(NO_3)_2$.

Vert livide, H_3PO_4.

Bleu pâle, As, Sb, Pb.

Quand ces colorations ont disparu, on humecte la substance d'un peu d'acide chlorhydrique et on chauffe de nouveau. On voit alors une couleur :

Rouge carmin, violette vue par un verre bleu, disparaissant quand on la regarde par un verre vert : Sr.

Rouge orangé, bleu gris par un verre bleu, vert jaune par un verre vert : Ca.

Bleu pourpre, bleu par un verre bleu, vert par un verre vert : $CuCl_2$.

Bleu pâle : Zn.

Vert jaunâtre, bleu par un verre vert : Ba.

13. Plusieurs métaux réduits par voie chimique à l'état d'extrême division, jouissent de la faculté de condenser les gaz et les vapeurs. Le palladium et le platine possèdent cette propriété au degré le plus prononcé; ils condensent respectivement 680 et 400 fois leur volume d'hydrogène. On la trouve à un degré prononcé chez le nickel, le cuivre et le mercure. Les métaux qui ont condensé un gaz combustible deviennent incandescents, lorsqu'on les plonge ensuite dans l'oxygène ou dans l'air. Les gaz combustibles sont ainsi brûlés; inversément, les métaux qui ont condensé de l'oxygène rougissent dans des gaz combustibles. Ces mêmes métaux déterminent la combinaison instantanée des mélanges explosifs avec ou sans détonation, suivant l'état de division du métal. C'est sur ces propriétés qu'est basée la construction de la lampe de Döbereiner. Le palladium chargé d'hydrogène réduit à l'état de chlorure les solutions de chlorate de potassium, et convertit les azotates dissous en un mélange d'azotites et d'ammoniaque.

Dans quelques uns de ces cas la condensation des gaz est due à un phénomène d'adhésion purement physique, à une condensation à la surface, semblable à celle que présente le charbon ou d'autres corps poreux. Mais parfois ce phénomène se complique d'une combinaison chimique. L'hydrogène, qui est un métal, peut s'unir à d'autres métaux pour former de véritables alliages. C'est ainsi qu'il s'unit vers 300° au potassium et au sodium pour donner des combinaisons de la formule KH_2, NaH, et qui se décomposent à une température plus élevée. Une lame de palladium, employée comme électrode négatif dans l'électrolyse de l'eau, peut absorber 856 fois son volume d'hydrogène, et changer ainsi d'aspect, de volume et de densité. Il s'est produit ainsi un alliage de palladium et d'hydrogène Pd_2H, dans lequel ce dernier a une densité $= 0,62$. Cet alliage a des propriétés réductrices fort énergiques : il se conserve très bien dans le vide; la chaleur le dédouble en ses éléments.

Ce dédoublement est un véritable phénomène de dissociation; la tension de dissociation est constante pour une température déterminée; pour l'hydrure de palladium elle devient égale à la pression atmosphérique quand la température atteint 440°. Ce fait démontre clairement que nous nous trouvons ici en présence d'une combinaison chimique, et non devant un mélange de deux corps dont l'un adhérerait simplement à l'autre.

La propriété que possèdent le palladium, le platine, le fer, etc., de laisser filtrer l'hydrogène à travers leur substance à une température élevée doit probablement être rapportée à un phénomène du même genre : il se produirait d'abord une combinaison hydrogénée que la chaleur décomposerait; l'hydrogène se dégagerait alors de toutes les faces du métal.

Fig. 1.

Des phénomènes analogues ont été observés pour l'oxyde de carbone. L'argent fondu peut même dissoudre une certaine quantité d'oxygène, et le dégager par le refroidissement en produisant une espèce d'ébullition connue sous le nom de *rochage*.

La lampe de Döbereiner, fig. 1, dont il vient d'être parlé, est basée sur la propriété que possède l'hydrogène de s'unir à l'oxygène sous l'influence de la mousse de platine.

Dans un vase V contenant de l'acide sulfurique étendu se trouve une petite cloche v fermée en haut par un robinet b. Dans cette cloche est suspendu un bloc do zinc *z* qui dégage de l'hydrogène aussi longtemps que ce gaz n'a pas entièrement rempli la cloche. En appuyant sur le levier *a* le robinet s'ouvre et donne passage à l'hydrogène, qui s'enflamme au contact de la mousse de platine contenue en *p*. Au même moment, l'eau acidulée pénètre dans la cloche, atteint le zinc, et rétablit la production du gaz.

14. Alliages. Les combinaisons des métaux entre eux portent le nom d'alliages, sauf lorsque le mercure en fait partie; dans ce cas ces composés sont appelés amalgames.

On comprend cependant aussi sous la dénomination d'alliages, les corps formés par l'union des métaux proprement dits avec les métalloïdes, tels que l'antimoine, qui font transition aux métaux.

Ils se préparent en fondant ensemble, à l'abri de l'air, les métaux qu'on veut allier; ou bien en réduisant par le charbon le mélange des oxydes des métaux dont on veut se procurer l'alliage. Ce dernier doit être refroidi aussi rapidement que possible. La combinaison se produit souvent avec dégagement de chaleur et de lumière, comme c'est le cas pour l'amalgame de sodium. Quelquefois aussi, par suite d'un phénomène secondaire de dissolution, il se produit un abaissement de température.

Les alliages présentent les propriétés physiques caractéristiques des métaux. Mais ces propriétés changent très sensiblement suivant leur composition. Leur densité n'est pas toujours la densité moyenne des métaux qui les constituent. Leur ductilité et leur malléabilité sont moindres que celles du métal le plus ductile ou le plus malléable qui y entre; ils sont plus durs et plus aigres que le métal le plus mou et le moins cassant, et plus fusibles que le métal le moins fusible. L'alliage de sodium et de potassium est liquide à la température ordinaire.

Une chaleur suffisante élimine des alliages les métaux volatils qui y entrent. Liquéfiés par la chaleur et abandonnés ensuite à un refroidissement lent, ils éprouvent en général une décomposition qui porte le nom de *liquation*. Ils sont transformés ainsi en alliages formés dans d'autres rapports de composition que ceux qu'on a soumis à l'action de la chaleur. Les alliages qui se séparent à la température la plus élevée renferment une quantité plus considérable du métal le moins fusible; ceux qui se séparent à des températures plus basses contiennent une quantité plus forte du métal le plus fusible. Entre ces deux termes extrêmes se déposent des alliages renfermant des quantités croissantes du métal le plus fusible ; mais ces quantités sont toujours représentées par des rapports atomiques.

Les alliages sont solubles dans l'un des métaux liquéfiés qui entrent dans leur composition ; ils sont même très souvent solubles les uns dans les autres.

En général les propriétés chimiques des alliages sont celles des métaux qui les forment ; les alliages contenant des métaux qui se combinent directement au chlore, à l'oxygène, au soufre, qui déplacent directement l'hydrogène des acides, ou qui les décomposent, sont attaqués par ces corps et transformés en chlorures, oxydes, sulfures et sels. Cette attaque se fait tantôt plus facilement et tantôt moins facilement que pour les métaux isolés.

L'énergie de cette action dépend de la nature des métaux qui entrent dans la décomposition des alliages, et du rapport dans lequel ces métaux sont unis. C'est ainsi qu'un alliage d'argent et de platine se laisse dissoudre intégralement par l'acide nitrique, avec formation de nitrate d'argent et de nitrate platinique, tandis que l'acide azotique est sans action sur le platine pur. Inversément dans un alliage d'or et d'argent contenant plus de 25 % d'or, l'argent n'est plus attaquable par l'acide azotique.

Ce fait et beaucoup d'autres du même genre démontrent que les alliages sont de véritables combinaisons.

Les alliages se font, comme les autres combinaisons, en proportions définies dépendant de la valence particulière de chaque métal. Jusqu'ici on ne sait que peu de chose sur cet objet. Ce défaut de connaissances tient d'abord à l'ignorance où nous sommes de l'atomicité de certains métaux ; il provient ensuite de ce que les alliages sont solubles les uns dans les autres et dans les métaux qui les constituent, et de la décomposition que les alliages produits éprouvent sous l'influence d'un refroidissement lent.

Les alliages tels que l'industrie les utilise sont rarement des combinaisons définies ; ils constituent presque toujours des dissolutions d'alliages définis dans un excès de l'un des métaux. Ce fait provient de ce que la plupart des alliages sont employés en remplacement du métal prédominant.

En effet, c'est ce métal qui imprime ses principales propriétés à l'alliage. En composant ce dernier on a presque toujours pour but d'obvier à une propriété caractéristique du métal, tout en conservant ses autres qualités. Ainsi on allie les métaux tantôt pour leur donner de la dureté, tantôt pour leur donner ou leur enlever de la fusibilité, pour augmenter leur brillant, pour leur donner de l'élasticité, de la ténacité, pour les rendre sonores, etc. Le fer est peut-être le seul métal qui s'emploie dans l'industrie sans alliage aucun. Le cuivre, le plomb, l'étain, le zinc, l'aluminium, le mercure et le platine s'emploient tantôt isolés, tantôt alliés.

Le métal prédominant impose son nom aux alliages employés par l'industrie. On connaît ainsi : 1° les alliages de cuivre comprenant : le laiton (cuivre et zinc), les bronzes (cuivre et étain), le bronze d'aluminium (cuivre et aluminium), l'argentan, le maillechort et le packfong (cuivre, zinc et nickel).

2° Les alliages d'argent comprenant la monnaie et l'argent de vaisselle et de bijoux (argent et cuivre).

3° Les alliages d'or, comprenant la monnaie d'or (or et cuivre), le vaisselle et la bijouterie d'or, l'or vert (or et argent).

4° Les alliages d'étain : vaisselle, mesures pour les liquides, soudure des plombiers (étain et plomb); le métal anglais pour objets de ménage (étain, antimoine, bismuth et cuivre).

5° Enfin les alliages de plomb (plomb et antimoine) : les caractères d'imprimerie.

Le tableau suivant indique la composition des principaux alliages :

Monnaies d'or.	Au.	900	Bronze des monnaies	Cu.	95
	Cu.	100		Sn.	4,5
Bijoux d'or.	Au.	750		Zn.	0,5
	Cu + Ag.	250	Bronze des canons.	Cu.	100
Monnaies d'argent.	Ag.	900		Sn.	11
	Cu.	100	Alliage de Darcet (fus. 90°).	Pb.	5
Vaisselle d'argent.	Ag.	950		Sn.	3
	Cu.	50		Bi	8
Bijoux d'argent	Ag.	800	Métal des cloches.	Cu.	78
	Cu.	200		Sn.	22
Bronze d'aluminium.	Cu.	90	Chrysocale	Cu.	90
	Al	10		Zn.	10

Laiton	Cu. 65	Soudure des plombiers	Sn. . . . 66
	Zn. 35		Pb. . . . 33
Maillechort	Cu. 50	Alliage de Wood (fus. 65°)	Sn. 4
	Zn. 25		Bi 15
	Ni 25		Cd. 5
Caractères d'imprimerie	Pb. 80		Pb. 8
	Sb. 20		
Métal anglais	Sn. 100	Alliage de Rose (fus 98°).	Bi 2
	Sb. 8		Pb. 1
	Cu. 4		Sn. 1
	Bi 1		

15. Classification. On ne possède pas les éléments nécessaires pour établir une classification des métaux rigoureuse et scientifique. Tous les essais tentés jusqu'ici n'ont fourni que des classifications artificielles et d'une valeur purement pratique; elles avaient l'inconvénient de séparer des corps analogues et d'en réunir d'autres qui ne se ressemblaient guère. Celle qui a eu cours jusqu'ici est due à Thénard et se trouve formulée dans le tableau de la page ci-contre. Elle est basée sur l'affinité des métaux pour l'oxygène, mesurée par la manière dont ils se comportent avec l'air et avec l'eau, et par l'action de la chaleur sur leurs oxydes.

Cette classification laisse beaucoup à désirer. Son principal défaut est de séparer des corps qui devraient être réunis eu égard aux grandes analogies qu'ils présentent dans leur manière d'être, comme c'est le cas pour le manganèse et le fer. D'ailleurs elle renferme plusieurs inexactitudes; il est donc inutile d'y insister plus longuement.

On subdivise quelquefois les métaux d'après les propriétés de leurs oxydes. Le potassium, le sodium, le cæsium, le rubidium et le lithium ont des hydroxydes solubles et doués d'une réaction alcaline; on les nomme *métaux alcalins*. Les hydroxydes de baryum, de strontium et de calcium ont un aspect terreux, mais sont encore légèrement solubles, et présentent une réaction alcaline; aussi nomme-t-on ces métaux *alcalino-terreux*. Le magnésium, l'aluminium, le cérium, le lanthane, le didyme, l'yttrium, etc., ont des oxydes connus sous le nom de terres; on les nomme *métaux terreux*.

1re SECTION.	2e SECTION.	3e SECTION.	4e SECTION.	5e SECTION.	6e SECTION.
Métaux décomposant l'eau à froid.	*Métaux décomposant l'eau au dessus de 80°.*	*Métaux décomposant l'eau au rouge sombre, ou à froid en présence des acides.*	*Métaux décomposant l'eau au rouge vif ou à 100° en présence des bases énergiques, grâce à leur tendance à former des acides.*	*Métaux ne décomposant l'eau qu'au rouge blanc.*	*Métaux ne décomposant l'eau à aucune température pour s'emparer de l'oxygène.*
Ils s'oxydent dans l'air sec aux températures élevées; leurs oxydes sont irréductibles par la chaleur.	Ils s'oxydent dans l'air sec, aux températures élevées; leurs oxydes sont irréductibles par la chaleur.	Ils s'oxydent dans l'air sec, aux températures élevées; leurs oxydes sont irréductibles par la chaleur.	Ils s'oxydent dans l'air sec, aux températures élevées; leurs oxydes sont irréductibles par la chaleur. Tous sont probablement des métalloïdes.	Ils s'oxydent dans l'air sec aux températures élevées; leurs oxydes sont irréductibles par la chaleur.	Les quatre premiers s'oxydent dans l'air sec aux températures peu élevées. Les trois derniers ne s'oxydent à aucune température. Les oxydes de tous ces métaux se décomposent sous l'influence de la chaleur.
Potassium. Sodium. Lithium. Thallium. Cœsium. Rubidium. Baryum. Strontium. Calcium.	Magnésium. Manganèse. Les métaux suivants ne sont laissés dans cette section que par suite de l'impossibilité où l'on est de les classer actuellement. Aluminium, Ytrium, Glucinium, Erbium, Cérium, Terbium, Lanthane, Thorium, Didyme, Zirconium.	Fer. Zinc. Nickel. Cobalt. Vanadium. Chrôme. Cadmium. Uranium.	Tungstène. Molybdène. Osmium. Tantale. Niobium.	Cuivre. Plomb.	Mercure. Palladium. Rhodium. Ruthénium. Argent. Platine. Iridium.

Les autres métaux sont désignés sous le nom de *métaux pesants*. Enfin les métaux dont les oxydes sont instables et ne se forment que difficilement s'appellent *métaux nobles* ou *précieux*. Il va sans dire que cette classification, basée sur les propriétés physiques des oxydes, n'a aucune valeur scientifique.

16. L'étude des métalloïdes montre que ceux de ces éléments qui ont la même valence possèdent en général des propriétés tellement analogues qu'on peut les grouper en familles naturelles (voir t. I, p. 195). Si pour classer les métaux on veut recourir au même principe, c'est-à-dire à l'atomicité, on se heurte à des difficultés de tout genre. On sait, à n'en pas douter, que l'atomicité des métaux n'est pas la même pour tous. Mais dans bien des cas elle est très difficile à établir, et les groupes formés d'après ce caractère renferment des corps très disparates, à en juger par leurs autres propriétés.

17. La détermination de la valence d'un élément présuppose la connaissance du poids moléculaire d'un grand nombre de ses combinaisons. On déduit de là le poids atomique, ce qui permet généralement de déterminer l'atomicité. Mais il n'y a qu'un petit nombre de métaux dont les combinaisons se prêtent à une détermination rigoureuse du poids moléculaire.

Le moyen le plus facile de déterminer les poids moléculaires, celui que bien des chimistes considèrent comme le seul correct, c'est la détermination de la densité de vapeur. Malheureusement on ne connaît qu'un nombre restreint de combinaisons métalliques qui se prêtent à une détermination de ce genre. La plupart de ces composés sont fixes, d'autres ne se laissent volatiliser qu'à des températures tellement élevées que les observations deviennent à peu près impossibles.

Le tableau suivant énumère les principaux composés dont la formule a pu être déduite de la densité de vapeur.

KI	$HgCl$	$\left\{ \begin{array}{l} Sn_2Cl_4 \text{ (à 600°)} \\ SnCl_2 \text{ (à 1200°)} \end{array} \right.$
$RbCl$	$HgCl_2$	
Ag_2I_2	$Hg(CH_3)_2$	$SnCl_4$
$BeCl_2$	Fe_2Cl_6	$Sn(CH_3)_4$
$ZnCl_2$	$MnCl_2$	$TlCl$
$Zn(CH_3)_2$	$PbCl_2$	$InCl_3$

$CdCl_2$	$Pb(CH_3)_4$	$BiCl_3$
$CdBr_2$	Al_2Cl_6	CrO_2Cl_2
Cu_2Cl_2	$\begin{cases} Al_2(CH_3)_6 \text{ (à 140°)} \\ Al(CH_3)_3 \text{ (à 240°)} \end{cases}$	$MoCl_5$
		WCl_6
		$VOCl_3$
		$NbCl_5$
		$TaCl_5$
		$PtCl_3$

Les déterminations de densité de vapeur peuvent se faire d'après les méthodes de Dumas ou de Gay-Lussac, décrites dans tous les traités de physique. Mais les chimistes donnent la préférence à la méthode de Victor Meyer, qui se recommande par son exactitude et sa simplicité.

L'appareil de V. Meyer se compose d'un gros tube thermométrique A (fig. 2), dont le réservoir a environ 100 centimètres cubes de capacité et 0,30 m. de haut. Il se prolonge en un tube t de 0,60 m., de 0,006 m., de diamètre intérieur, à la partie supérieure duquel est soudé un tube abducteur capillaire E plongeant dans une cuve à eau C où l'on a disposé une cloche graduée D. Il est fermé à sa partie supérieure par un bouchon de caoutchouc B.

Le réservoir est enveloppé d'un manchon de verre M, espèce de grosse éprouvette dans laquelle on fait bouillir une substance à point d'ébullition constant, et distillant à une température suffisamment élevée pour que sa vapeur puisse amener la volatilisation du corps qu'il s'agit d'étudier. Ce dernier est introduit dans une éprouvette T de très petite dimension, et soigneusement pesé : on en prend une quantité telle (de 0,05 à 0,1 gr.) que sa vapeur n'occupe jamais plus que la moitié de la capacité du réservoir.

Quand l'appareil est disposé comme le montre la figure, on fait bouillir la substance contenue dans le manchon. La température du réservoir s'élève d'abord, mais ne tarde pas à devenir constante, ce que l'on reconnaît à ce que l'air dilaté cesse de s'échapper par le tube E. A ce moment on laisse tomber dans l'appareil la petite éprouvette T contenant la substance dont il s'agit de déterminer la densité de vapeur. Pour éviter la rupture de l'appareil, qui résulterait de cette

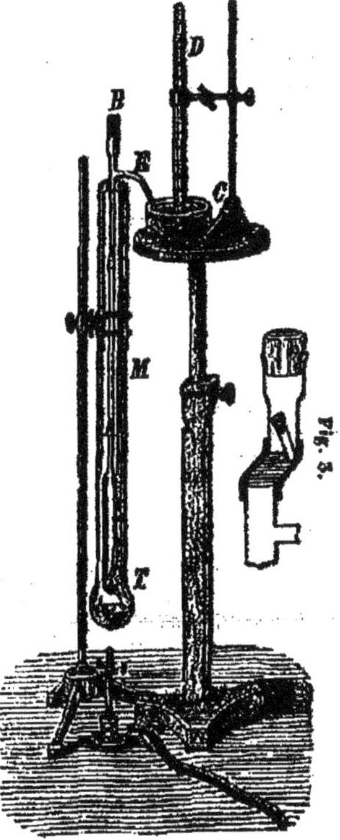

Fig. 2.

manœuvre, on a placé au fond du réservoir un peu de sable ou d'amiante. Aussitôt la substance contenue dans la petite éprouvette passe à l'état de vapeur, et déplace un volume d'air égal à celui de la vapeur produite. Cet air est recueilli et mesuré en D. On connaît ainsi le poids et le volume de la vapeur; on peut donc en calculer facilement la densité, sans avoir à déterminer la température qui règne en A. Il suffit que cette température reste constante pendant la durée de l'expérience.

Pour les substances dont le point d'ébullition est très élevé et supérieur à la température de fusion du verre, on remplace le réservoir et une partie du tube *t* par une pièce de forme analogue en platine ou en porcelaine, et qu'on chauffe dans un four à gaz produisant une température bien uniforme. L'action perturbatrice de l'oxygène de l'air est évitée s'il y a lieu, en remplissant préalablement tout l'appareil d'azote pur.

Pour éviter les erreurs qui pourraient résulter de la mise en place du bouchon au moment où l'on fait tomber dans le réservoir la petite éprouvette, on modifie l'appareil comme le montre la fig. 5. La partie supérieure du tube *t* est coupée et rattachée au système par un tube en caoutchouc tendu latéralement. La petite éprouvette est placée alors en porte à faux immédiatement au-dessous du bouchon. Quand la température constante est atteinte, il suffit de placer ce bout de tube dans l'axe de l'appareil pour déterminer la chute de l'éprouvette jusque dans le réservoir, sans avoir besoin d'ouvrir ou de déplacer le bouchon, et de modifier par là le volume de gaz contenu dans l'appareil.

18. Les résultats consignés dans le tableau de la p. 18 conduisent à considérer le potassium, le thallium et le rubidium comme univalents, l'argent, le glucinium, le zinc, le cadmium, le cuivre, le mercure, le manganèse et le platine comme bivalents, l'aluminium, le fer, l'indium et le bismuth comme trivalents. L'atomicité de l'étain et du plomb serait 4, celle du molybdène, du vanadium, du niobium et du tantale 5, celle du chrome et du tungstène 6.

19. On a déterminé également la densité de vapeur du mercure, du cadmium et du zinc. L'expérience a démontré que cette densité n'est que la moitié de celle qui répondrait aux poids moléculaires Hg_2, Cd_2 et Zn_2. Les particules gazeuses de ces trois éléments sont donc comparables à celles de l'iode (voir t. I, p. 170 et 214) et formées par des atomes isolés.

On est parvenu à des résultats analogues pour la vapeur du potassium et celle du sodium. Toutefois ces résultats n'inspirent pas grande confiance, attendu qu'il est difficile d'empêcher la vapeur des métaux alcalins d'attaquer les parois des appareils.

20. On a généralement recours à la chaleur spécifique t. I, p. 173, pour déterminer le poids atomique des métaux. Si l'on considère la loi de Dulong et Petit comme absolument vraie, on est amené à attribuer les poids atomiques suivants aux métaux les plus importants :

Li'	. .	7,01	Al'''	. 27,50?	Tl'''	. . 203,6
K'	. .	39,13	Cr''	. 52,00?	Bi'''	. . 210,0
Na'	.	23,05	Mn''	. 55,00?	Au'''	. 196,2
Ag'	. .	107,94?	Fe''	. 56,00?	In'''	. . 113,4
Ba''	.	137,00	Co''	. 59,00?	Ga'''	. . 69,9
Sr''	. .	88,00	Ni''	. 59,00?	Sn''	. . 117,8
Ca''	. .	40,00	Cu''	. 63,50	Pt''	. . 197,0
Mg''	.	25,30	Hg''	. 200,00	Mo'	. . 95,8
Zn''	. .	65,20	Pb''	. 207,00	W''	. . 184,0
Cd''	. .	112,00				

Connaissant le poids atomique d'un élément, il suffit de déterminer la quantité de chlore qui s'unit au poids de cet atome traduit en grammes, pour en déduire la valence; cette dernière est donnée par le nombre d'atomes de chlore entrés en combinaison. Or l'analyse démontre que les quantités pondérales déduites de la loi de Dulong et Petit, et inscrites dans le tableau précédent s'unissent à 35,46 p. en poids de chlore, c'est-à-dire à un atome de cet élément, pour le cas du lithium, du potassium, du sodium et de l'argent. Elles se combinent à $2 \times 35,46$, c'est-à-dire à deux atomes de chlore dans le cas du baryum, du calcium, du strontium, du zinc, du magnésium, du cadmium, du chrôme, du manganèse, du fer, du cobalt, du nickel, du cuivre, du mercure et du plomb. L'aluminium, le thallium, le gallium, l'or et l'indium s'unissent à trois atomes de chlore; l'étain et le platine peuvent en fixer quatre, le molybdène cinq et le tungstène six.

On est donc amené à attribuer à ces métaux les valences qui leur sont assignées dans ce tableau.

On a réuni par accolades, les métaux qui doivent être réunis en groupes naturels eu égard à leurs propriétés chimiques. Pour plusieurs d'entr'eux, l'atomicité déduite de la chaleur spécifique semble être en désaccord avec celle qu'on déduit d'autres considérations et notamment de l'inspection du tableau de la p. 18; ils sont marqués d'un?. Il semble donc que la chaleur spécifique ne conduise pas toujours avec certitude à la détermination de l'atomicité.

21. Ce désaccord provient de ce que l'équivalence de tous les métaux par rapport à l'hydrogène n'est pas constante. Prenons le fer pour exemple. On trouve qu'en décomposant l'acide chlorhydrique par ce métal, 28 gr. de fer mettent 1 gr. d'hydrogène en liberté; le poids atomique de ce métal, serait donc 28, si on pouvait le considérer comme univalent. Toutefois la loi de Dulong et Petit assigne au fer le poids atomique $56 = 28 \times 2$. Le symbole du fer sera donc $Fe'' = 56$, et le chlorure formé par son action sur l'acide chlorhydrique sera $Fe''Cl_2$.

Mais ce chlorure est capable de se combiner à une quantité de chlore égale à la moitié de celle qui y existait primitivement, pour donner un composé nouveau, dont la formation et la composition peuvent se représenter par

$$FeCl_2 + Cl = FeCl_3$$

et qui est généralement désigné sous le nom de sesqui-chlorure de fer. Il est évident que dans ce nouveau chlorure l'équivalence du fer a varié : elle a diminué *d'un tiers*. Dans le premier composé, la quantité de fer combinée à 35,5 de chlore, et équivalente à 1 d'hydrogène était 28; dans le second elle est $18,6 = 28 \times \frac{2}{3}$.

On peut énoncer le même fait en disant que dans le premier chlorure le fer paraît être bivalent, tandis qu'il semble être trivalent dans le second; la quantivalence ayant augmenté dans le rapport de 2 à 3.

Le sesqui-chlorure de fer est très volatil; la densité de sa vapeur (324, H_4 étant 2) tend à démontrer que sa molécule renferme six atomes de chlore, combinés à 112 de fer. Ce poids est le double de 56, poids atomique du fer déduit de la chaleur spécifique, et la formule du nouveau composé doit être Fe_2Cl_6 d'après la loi d'Avogadro.

Par la fixation du chlore sur le bichlorure de fer $Fe''Cl_2$, non-seulement l'équivalence du métal a changé, mais ses propriétés fondamentales se sont modifiées en même temps. En effet le bichlorure $FeCl_2$ diffère plus de Fe_2Cl_6 par ses propriétés chimiques qu'il ne diffère des composés correspondants de chrôme, de manga-

nèse, etc. Comme en définitive il ne peut exister qu'un seul atome
de fer, on est naturellement conduit à admettre que dans l'hexachlorure de ce métal Fe_2Cl_6 existe un radical composé $(Fe_2)''''''$ ou $(Ffe)^{VI}$
hexavalent, distinct de l'atome de fer lui-même. On doit donc
admettre l'existence de deux radicaux fer, l'un absolument simple,
bivalent, représentant l'atome, l'autre, complexe, formé par l'union
de deux atomes, et constituant un radical composé fonctionnant
comme atome hexatomique.

Le changement d'un tiers qu'éprouve le fer dans sa valence et
par conséquent dans sa faculté de substitution ou de remplacement
à l'égard de l'hydrogène, se retrouve chez d'autres métaux, et spécialement chez le chrôme et le manganèse.

22. Certains métaux présentent en sens opposé les propriétés du
fer et du chrôme; le mercure, le cuivre, le platine, etc., sont dans
ce cas. Le cuivre paraît être un métal bivalent, § 20; son chlorure
doit être représenté par $Cu''Cl_2$. Mais indépendamment de ce composé on en connait un dont la formule est $CuCl$, et dont les propriétés sont absolument différentes de celles du premier. Ici la
quantité de métal combinée à une même quantité de chlore est
devenue plus grande : l'équivalence du cuivre a donc doublé et son
atomicité qui est 2 dans le premier paraît réduite de moitié dans le
second. On observe la même chose pour le mercure, qui possède
deux chlorures, $HgCl_2$ et $HgCl$.

L'or se conduit comme un élément triatomique, son chlorure est
$Au'''Cl_x$. Mais on connaît aussi un chlorure dont la composition est
représentée par $AuCl$. L'équivalence de l'or, c'est-à-dire son pouvoir
de substitution ou de remplacement peut donc être augmentée des
deux tiers, tandis que son atomicité apparente est réduite de 3 à 1.
On rencontre un cas du même genre dans l'étude de l'étain, qui
possède les chlorures $SnCl_4$ et $SnCl_2$.

23. L'interprétation de cette double capacité de saturation varie
avec les divers métaux. En ce qui concerne le fer et ses analogues,
il est évident que la biatomicité qu'ils montrent dans quelques
combinaisons est apparente et non réelle. Il est impossible, en effet,
que deux atomes bivalents engendrent un groupement hexatomique.
On admet que l'atome de ces éléments est quadrivalent. Cette
manière de voir trouve sa confirmation dans l'existence de quelques

composés tels que $Fe''S_2$, MnS_2, MnO_2, $MnCl_4$. Deux atomes de ces métaux peuvent se souder en un groupement unique hexavalent en échangeant une atomicité de part et d'autre $\equiv Fe'' - Fe'' \equiv$ et engendrer un noyau métallique $(Fe_2)''$ qui se comportera comme un métal unique. La formule du sesqui-chlorure de fer sera donc :

$$\begin{array}{l} Cl\diagdown \qquad \diagup Cl \\ Cl - Fe^{iv} \cdot Fe^{iv} - Cl \quad \text{ou} \quad Cl_3 \equiv Fe^{iv} - Fe^{iv} \equiv Cl_3. \\ Cl\diagup \qquad \diagdown Cl \end{array}$$

24. Mais si le fer est quadrivalent, comment faudra-t-il interpréter la constitution de son chlorure au minimum ou bichlorure que nous avons noté tout à l'heure $FeCl_2$?

Ici deux opinions sont en présence. Les uns considèrent les composés au minimum, tels que le chlorure $FeCl_2$, comme des combinaisons non saturées $::Fe''Cl_2$ dérivant d'un seul atome de métal quadrivalent en réalité, mais bivalent en apparence. Cette manière de voir présente l'avantage de donner des formules très simples, et de rendre compte d'une manière satisfaisante de l'isomorphisme des composés ferreux avec les combinaisons analogues formées par les éléments manifestement diatomiques. Le carbonate ferreux $FeCO_3$ est isomorphe avec le carbonate de zinc $ZnCO_3$; le sulfate ferreux $FeSO_4 + 7aq$ a la même forme, les mêmes propriétés cristallographiques et le même volume spécifique que le sulfate de zinc $ZnSO_4 + 7aq$.

D'autres chimistes se refusent à reconnaître ces corps comme des combinaisons non saturées, et admettent dans les composés ferreux l'existence d'un noyau métallique quadrivalent $= Fe'' = Fe'' =$ dans lequel les deux atomes de fer tétra-atomique échangent deux atomicités de part et d'autre. Les formules ainsi conçues ont l'avantage de montrer d'une manière très simple et très claire la relation des sels au minimum avec les sels au maximum :

$$Cl_2 = Fe = Fe = Cl_2 + Cl_2 == Cl_3 \equiv Fe \cdot Fe \equiv Cl_3$$
$$Cl_3 \equiv Mn \cdot Mn \equiv Cl_3 == Cl_2 + Cl_2 = Mn = Mn = Cl_2,$$

mais elles présentent l'inconvénient de conduire à une notation plus compliquée.

La difficulté presqu'insurmontable qu'on éprouve à distinguer les corps non saturés d'avec les substances à soudures multiples empêche de déterminer laquelle des deux manières de voir est exacte. La première est sans contredit celle qui offre le plus d'avantages et qui compte le plus d'adhérents : c'est aussi celle qui sera adoptée dans cet ouvrage.

On a essayé de déterminer la densité de vapeur du chlorure ferreux $FeCl_2$ ou Fe_2Cl_4. Ce corps n'est volatil qu'à des températures extrêmement élevées. La densité de sa vapeur, prise au rouge blanc, montre qu'il se produit un mélange de molécules $FeCl_2$ et Fe_2Cl_4. Les deux notations sont donc également justifiées.

Le chlorure manganeux, qui est tout à fait analogue au chlorure ferreux, possède une densité de vapeur en rapport avec ce qu'exige la formule $\square MnCl_2$. Ici l'existence d'un composé non saturé est incontestable.

25. En ce qui concerne les autres métaux, l'or et le thallium trivalents, l'étain, le platine et le plomb quadrivalents forment deux espèces de combinaisons. Dans les unes, telles que $Au'''Cl_3$, $Sn''Cl_4$, $Pb''Cl_4$, $Pt''Cl_4$ ces éléments mettent en jeu tous leurs centres d'attraction : dans les autres, telles que $\square Au'''Cl$, $\square PbCl_2$, on admet l'existence de deux lacunes. Quelques chimistes veulent y voir toutefois des composés saturés, et les notent $Cl-Au=Au-Cl$, $Cl_2=Pb=Pb=Cl_2$, et $Cl_2=Pt=Pt=Cl_2$. Les deux manières de voir peuvent également se défendre. Le chlorure stanneux possède à 400° une densité de vapeur en rapport avec la formule Sn_2Cl_4 ; à 1200° cette densité est réduite de moitié et correspond à la formule $SnCl_2$. On note généralement le chlorure aureux Au_2Cl_2 ; tandis que la densité de vapeur du chlorure thalleux correspond à la formule $TlCl$. Le tableau de la p. 18 résume les faits les plus intéressants qui se rattachent à cet ordre d'idées. A considérer la densité de vapeur du plomb-méthyle $Pb(CH_3)'_4$, le plomb est incontestablement quadrivalent ; mais celle du chlorure $PbCl_2$ montre que ce métal peut ne mettre en jeu que deux de ses centres d'attraction.

26. Le cuivre et le mercure sont manifestement bivalents, comme le démontrent leur poids atomique déduit de la loi de Dulong et Petit, la composition de leurs combinaisons principales, et la densité de vapeur du chlorure mercurique $HgCl_2$. Mais ces métaux possèdent des composés au minimum dont les principaux représentants sont le chlorure cuivreux $CuCl$ ou Cu_2Cl_2 et le chlorure mercureux $HgCl$

ou Hg_2Cl_2. La densité de vapeur du chlorure cuivreux conduit à la formule Cu_2Cl_2 ou $Cl\text{-}Cu''\text{-}Cu''\text{-}Cl$; la constitution des composés cuivreux se trouve donc élucidée par là. En ce qui concerne le chlorure mercureux, qui possède un ensemble de propriétés tout à fait analogues à celles du chlorure cuivreux, sa densité de vapeur lui assignerait la formule $HgCl$. Mais il a été démontré que cette vapeur est anormale et qu'elle est formée d'un mélange de vapeur de mercure et de chlorure mercurique : on admet donc par analogie la formule Hg_2Cl_2 ou $Cl\text{-}Hg''\text{-}Hg''\text{-}Cl$.

27. Tous les chimistes rangent aujourd'hui l'argent parmi les métaux univalents. Cette manière de voir est surtout basée sur l'absence de composés mixtes ou complexes qu'on ne pourrait interpréter qu'en lui attribuant une atomicité plus grande. De plus l'azotate d'argent est isodimorphe avec les azotates de potassium et de sodium, et la formule $AgCl$ du chlorure d'argent ($Ag = 108$) est en rapport avec le poids atomique exigé par la loi de Dulong et Petit.

Cependant plusieurs composés d'argent sont complètement analogues aux composés cuivreux par leur forme cristalline et leurs propriétés chimiques. En considérant l'argent comme bivalent, cette analogie se traduirait aussi dans les formules et l'on aurait :

$$Cl\text{-}Ag\text{-}Ag\text{-}Cl \qquad\qquad Cl\text{-}Cu\text{-}Cu\text{-}Cl$$
$$I\text{-}Ag\text{-}Ag\text{-}I \qquad\qquad I\text{-}Cu\text{-}Cu\text{-}I$$
$$(Ag\text{-}Ag)''S \qquad\qquad (Cu\text{-}Cu)''S$$
$$(Ag\text{-}Ag)''O \qquad\qquad (Cu\text{-}Cu)''O$$

Mais tandis que les composés cuivriques, comme $CuCl_2$ dans lesquels n'intervient qu'un seul atome de cuivre sont des corps stables et bien connus, on ne connaît aucun composé d'argent de la formule générale $Ag''R'_2$.

On a annoncé récemment que l'iodure d'argent est volatil au rouge blanc et que sa densité de vapeur correspond alors à la formule $I\text{-}Ag\text{-}Ag\text{-}I$, ce qui établirait une analogie de plus avec les composés correspondants du cuivre.

On peut donc considérer l'argent comme analogue au cuivre et au mercure. Mais tandis que chez ces deux métaux les composés de la forme $HgCl_2$ et $CuCl_2$ sont généralement plus stables et plus nombreux que ceux de la formule $Cl\text{-}Cu\text{-}Cu\text{-}Cl$, chez les composés d'argent on ne connaît que des combinaisons du type Cl - Ag - Ag - Cl. Voilà pourquoi la plupart des chimistes continuent à regarder l'argent comme univalent, et à noter son chlorure AgCl.

28. Quand un métal possède la propriété de former des noyaux ou radicaux métalliques composés ayant une atomicité apparente distincte de celle du métal lui-même, on doit par la nomenclature et la notation tâcher de différencier ces deux genres de combinaisons. On est convenu de donner alors la terminaison *icum* ou *ique* à la combinaison qui, proportion gardée, renferme le plus d'élément ou de résidu halogénique, et la terminaison *osum* ou *eux*, à celle qui en contient le moins. Ainsi le corps $Cu''Cl_2$ s'appellera chlorure de cupricum ou chlorure cuivrique; la substance Cl - Cu - Cu - Cl, s'appellera chlorure de cuprosum ou chlorure cuivreux. Les premiers composés s'appellent aussi composés au maximum, par opposition aux seconds, que l'on appelle composés au minimum (sous entendu d'oxydation ou de chloruration).

Les principaux métaux qui donnent lieu à cette distinction sont :

le cuprosum	Cu_2''	$= 127$	le cupricum	Cu''	$= 63,5$
le mercurosum	Hg_2''	$= 400$	le mercurium	Hg''	$= 200$
le platinosum	Pt''	$= 197,1$	le platinicum	Pt^{IV}	$= 197,1$
le ferrosum	Fe''	$= 56,05$	le ferricum	$(Fe_2)^{VI}$	$= 112,10$
le manganosum	Mn''	$= 55$	le manganicum	$(Mn_2)^{VI}$	$= 110$
le chrômosum	Cr''	$= 52$	le chrômicum	$(Cr_2)^{VI}$	$= 104$
l'aurosum	Au_2''	$= 393$	l'auricum	Au'''	$= 196,5$
le stannosum	Sn_2^{IV}	$= 236$	le stannicum	Sn^{IV}	$= 118$

On distingue souvent ces noyaux métalliques par des symboles. Ainsi on écrit, $Ffe'' = Fe_2''$, $Mmn'' = Mn_2''$, $Crr'' = Cr_2''$, montrant ainsi que deux atomes se sont pour ainsi dire condensés en un seul.

29. Il résulte de ce qui précède que pour certains métaux la détermination de la quantivalence conduit à des résultats douteux, et que même pour plusieurs d'entre eux il y a lieu de distinguer entre l'atomicité apparente et la valence réelle. Quoiqu'il en soit, il est incontestable que des métaux qui paraissent avoir le même nombre de centres d'attraction n'appartiennent pas nécessairement à la même famille : tel est le cas pour le baryum, le strontium et le calcium qui, tout en étant bivalents comme le cuivre et le mercure, s'écartent notablement de ces derniers par les allures de leurs combinaisons. Le principe de classification adopté pour les métalloïdes n'est donc pas rigoureusement applicable aux métaux; de plus l'application n'en serait pas facile, attendu que chez beaucoup de métaux l'atomicité apparente est différente de l'atomicité réelle.

La valence n'est d'ailleurs que l'un des attributs d'un élément. La classification des métalloïdes en quatre groupes naturels était faite bien avant qu'on eût songé à établir leur quantivalence, bien avant que la théorie de l'atomicité eût été formulée. Une heureuse coïncidence a fait qu'à de nombreuses analogies déjà reconnues dans une famille d'éléments vint se joindre encore l'identité dans la valeur d'action chimique; mais il aurait fort bien pu en être autrement, comme nous venons de le voir pour plusieurs groupes de métaux.

31. « Classer, c'est formuler des analogies ». Si le baryum, le strontium et le calcium ont été réunis depuis longtemps en une même famille, c'est parce que leurs composés correspondants ont des propriétés entièrement analogues. Tous trois forment des oxydes d'aspect terreux, s'échauffant fortement au contact de l'eau et se transformant ainsi en hydroxydes légèrement solubles dans ce liquide et doués d'une forte réaction alcaline. Tous trois forment des carbonates insolubles dans l'eau, difficilement décomposables par la chaleur et possédant la même forme cristalline(1); tous trois engendrent aussi des sulfates insolubles doués de caractères cristallographiques semblables, et résistant énergiquement à l'action du feu. Le carbone réduit ces sulfates sous l'influence de la chaleur, et les convertit en sulfures : ces derniers se laissent décomposer par l'eau bouillante, qui les transforme en un mélange d'hydroxyde et d'hydrosulfure, etc. etc. Cette similitude dans les caractères, qui s'observe chez un grand nombre de combinaisons de même nom formées par ces trois éléments, nous force à les grouper en une même famille, et à faire abstraction des quelques différences

---

(1) Le carbonate de calcium est dimorphe. Tantôt il affecte la forme de prismes rectangulaires droits, et constitue alors le minéral connu sous le nom d'arragonite, tantôt il cristallise en rhomboèdres obtus et produit alors l'espèce minérale appelée calcite, calcaire ou spath d'Islande. C'est l'arragonite qui est isomorphe avec les carbonates de baryum et de strontium.

qu'on pourrait rencontrer en comparant tel composé à ses congénères. Ainsi le fluosilicate et le chromate de baryum sont insolubles dans l'eau, tandis que les composés correspondants du strontium et du calcium s'y dissolvent. L'azotate de calcium est soluble dans l'alcool et se distingue par là, ainsi que par sa forme cristalline, d'avec les azotates des deux autres métaux. Il ne serait pas difficile de citer un nombre considérable de faits du même ordre établissant les uns des analogies, les autres des différences.

Le plomb est de tous les métaux celui dont les combinaisons ressemblent le mieux aux composés correspondants des métaux alcalino-terreux. L'oxyde et l'hydroxyde de plomb sont légèrement solubles dans l'eau, et communiquent à ce liquide une faible réaction alcaline. L'azotate de plomb ressemble d'une manière frappante à l'azotate de baryum; cette analogie se retrouve chez les chromates, les carbonates et les sulfates de ces deux métaux. On pourrait donc être tenté de classer le plomb à la suite du baryum. Mais le sulfure de plomb diffère totalement du sulfure barytique tant par ses propriétés que par son mode de formation, et ce fait a suffi à lui seul pour séparer ces deux métaux l'un de l'autre.

Cet exemple montre qu'il faut apporter beaucoup de tact dans l'appréciation si difficile des analogies qui peuvent servir de base à une classification. Il montre aussi que ces analogies sont souvent incomplètes, de telle sorte qu'un élément peut ressembler par quelques unes de ses combinaisons aux composés formés par les corps appartenant à une famille naturelle, et en différer complètement par quelques autres qui le rapprocheraient davantage d'un autre groupe.

32. La chaleur spécifique des métaux alcalino-terreux et la composition de leurs sels les font envisager comme bivalents. La plupart des composés du plomb appartiennent au type $PbCl_4$, et si l'on ne connaissait les trois composés PbO_2, $PbCl_4$ et $Pb(CH_3)_4$, ce métal serait incontestablement rangé parmi les éléments biatomiques. Étant donnée la similitude qu'on observe entre certains composés de plomb et ceux du baryum et du strontium, on peut se demander si ces derniers ne sont pas également quadrivalents, et si les analogies ne se compléteront pas un jour par la découverte d'un composé tel que $BaCl_4$ ou $Sr(CH_3)_4$, et si ici encore nous ne nous trouvons pas devant un de ces cas nombreux où la valence apparente cache l'atomicité réelle, comme nous en avons un exemple dans la constitution des sels d'argent.

Certains sels d'argent, l'azotate par exemple, sont analogues aux composés correspondants du potassium et du sodium. On pourrait se poser ici la même question et se demander si ces métaux ne sont pas bivalents et si le chlorure de potassium n'est pas Cl- K″ - K″ - Cl au lieu d'être K′ - Cl. La détermination de la densité de vapeur de l'iodure de potassium ou du chlorure de rubidium ne peut pas résoudre cette question, car de même que le chlorure ferreux $Cl_2 = Fe^{iv} = Fe^{iv} = Cl_2$ se dissocie au rouge blanc en molécules de la forme $\equiv Fe^{iv} = Cl_2$, de même l'iodure potassique à une température élevée pourrait être ←K″ - I.

Ce qui donnerait un certain poids à cette manière de voir, c'est que le lithium, qui appartient sans conteste à la famille des métaux alcalins, possède un carbonate et un phosphate très peu solubles qu'on pourrait comparer au carbonate et au phosphate de calcium. Ce métal donne aussi naissance à un chlorure décolorant Li′Cl + Li′OCl ou Cl - Li″ - Li″ - OCl tout à fait analogue au chlorure de chaux.

On pourrait donc dire en résumé que les métaux alcalins sont considérés comme univalents, non parce que le fait s'impose, mais parce qu'on n'a pas de raisons suffisantes pour leur attribuer une autre quantivalence.

33. On a souvent eu recours à l'isomorphisme de certains composés métalliques pour en déduire leur analogie de constitution, et par suite pour déterminer la valence des métaux qu'ils renferment. On s'appuyait alors sur le fait que certains composés manifestement analogues sont isomorphes.

Dans un très grand nombre de cas ces analogies sont incontestables. C'est ainsi que le chlorure, le bromure, l'iodure et le fluorure de sodium sont isomorphes entre eux, et cet isomorphisme paraît déterminé par la similitude de fonction des halogènes. De même un certain nombre de composés de constitution semblable et appartenant à des métalloïdes que tout porte à ranger dans la même famille naturelle sont entièrement isomorphes : il suffira de citer ici les exemples suivants :

$$K_2SO_4 \qquad NH_4I \qquad Na_2HPO_4 + 12H_2O \qquad Ag_3AsS_3$$
$$K_2SeO_4 \qquad PH_4I \qquad Na_2HAsO_4 + 12H_2O \qquad Ag_3SbS_3$$
$$K_2TeO_4$$

Le premier groupe met en lumière l'isomorphisme du soufre, du sélénium et du tellure. Le second montre l'isomorphisme de l'azote avec le phosphore, le troisième l'isomorphisme du phosphore avec l'arsenic, le quatrième celui de l'arsenic avec l'antimoine.

Quand on eut ainsi reconnu que dans les familles naturelles des métalloïdes l'analogie de constitution se réflète dans l'identité des formes, on put se demander si des relations semblables se retrouvent parmi les métaux, et l'on ne tarda pas à reconnaître qu'un grand nombre de combinaisons similaires, formées par des métaux qu'on classe généralement dans la même famille, présentent un isomorphisme parfait.

En voici des exemples :

$$K_2SO_4 \qquad CaCO_3 \qquad CaSO_4 \qquad MgSO_4 + K_2SO_4 + 6H_2O$$
$$KNaSO_4 \qquad BaCO_3 \qquad BaSO_4 \qquad ZnSO_4 + K_2SO_4 + 6H_2O$$
$$SrCO_3 \qquad SrSO_4 \qquad CdSO_4 + K_2SO_4 + 6H_2O$$

$$FeSO_4 + 7H_2O \qquad Ag_2S$$
$$MnSO_4 + 7H_2O \qquad Cu_2S$$
$$NiSO_4 + 7H_2O$$
$$CoSO_4 + 7H_2O$$

34. Malheureusement la réciproque n'est pas vraie : beaucoup de substances constituées de la même manière n'ont pas la même forme cristalline ; bien plus, on connaît des substances qui sont isomorphes dans toute l'acception du mot, et qui néanmoins n'offrent pas la moindre analogie de constitution. Le carbonate de calcium (spath d'Islande) $CaCO_3$ est absolument isomorphe avec l'azotate de sodium $NaNO_3$, un cristal du premier grossit parfaitement dans une solution de l'autre et cependant il n'existe aucun bien de famille entre le sodium et le calcium, pas plus qu'entre l'azote et le carbone.

Une anomalie du même genre se rencontre dans les deux groupes isomorphes suivants :

$$K_2TiFl_6 + 2H_2O \qquad CuTiFl_6 + 4H_2O$$
$$K_2NbOFl_5 + 2H_2O \qquad CuNbOFl_5 + 4H_2O$$
$$K_2WO_2Fl_4 + 2H_2O, \qquad CuWO_2Fl_4 + 4H_2O,$$

où nous voyons le fluor partiellement remplacé par l'oxygène, auquel il ne ressemble guère, et le titane quadrivalent remplacé par le niobium et le tungstène, qui sont l'un quinquivalent et l'autre hexatomique.

Quelques chimistes ont été amenés par là à croire que l'isomorphisme était dû principalement à ce que les substances isomorphes possèdent des molécules formées par des nombres d'atomes identiques; mais cette manière de voir est combattue par l'isomorphisme remarquable des sels de potassium (KCl, KNO_3) avec les sels d'ammonium (NH_4Cl, NH_4NO_3).

35. L'isomorphisme est d'un grand secours pour la détermination des poids atomiques, spécialement dans les cas où l'on ne peut recourir ni à la loi d'Avogadro, ni à celle de Dulong et Petit, ce qui arrive surtout pour les éléments très rares. Tous les faits démontrent que dans leurs combinaisons isomorphes les corps simples se remplacent atome par atome. Jusqu'ici le cœsium métallique n'a pas été isolé, mais on sait que ce métal est analogue au potassium. On connaît les deux composés isomorphes :

$$K_2SO_4 + Al_2(SO_4)_3 + 24H_2O$$
$$CsSO_4 + Al_2(SO_4)_3 + 24H_2O.$$

Le second de ces sels ne diffère du premier qu'en ce que 133 de cœsium y remplacent 39 de potassium ; et 133 sera le poids atomique du nouveau métal. Comme il est facile de le voir, la détermination de ce poids atomique est basée sur la connaissance de ceux de chacun des autres éléments contenus dans ces deux combinaisons.

36. Bien moindre est le parti qu'on peut tirer de l'isomorphisme pour établir les classifications : les exemples cités plus haut le démontrent suffisamment. Cela provient de ce que l'isomorphisme est une fonction non de la molécule chimique, mais de la particule physique. Il est évident que des molécules de constitution identique pourront fréquemment se grouper en particules semblables. Mais il ne doit pas nécessairement en être ainsi: le dimorphisme est là pour le prouver. Bien plus, il peut arriver que des molécules de constitution différente donnent lieu en se groupant à des particules analogues, de même que l'on peut faire des édifices identiques en se servant de briques de formes et de dimensions différentes.

Toutes ces questions sont encore entourées de beaucoup d'obscurité à cause de l'ignorance où nous sommes de la constitution des corps solides. Il est peu vraisemblable que la formule du carbonate de calcium soit $O = C\big\langle{}^O_O\big\rangle Ca''$: il est bien plus probable qu'elle doit être représentée par $OC\big\langle{}^{O-Ca-O-CO-Ca-O}_{O-Ca-O-CO-Ca-O}\big\rangle CO$ ou par tout autre formule du même genre, mais bien plus compliquée encore, et contenant peut-être des centaines d'atomes de calcium et de carbone et trois fois autant d'atomes d'oxygène. On pourrait représenter par n le nombre de molécules simples de carbonate $CaCO_3$ contenues dans la molécule plus complexe de spath d'Islande et par m celui qui formerait l'arrogonite. Si dans la première on remplaçait les n atomes de calcium par un même nombre d'atomes de magnésium, on obtiendrait la giobertite ou carbonate de magnésium, isomorphe avec le spath d'Islande; en remplaçant les m de la seconde par du baryum, on donnerait naissance à la withérite ou carbonate de baryum isomorphe avec l'arragonite.

37. Il convient de passer ici en revue certains cas d'isomorphisme observés entre substances n'appartenant pas à la même famille.

L'or et l'argent natifs sont isomorphes, et cristallisent en cubes; on trouve aussi dans le règne minéral des alliages d'or et d'argent présentant la même forme cristalline, et cependant ces deux métaux appartiennent à deux familles bien différentes.

Nous avons déjà fait ressortir au § 27 les analogies qui rattachent l'argent au cuivre et au mercure. L'azotate d'argent est isomorphe avec l'azotate de sodium et peut cristalliser avec lui en toutes proportions. On a constaté également l'isomorphisme du sulfate et du séléniate d'argent avec le sulfate et le séléniate de sodium anhydres.

Le thallium, métal trivalent, forme des composés au minimum, tels que $\equiv Tl'Cl$, $\equiv Tl'I$, etc. L'hydroxyde thalleux $TlOH$, le carbonate Tl_2CO_3 et le sulfate Tl_2SO_4 ont des propriétés qui les rapprochent des composés potassiques correspondants. Le phosphate thalleux Tl_2HPO_4 est isomorphe avec le phosphate d'ammonium $(NH_4)_2HPO_4$.

38. Le spath d'Islande ($CaCO_3$) est le type d'une série de carbonates isomorphes, cristallisant tous en rhomboèdres obtus, et que le règne minéral nous offre tantôt à l'état pur, tantôt mélangés en toutes proportions, formant ainsi des cristaux mixtes de composition variée (voir T. I, p. 150 et 471). Ce sont la giobertite ($MgCO_3$), la dolomie ($CaMg)CO_3$, la sidérose ($FeCO_3$), la smithsonite ($ZnCO_3$) et la diallogite ($MnCO_3$).

On a déjà vu § 54 que le spath calcaire est également isomorphe avec l'azotate de sodium.

La seconde forme cristalline du carbonate de calcium, l'arragonite, est isomorphe avec la withérite ($BaCO_3$), la strontianite ($SrCO_3$) et la cérusite ($PbCO_3$). Cette forme cristalline est aussi celle de l'azotate de potassium, et l'on a même réussi à faire cristalliser ce dernier sur un cristal d'arragonite.

Ces faits montrent que l'isomorphisme relie le calcium à des métaux appartenant à quatre familles différentes. A ce propos nous rappellerons l'isomorphisme de la karstenite ($CaSO_4$) avec la barytine ($BaSO_4$) la célestine ($SrSO_4$) et l'anglésite ($PbSO_4$).

39. Le sulfate de magnésium $MgSO_4 + 7H_2O$ est le type d'une série de sulfates isomorphes, connus sous le nom de *vitriols* ou de sulfates de la série magnésienne. Dans ce sel le magnésium peut être remplacé en tout ou en partie par les métaux suivants : Zn, Mn, Fe, Co, Ni, Cu. Ici encore nous voyons des métaux de trois familles différentes rapprochés par l'isomorphisme.

Une autre série de composés isomorphes se rattache à la précédente. Ils dérivent d'un sel double de la composition $MgSO_4 + K_2SO_4 + 6H_2O$, le magnésium pouvant être remplacé par Zn, Cd, Fe, Cr, Co, Ni, Cu, le potassium par l'ammonium (NH_4) ou le rubidium, et même le soufre par le sélénium.

40. On range généralement dans une même famille le fer, le manganèse et le chrôme, attendu que ces trois métaux possèdent un grand nombre de combinaisons parfaitement analogues. On peut se demander toutefois si le chrôme ne doit pas être séparé des deux autres, et si les anologies auxquelles il vient d'être fait allusion ne sont pas du même ordre que celles qui rattachent par exemple le plomb au calcium. Dans quelques uns de ses composés le chrôme paraît hexavalent : on connaît les composés $CrFl_6$, CrO_3 et CrO_2Cl_2. On a préparé un grand nombre de combinaisons, telles que K_2CrO_4, $K_2Cr_2O_7$, $KCrO_3Cl$, qui sont complètement analogues aux composés similaires du soufre K_2SO_4, $K_2S_2O_7$, KSO_3Cl. Les chrômates sont isomorphes avec les sulfates correspondants.

D'un autre côté le manganèse donne naissance au permanganate $KMnO_4$, dont la forme cristalline se confond avec celle du perchlorate $KClO_4$. Ce métal se rattacherait par là au groupe du chlore. Mais on peut le rapprocher aussi du soufre, attendu que le manganate de potassium K_2MnO_4 est isomorphe avec le sulfate, le séléniate et le chrômate de ce métal. Ce qui complique encore ces relations, c'est le que permanganate de baryum est isomorphe avec le sulfate et le séléniate de sodium.

41. L'oxyde ferrique Fe_2O_3 est isomorphe avec l'oxyde chrômique Cr_2O_3. Il est également isomorphe avec l'oxyde d'aluminium Al_2O_3, bien que ce dernier paraisse appartenir à un métal trivalent, § 17. Ces métaux engendrent une série de sulfates doubles, parfaitement isomorphes entre eux, connus sous le nom d'*aluns* et dont voici les formules :

$$Al_2(SO_4)_3 + K_2SO_4 + 24H_2O$$
$$Fe_2(SO_4)_3 + K_2SO_4 + 24H_2O$$
$$Mn_2(SO_4)_3 + K_2SO_4 + 24H_2O$$
$$Cr_2(SO_4)_3 + K_2SO_4 + 24H_2O.$$

Dans ces aluns on peut remplacer le potassium par les autres métaux alcalins, par l'ammonium (NH_4) et même par le thallium et par l'argent.

L'isomorphisme de ces composés aluminiques avec les composés ferriques, chrômiques et manganiques correspondants a porté beaucoup de chimistes à regarder l'aluminium comme le congénère du fer, du manganèse et du chrôme, et à le ranger parmi les métaux quadrivalents. Son chlorure serait alors $Cl_3 \equiv Al^{IV} - Al^{IV} \equiv Cl_3$, analogue au chlorure de ferricum. Mais cette manière de voir est en désaccord avec la densité de vapeur de l'aluminium-méthyle, $Al(CH_3)_3$, § 17, d'après laquelle ce métal doit être regardé comme trivalent. Il est à remarquer, qu'à part ce dernier composé, on ne connaît aucune combinaison ne renfermant qu'un seul atome d'aluminium. La constitution de tous les autres composés aluminiques peut s'interpréter aussi bien dans l'hypothèse de l'aluminium trivalent que dans celle de l'aluminium quadrivalent. La densité de vapeur de son chlorure ne constitue pas une difficulté. Ce chlorure ne résiste pas à une température très élevée, et l'on pourrait admettre que dans les limites de température où cette densité de vapeur a été prise on se trouve encore en présence de particules gazeuses complexes que la chaleur n'a pas encore résolues en molécules simples.

42. Les faits que nous venons d'énumérer établissent que l'isomorphisme ne peut à lui seul servir de base ni à la classification ni à la détermination de l'atomicité, pas plus qu'aucun des autres moyens précédemment examinés, pris isolément : il faut par une discussion approfondie de la composition et des propriétés des combinaisons métalliques examiner quelle est la quantivalence qui s'accorde le mieux avec l'ensemble des phénomènes observés.

43. L'existence de composés mixtes, dans lesquels divers résidus halogéniques sont combinés à un même métal, permet quelquefois d'en reconnaître l'atomicité. Il est évident qu'un sel, tel que

$$\mathrm{Fe_2}^{VI} \begin{cases} (C_2H_3O_2)'_3 \\ Cl_2 \\ OH \end{cases} \quad \text{ou} \quad \mathrm{Fe_2}^{VI} \begin{cases} (C_2H_3O_2)_3 \\ NO_3 \\ (OH)_2 \end{cases}$$

montre clairement que le ferricum est hexavalent. Mais ce moyen n'a pas une valeur absolue, car il ne permet que d'établir une atomicité minima. Bien des métaux se refusent d'ailleurs à produire des combinaisons aussi compliquées. Il est même probable que l'absence de composés complexes fait assigner à quelques métaux une atomicité inférieure à celle qu'ils possèdent réellement. Le cas se présente notamment pour l'argent.

44. Les considérations qui précèdent permettent de classer les métaux de la manière suivante :

MÉTAUX UNIVALENTS.

POTASSIUM, SODIUM, CŒSIUM, RUBIDIUM, LITHIUM.

Ces métaux sont considérés comme univalents, attendu que leur chaleur spécifique leur assigne un poids atomique tel que la quantité de chlore qui s'y combine est représentée par un atome. On ne connaît d'ailleurs aucune combinaison bien définie qui permette de leur attribuer une autre atomicité. Ils forment une famille naturelle et sont connus sous le nom de métaux alcalins.

MÉTAUX BIVALENTS.

BARIUM, STRONTIUM, CALCIUM.
MAGNÉSIUM, ZINC, CADMIUM.
CUIVRE, MERCURE, ARGENT.

Ces métaux forment trois groupes ou familles naturelles, et sont considérés comme bivalents. Leur diatomicité résulte de leur chaleur spécifique : elle est établie en outre pour plusieurs d'entre eux par la densité de vapeur de leurs composés.

Les trois premiers forment un groupe bien homogène : ils sont connus sous le nom de métaux alcalino-terreux. Quelques-uns de leurs composés offrent de grandes analogies avec ceux du zinc, dont la diatomicité est incontestable ; mais il en est plusieurs qui sont tout-à-fait analogues à ceux du plomb lequel, à n'en pas douter, est tétravalent.

Le magnésium le zinc et le cadmium, forment également un groupe très naturel. La densité de vapeur, la chaleur spécifique et les composés mixtes font regarder le zinc et le cadmium comme bivalents. Il doit en être de même pour le magnésium, dont tout les composés offrent avec ceux des deux autres les analogies les plus étroites.

Le cuivre et le mercure forment deux séries de composés de constitution analogue (§ 26) : leurs chlorures au minimum sont insolubles dans l'eau. Ces faits les font ranger dans le même groupe. La densité de vapeur des composés organiques du mercure le fait considérer comme un métal bivalent : la chaleur spécifique du cuivre conduit à la même conséquence. Plusieurs composés d'argent sont analogues à ceux du cuivre, et sont isomorphes avec eux Ce métal doit donc prendre place dans le groupe qui nous occupe et être regardé comme bivalent, bien que dans la plupart de ses combinaisons son atomicité apparente soit 1. (§ 27.).

MÉTAUX TRIVALENTS.

GALLIUM, OR, THALLIUM, INDIUM.
BISMUTH, ALUMINIUM, ET MÉTAUX TERREUX.

Ces métaux n'ont d'autre caractère commun que leur triatomicité. L'or forme deux séries de combinaisons, dont la constitution a été indiquée § 28. Il est donc à la fois uni- et trivalent. Le thallium se comporte de la même manière : ses composés au minimum sont les plus stables. La chaleur spécifique de l'indium et du gallium, ainsi que la densité de vapeur de leurs chlorures les fait considérer comme trivalents. Ces deux derniers métaux sont très rares et de découverte récente : leur histoire est donc encore incomplète.

Le bismuth se comporte presque toujours comme un élément trivalent. On connaît toutefois un acide bismuthique qui est complètement analogue à l'acide métaantimonique. Les analogies entre les composés du bismuth et ceux de l'antimoine sont nombreuses et étroites : ces deux éléments appartiennent incontestablement à la famille des azotides. Aussi plusieurs chimistes rangent-ils encore le bismuth au nombre des métalloïdes. On devrait donc en toute rigueur le regarder comme quinquivalent, quoique la plupart de ses combinaisons appartiennent au type ternaire.

Presque tous les chimistes considèrent l'aluminium (et les métaux rares, cerium, lanthane, didyme, yttrium, etc. dont il est le représentant) comme quadrivalent, et le rangent à côté du fer et du chrôme, auxquels il ressemble beaucoup par les combinaisons qu'il peut former. Mais toutes ces combinaisons renferment deux atomes de ce métal. D'après la loi de Dulong et Petit le poids atomique de l'aluminium est 27,5, et dès lors son chlorure doit être $AlCl_3$ (§ 17). La densité de vapeur de l'aluminium-méthyle $Al(CH_3)'_3$ prise à 240° conduit aux mêmes conclusions.

MÉTAUX QUADRIVALENTS.

PLOMB.
ÉTAIN.
FER, MANGANÈSE, CHRÔME.
COBALT, NICKEL.
PLATINE ET MÉTAUX DU PLATINE.

Cette classe se divise en cinq groupes naturels bien distincts. Tous ces métaux se comportent comme s'ils étaient quadrivalents, et engendrent deux séries de composés.

La tétratomicité du plomb résulte de la densité de vapeur de ses combinaisons organiques, telles que $Pb^{iv}(CH_3)'_4$. Mais la plupart des composés de ce métal ne contiennent que deux atomes de chlore ou de ses analogues, et le font considérer comme bivalent. Plusieurs d'entre eux sont entièrement analogues aux composés barytiques correspondants.

L'étain est un métal quadrivalent, qui fait la transition entre les carbonides et les métaux. Plusieurs de ses combinaisons offrent une certaine analogie avec celles du silicium et du titane. On connaît un chlorure double d'étain et de potassium K_2SnCl_6 qui est tout à fait isomorphe avec le chloroplatinate K_2PtCl_6.

La constitution des composés du fer, du chrôme et du manganèse a été exposée plus haut. Les deux premiers forment de préférence des composés au maximum; le troisième fournit surtout des composés au minimum.

On range dans un groupe spécial le cobalt et le nickel, parce que ces métaux n'engendrent que des composés au minimum. Ceux-ci sont entièrement semblables à ceux du groupe précédent. Les composés au maximum y sont tout à fait exceptionnels.

La platine, et les métaux qui l'accompagnent, iridium, osmium, rhodium, ruthénium, palladium, paraissent être quadrivalents. Ils engendrent deux séries de composés § 28.

MÉTAUX QUINQUI- ET HEXAVALENTS.

Les métaux quinquivalents sont le vanadium, le niobium et le tantale. Le molybdène et le tungstène sont hexavalents. Ces corps sont très rares : leur étude sort du cadre de cet ouvrage.

On a vu toutefois que chrôme peut également être regardé comme hexavalent.

RELATIONS ENTRE LES POIDS ATOMIQUES. SYSTÈME PÉRIODIQUE DES ÉLÉMENTS.

45. Quand on jette les yeux sur le tableau des poids atomiques, on ne découvre d'abord aucune relation entre les nombres qui y sont inscrits.

On remarque toutefois que les uns sont fractionnaires, tandis que d'autres sont des multiples par un nombre entier du poids atomique de l'hydrogène 1.

Depuis longtemps cette dernière circonstance a porté quelques chimistes à se demander si la matière n'était pas unique, et si tous les corps simples n'étaient pas de l'hydrogène plus ou moins condensé.

On ne saurait méconnaître le caractère philosophique de cette conception, connue sous le nom d'hypothèse de Prout. Elle se rattache à l'idée généralement admise aujourd'hui, de l'unité des forces physiques. L'allotropie modifie parfois si profondément les propriétés des éléments qui la présentent, qu'on peut raisonnablement admettre que tous ne seraient que des modifications allotropiques de l'un d'entre eux. Le charbon et le graphite diffèrent plus du diamant, que le soufre ne diffère du sélénium, ou le cobalt du nickel.

Prout admettait que les nombres fractionnaires présentés par certains poids atomiques résultaient de déterminations inexactes, et que tous deviendraient entiers si les analyses étaient rigoureusement exécutées. Cette prévision ne s'est pas vérifiée et l'hypothèse de Prout semblait condamnée à l'oubli, à la suite de déterminations rigoureuses faites par Berzelius et d'autres savants.

46. Mais plusieurs chimistes, et surtout Dumas, s'étaient occupés activement de rechercher les relations numériques des poids atomiques entre eux. On en avait signalé de très remarquables entre certains éléments appartenant aux mêmes familles naturelles. En voici quelques exemples :

Oxygène	16	
Soufre	32	$= 16 \times 2.$
Sélénium (80)	79.5	$= 16 \times 5.$
Tellure	128	$= 16 \times 8.$

Le poids atomique du sélénium est la moyenne des poids atomiques du soufre et du tellure.

De même, le poids atomique de l'antimoine (122) est sensiblement égal à la somme des poids atomiques de l'azote (14) du phosphore (31) et de l'arsenic (75). Celui du bismuth (210) est représenté par la somme des poids atomiques de l'azote, de l'arsenic et de l'antimoine.

De même encore le poids atomique du rubidium (85,4) est égal à la somme du poids atomique du potassium (39,1) et du double poids atomique du sodium (23). Il est égal à la moyenne des poids atomiques du potassium et du cæsium. Le poids atomique de ce dernier (133) est sensiblement égal à la somme des poids atomiques du lithium (7), du potassium et du rubidium. Le poids atomique du lithium diffère de 16 unités de celui du sodium ; ce dernier diffère encore de 16 unités du poids atomique du potassium.

47. Plusieurs théoriciens pensent qu'il serait difficile d'attribuer au hasard les relations de ce genre : mais on ne pourrait y voir la confirmation de l'hypothèse de Prout.

Dumas interpréta les nombres fractionnaires présentés par les poids atomiques de certains corps simples, en admettant que tous sont des multiples exacts de celui d'un corps inconnu, dont le poids atomique serait quatre fois plus léger que celui de l'hydrogène. En diminuant l'unité, il faisait ainsi disparaître les fractions.

Ces relations ne s'observent au surplus que quand on fait usage de nombres arrondis au lieu des nombres qui représentent les rapports exacts des poids atomiques. Dans les calculs, on attribue d'ordinaire au chlore le poids atomique 35,5 au lieu du chiffre exact 35,46 ; de même on représente l'argent par $Ag = 108$ au lieu de 107,66. Pour les travaux ordinaires cette altération des chiffres est sans importance ; elle n'est plus permise quand on se place sur le terrain de la théorie pure.

48. Les admirables travaux de M. Stas, qui détermina plusieurs poids atomiques avec une précision inconnue jusqu'alors, démontrèrent qu'il n'existe aucun commun diviseur entre les poids des corps simples qui s'unissent pour former des combinaisons définies. L'illustre savant auquel ce livre est dédié formule ses conclusions en disant « aussi longtemps que pour l'établissement des lois qui régis- « sent la matière on veut s'en tenir à l'expérience, on doit considérer « la loi de Prout comme une pure illusion, et regarder les corps « indécomposables de notre globe comme des êtres distincts n'ayant « aucun rapport simple de poids entre eux. »

Il démontra que les poids atomiques réels diffèrent des nombres ronds dont on se sert ordinairement dans les calculs : par conséquent aucun d'entre eux n'est un multiple simple du poids atomique de l'hydrogène ni du quart de ce poids atomique. Voici les résultats auxquels M. Stas est arrivé, en partant de l'hydrogène = 1.

H	1	Cl	35,368
O	15,960	I	126,535
Ag	107,660	Li	7,004
N	14,009	K	39,044
Br	79,750	Na	22,980
S	31,919	Pb	206,590

Si, comme cela a lieu en réalité, on détermine les poids atomiques en fonction de l'oxygène, auquel on attribue *par convention* le poids atomique 16, on obtient le tableau suivant :

H	1,003	I	126,864
O	16,000	S	32,062
Ag	107,943	K	39,136
Cl	35,460	Na	23,057
N	14,041	Li	7,050
Br	79,928	Pb	206,911

Il suit de là que s'il existe une matière primordiale unique, ce qui n'est jusqu'ici qu'une hypothèse, les atomes de cette matière devraient être au moins mille fois plus légers que celui de l'hydrogène.

49. On a fait valoir contre ces conclusions le fait que plusieurs poids atomiques sont des multiples entiers de celui de l'hydrogène,

et la circonstance que les nombres fractionnaires obtenus par M. Stas
diffèrent si peu de nombres entiers, qu'on pourrait regarder les
fractions comme provenant des erreurs inséparables de toute expérience, quelque bien qu'elle ait été conduite.

On peut réfuter ces objections en considérant que la détermination
exacte d'un poids atomique est une opération extrèmement délicate
et difficile. Il n'y a qu'un petit nombre de poids atomiques qui aient
été déterminés avec autant de soin que ceux qui ont été mentionnés
ci-dessus, et qui tous sont fractionnaires. Il est probable que les
tableaux de poids atomiques actuellement en vogue renferment
plusieurs erreurs graves. D'ailleurs on peut se demander si les poids
atomiques représentés aujourd'hui par des nombres entiers ont
échappé aux causes d'erreurs inséparables de toute expérience, et si
ces nombres entiers eux-mêmes ne deviendraient pas fractionnaires
à la suite de déterminations plus rigoureuses.

On a soumis au calcul, d'après la méthode des moindres carrés,
les divers résultats obtenus par M. Stas dans le cours de ses
recherches; on a pu calculer ainsi l'erreur probable de ses déterminations. On aurait ainsi, l'oxygène étant 16 :

Ag	$107,9576 \pm 0,0057$		Cl	$55,4529 \pm 0,0057$
K	$39,1361 \pm 0,0052$		Br	$79,9628 \pm 0,0052$
Na	$23,0575 \pm 0,0041$		J	$126,8640 \pm 0,0055$
Li	$7,0505 \pm 0,0042$		S	$32,0626 \pm 0,0042$
Pb	$206,9440 \pm 0,0090$		N	$14,0440 \pm 0,0057$

Comme on le voit l'erreur probable est incomparablement plus
petite que l'écart entre le poids atomique trouvé et le nombre entier
le plus voisin.

50. Nous avons maintefois fait ressortir tout ce qu'a d'irrationnel
la subdivision des éléments en métalloïdes et en métaux. Dans les
chapitres qui précèdent, nous avons eu l'occasion de rappeler que
les métalloïdes ont des représentants parmi les éléments métalliques :
le bismuth est l'analogue de l'antimoine, l'étain se rapproche du
titane et des autres carbonides, l'acide permanganique est comparable à l'acide perchlorique et les chromates ont beaucoup de propriétés communes avec les sulfates.

Ces faits, et bien d'autres du même genre, sont entièrement perdus de vue dans les classifications qui ont eu cours jusqu'ici, et qui perpétuaient la subdivision toute conventionnelle et artificielle des corps simples en métaux et en métalloïdes. Pour arriver à une classification vraiment naturelle, il fallait rompre avec le passé et faire non des antithèses mais des rapprochements : c'est ce qu'ont fait MM. Mendelejeff et Lothar Meyer.

En groupant les éléments les uns à la suite des autres dans l'ordre indiqué par les poids atomiques, ces savants ont reconnu que les différences de propriétés chez les corps simples coïncidaient avec des différences correspondantes entre les poids atomiques. Ils ont trouvé qu'un certain accroissement de ces poids ramenait le retour de caractères chimiques et physiques semblables : ils en ont conclu que les propriétés des éléments constituaient une fonction périodique des poids atomiques.

51. Comme on l'a fait remarquer au § 46, le poids atomique du sodium est supérieur de 16 unités environ à celui du lithium ; une différence à peu près égale s'observe entre les poids atomiques du sodium et du potassium. On pourrait donc se demander si ce retour des propriétés principales ne se reproduirait pas régulièrement pour tous les éléments toutes les fois que le poids atomique a subi un certain accroissement, et si ce qu'on observe pour les métaux alcalins ne se retrouve pas chez les autres groupes d'éléments. On a reconnu qu'il en est effectivement ainsi.

Le tableau suivant (p. 44) fait ressortir ces relations. L'hydrogène n'y figure pas : cet élément forme pour ainsi dire un groupe à part et ne possède aucun analogue. Si l'on se figure ce tableau enroulé autour d'un cylindre, de manière que la dernière colonne verticale vienne se rattacher à la première, on verra que les éléments se laissent grouper en une série continue disposée en hélice et que presque partout des éléments analogues occupent les génératrices du cylindre.

Ainsi la première colonne verticale renferme des éléments univalents ou se comportant comme tels. Ceux de la seconde sont bivalents, et ainsi de suite.

On remarque aussi que des différences numériques à peu près identiques s'observent entre les poids atomiques inscrits dans deux séries horizontales contiguës ; ces différences sont inscrites dans le tableau. Elles sont de 16 environ entre la première et la seconde rangée horizontale, et entre celle-ci et la troisième. Chacune des

Li 7,01	Be 9,3	B 11,0	C 11,97	N 14,01	O 15,96	F 19,1			
15,98	14,6	10,3	16	16,98	16,03	16,5			
Na 22,99	Mg 23,94	Al 27,3	Si 28	P 30,96	S 31,98	Cl 35,37			
16,5	15,96	16,1	20	20,3	20,4	19,4			
K 39,04	Ca 39,90	Sc 44	Ti 48	V 51,2	Cr 52,4	Mn 54,8	Fe 55.9	Co 58,6	Ni 58,6
24,5	25,0	25,9	24,7	23,1	16	25,0			
Cu 63,5	Zn 64,9	Ge 69,9	Ge 72,7	As 74,9	Se 78	Br 79,75			
21,9	22,3	10,1	17,3	12	18				
Rb 85,2	Sr 87,2	Y 89,0	Zr 90	Nb 94	Mo 95,8		Ru 103,8	Rh 104,1	Pd 106,2
22,5	24,4	23,8	27,2	28	19,2				
Ag 107,66	Cd 111,6	In 113,4	Sn 117,8	Sb 122	Te 125?	I 126,85			
24,8	15,2	23,6	31	13					
Cs 132,5	Ba 136,8	Ce 137	La 139	Di 145					
		34	34	37					
		?Er 170,6	Yb 173	Ta 182	W 184		?Os 198,6	Ir 196,7	Pt 196,7
		33,0	33,4	28					
Au 196,2	Hg 199,8	Tl 203,6	Pb 206,4	Bi 210					
			27,5						
			Th 233,9		U 240				

quatre rangées horizontales qui suivent se distingue de celle qui la précède par un accroissement numérique d'environ 24; plus loin cet accroissement est sensiblement 32.

— 45 —

52. Comparons d'abord entre eux les éléments inscrits dans les deux premières rangées horizontales. On a donné à ces rangées le nom de *périodes* : après une période de sept termes, on voit reparaître des corps simples analogues à ceux de la période précédente

$$\text{Li, } 7 \quad \text{Be, } 9,3 \quad \text{B, } 11 \quad \text{C, } 12 \quad \text{N, } 14 \quad \text{O, } 16 \quad \text{Fl, } 19$$
$$\text{Na, } 23 \quad \text{Mg, } 24 \quad \text{Al, } 27 \quad \text{Si, } 28 \quad \text{P, } 31 \quad \text{S, } 32 \quad \text{Cl, } 35,5.$$

Ces éléments se correspondent deux à deux. Le lithium et le sodium sont deux métaux alcalins, univalents, qui donnent naissance à des bases fortes LiOH et NaOH.

Le beryllium ou glucinium [1] et le magnésium sont bivalents : leurs hydroxydes ont un caractère basique moins prononcé que celui des alcalis. Le bore et l'aluminium peuvent être considérés comme trivalents. L'hydroxyde d'aluminium est une base très faible; elle joue même le rôle d'acide faible par rapport aux bases fortes, avec lesquelles elle engendre des oxydes mixtes qu'on peut comparer aux sels. L'hydroxyde de bore ou acide borique se comporte de préférence comme un acide faible; toutefois on peut le comparer à certains égards aux hydroxydes basiques : comme eux il brunit le papier de curcuma, comme eux il peut s'unir à certains acides, — l'acide tartrique par exemple — pour former de véritables sels.

Chez le carbone et le silicium, nous voyons apparaître le caractère métalloïdique, quoiqu'à un degré peu prononcé, ces deux éléments ne formant que des acides faibles. On sait depuis longtemps qu'ils sont quadrivalents, et qu'ils appartiennent à une même famille naturelle.

On peut en dire autant de l'azote et du phosphore, mais ces corps simples, quinquivalents l'un et l'autre, sont tous deux des métalloïdes parfaits.

Des relations du même genre s'observent entre l'oxygène et le soufre, qui sont manifestement congénères. Jusqu'ici l'oxygène s'est toujours montré bivalent, (sauf peut-être dans l'oxyde de carbone qu'on pourrait noter $C \equiv O''$) tandis que le soufre peut mettre en jeu deux, quatre ou six atomicités.

---

[1] Le beryllium est un métal rare, dont le silicate constitue l'émeraude. Les chimistes français lui donnent le nom de glucinium et le représentent généralement par le symbole Gl.

Les deux derniers éléments appartiennent à la famille des halogènes, et se relient ainsi directement entre eux.

53. Au fur et à mesure que le poids atomique s'élève dans une période, on voit s'effacer peu à peu le caractère métallique, tandis que le caractère métalloïdique s'accuse progressivement; on voit augmenter de même la capacité de saturation, comme le prouvent les rapprochements suivants :

Na_2O,	Mg_2O_2,	Al_2O_3,	Si_2O_4,	P_2O_5,	S_2O_6,	Cl_2O_7 (1)
$NaCl$,	$MgCl_2$.	$AlCl_3$,	$SiCl_4$,	PCl_5,	SI_6,	—
$NaCl$,	$MgCl_2$,	$AlCl_3$,	$SiCl_4$,	PCl_3,	SCl_2,	ICl
—	—	—	SiH_4,	PH_3,	SH_2,	ClH.

Au bout de la période, le caractère chimique se modifie brusquement. Du fluor on passe au sodium, du chlore on arrive au potassium, qui est l'analogue de ce dernier métal. Mais quand on poursuit la progression ascendante des poids atomiques jusqu'à ce qu'on rencontre un nouveau métal alcalin, le rubidium analogue au potassium, on trouve que la période n'est plus de sept, mais bien de dix sept éléments. Il en est de même quand on poursuit jusqu'au métal alcalin suivant, le cæsium, de sorte que la périodicité dans les propriétés des éléments correspondants conduit au tableau ci-contre, p. 47.

Ici encore nous trouvons des ressemblances entre les éléments qui occupent les colonnes verticales formées par la superposition des grandes périodes. Même si l'on fait abstraction des groupes formés par des corps rares et peu connus, tels que Sc, Y, La, Yb, ou Ga, In, Tl, on constate que les juxtapositions conduisent à des familles naturelles reconnues depuis longtemps, telles que K, Rb, Cs, ou Ca, Sr, Ba, ou As. Sb, Bi, etc. Les corps simples qui se correspondent ainsi ont reçu le nom d'éléments homologues.

54. Recherchons actuellement quelles sont les corrélations de ces grandes périodes avec les petites : recherchons aussi, comme nous

---

(1) Dans ces rapprochements et dans ceux que nous ferons dans la suite de ce chapitre, certaines formules ont été modifiées de manière à rendre les comparaisons possibles. L'anhydride perchlorique Cl_2O_7 n'a pas été isolé; mais il n'est pas douteux que telle ne soit la formule de ce corps, si on parvient un jour à le préparer.

1re petite période	Li	Bo	B	C	N	O	Fl
2 » »	Na	Mg	Al	Si	P	S	Cl

1re grande période	K	Ca	Sc	Ti	V	Cr	Mn	Fe	Co	Ni	Cu	Zn	Ga	Ge	As	Se	Br
2 » »	Rb	Sr	Y	Zr	Nb	Mo	—	Ru	Ph	Pd	Ag	Cd	In	Sn	Sb	Te	I
3 » »	Cs	Ba	La	Ce	Di	—	—	—	—	—	—	—	—	—	—	—	—
4 » »	—	—	Yb	—	Ta	W	—	Os	Ir	Pt	Au	Hg	Tl	Pb	Bi	—	—
5 » »	—	—	—	Th	—	Ur	—	—	—	—	—	—	—	—	—	—	—

K_2O, Ca_2O_3, Sc_2O_3, Ti_2O_4, V_2O_5, Cr_2O_6, Mn_2O_7, Fe_2O_6, Co_2O_4 (?) Ni_2O_2, Cu_2O, Zn_2O_2, Ga_2O_3, Ge_2O_4, As_2O_5, Sc_2O_6, Br_2O_7

Cs_2O, Sr_2O_2, Y_2O_3, Zr_2O_4, Nb_2O_5, Mo_2O_6, —, Ru_2O_4, Rh_2O_3, Pd_2O_2, Ag_2O, Cd_2O_2, In_2O_3, Sn_2O_4, Sb_2O_5, Te_2O_6, I_2O_7

l'avons fait au § précédent quelles sont les variations de la valence et du caractère chimique dans ces grandes périodes.

Quand on juxtapose les sept premiers éléments de la grande période qui commence par le potassium à ceux de la petite qui débute par le sodium, on trouve qu'ils sont, sinon homologues, tout au moins reliés entre eux par des ressemblances qu'on avait déjà reconnues antérieurement :

$$\text{Na Mg Al Si P S Cl.}$$
$$\text{K Ca Sc Ti V Cr Mn.}$$

Le potassium est un métal alcalin univalent comme le sodium. Le magnésium et le calcium sont bivalents l'un et l'autre : quelques chimistes rangent même le magnésium — à tort peut-être — parmi les métaux alcalino-terreux. Quoi qu'il en soit, le carbonate de magnésium est isomorphe avec le carbonate de calcium, et cet isomorphisme est le lien qui rattache ces deux métaux. Des analogies du même genre s'observent entre l'aluminium et le scandium : par contre il y a homologie parfaite entre le silicium et le titane. Le phosphore et le vanadium ne se ressemblent que de loin : le phosphore est un métalloïde parfait, tandis que le vanadium est un de ces éléments qui font le passage des métaux aux métalloïdes. Il forme une série de composés tels que VCl_3, $VOCl_3$, V_2O_3, V_2O_5, qui sont entièrement analogues aux combinaisons correspondantes du phosphore. Les vanadates sont isomorphes avec les phosphates.

On ne serait guère porté à première vue, à réunir en un même groupe le chrome et le soufre. Et cependant, ces deux corps sont hexavalents l'un et l'autre : de plus les dérivés de l'anhydride chromique CrO_3 offrent une ressemblance frappante avec ceux de l'anhydride sulfurique. Un rapprochement du même genre peut être fait entre le manganèse et le chlore : les permanganates ont la même formule générale que les perchlorates et leur sont isomorphes.

En résumé il y a analogie, mais analogie lointaine entre les éléments que nous venons de comparer deux à deux.

55. Dans la première grande période, après le manganèse, le fer, le cobalt, le nickel et le cuivre qui ne peuvent être comparés à aucun des éléments que nous avons rencontrés jusqu'ici dans le système, nous trouvons la série Zn, Ga, Ge, As, Se, Br, qui est parfaitement homologue à celle qui termine la seconde petite période, ainsi qu'il est facile de s'en assurer.

$$\text{Mg Al Si P S Cl.}$$
$$\text{Zn Ga Ge As Se Br.}$$

Il ne sera pas nécessaire de faire ressortir encore une fois le caractère de famille qui rattache ces éléments deux à deux.

Abstraction faite du fer, du cobalt, du nickel et du cuivre, une double périodicité dans les analogies rattache la première grande période aux deux petites qui la précèdent; en d'autres termes ces analogies s'y reproduisent deux fois, mais avec une inégale netteté.

56. Recherchons actuellement de quelle manière varient le caractère chimique et la capacité de saturation dans deux grandes périodes consécutives. Ces variations sont mises en évidence par la seconde partie du tableau de la p. 47, qui montre clairement que la capacité de saturation augmente d'abord graduellement de 1 à 7, pour redescendre irrégulièrement jusqu'à 1 et remonter encore, conformément à la double périodicité que nous avons déjà signalée. Le caractère basique, qui est fortement accentué au début, s'efface graduellement : l'oxyde de titane et l'oxyde de zirconium sont des anhydrides d'acides faibles.

Le caractère acide s'accentue jusqu'à Mn_2O_7 qui est l'anhydride d'un acide fort analogue à l'acide perchlorique; il s'atténue ensuite pour aboutir aux oxydes Cu_2O et Ag_2O qui sont des bases, à partir desquelles recommence une nouvelle série, dans laquelle le caractère basique va de nouveau s'affaiblissant, pour disparaître enfin dans les anhydrides As_2O_5, Se_2O_6 et Br_2O_7.

57. Cette double périodicité a déterminé les auteurs de la classification à dédoubler les grandes périodes, et à adopter une succession de petites périodes composées comme le montre le tableau de la p. 44. L'inspection de ce tableau suggère les réflexions suivantes :

1° Les éléments réunis en groupes formant les colonnes verticales n'appartiennent pas toujours bien manifestement aux familles naturelles reconnues d'autre part. Le cuivre et l'argent engendrent à la vérité des oxydes Cu_2O et Ag_2O dont la formule est comparable à celle des oxydes alcalins, mais le caractère basique de ces oxydes est bien moins accusé. L'azotate et le sulfate d'argent sont isomorphes avec les sels correspondants du sodium, mais là se borne l'analogie de ces métaux. D'autre part beaucoup de composés cuivreux sont analogues aux composés similaires d'argent, ce qui établit la relation indirecte du cuivre avec les métaux alcalins. Le chlorure aureux Au_2Cl_2 ressemble au chlorure d'argent : l'or natif est d'ailleurs isomorphe avec l'argent métallique, et c'est ce qui l'a fait placer dans le premier groupe. Mais on ne peut s'empêcher de reconnaître que ces rapprochements sont un peu forcés. Le cuivre forme une série importante de composés de la forme $CuCl_2$, CuO, etc. qui se rapprochent du zinc et du cadmium, et qui devraient le faire placer dans la seconde colonne; d'autre part les composés auriques, tels que $AuCl_3$, Au_2O_3 s'accordent mal avec la place assignée à l'or dans le tableau. On peut se demander avec raison si le poids atomique de l'or est bien définitivement fixé, et si cet élément ne doit pas prendre place dans le voisinage du platine.

2° Le mercure, que la classification en familles naturelles basée sur l'analogie des combinaisons chimiques fait grouper à côté du cuivre et de l'argent, se trouve séparé de ces derniers, et placé dans la colonne du zinc et du cadmium, avec les composés desquels ses combinaisons n'ont que peu d'analogies.

3° Le ruthénium forme un acide perruthénique, dont les sels $MRuO_4$ sont isomorphes avec les permanganates. Peut-être cet élément devra-t-il prendre place dans la septième colonne verticale à la suite du manganèse.

4° Le thallium possède non seulement un chlorure $TlCl_3$ et un oxyde Tl_2O_3 qui sont en rapport de composition avec la place occupée par cet élément dans la troisième colonne, mais forme aussi un chlorure insoluble $TlCl$ ou Tl_2Cl_2 qui permettrait de ranger cet élément à côté du cuivre et de l'argent. Il a également un monoxyde Tl_2O, base puissante qu'on pourrait à la rigueur mettre à la suite des oxydes alcalins.

Il est certain que si les composés thalliques $TlCl_3$ et Tl_2O_3, ainsi que leurs dérivés n'étaient pas connus, on aurait hésité à mettre le thallium dans le groupe des éléments trivalents et on l'eût placé dans la famille du potassium, de même qu'on n'eût jamais songé à ranger l'or dans cette dernière si l'on n'avait connu que les composés auriques ($AuCl_3$). La place définitive que doit occuper un élément sera donc fixée avec d'autant plus de certitude, qu'on en connaîtra un plus grand nombre de combinaisons.

58. Plus la valence d'un corps simple est élevée, plus est grande la série de composés non saturés qu'il peut produire, plus sont variés aussi les types de combinaisons qu'il peut présenter. On remarque que bien souvent les analogies de propriétés sont sous la dépendance des analogies de composition; en d'autres termes, elles sont subordonnées au type.

L'exemple le plus frappant nous en est fourni par le manganèse. Le permanganate de potassium $KMnO_4$, analogue au perchlorate, fait de ce métal un homologue du chlore. Mais l'isomorphisme du manganate K_2MnO_4 avec le sulfate et le chromate K_2CrO_4 permet de considérer le manganèse comme hexavalent et analogue au chrôme et au soufre. On connaît aussi un oxyde de manganèse Mn_2O_3, qui engendre une série de sels comparables à ceux de l'aluminium et notamment un alun $Mn_2(SO_4)_3 + K_2SO_4 + 24H_2O$ isomorphe avec l'alun ordinaire $Al_2(SO_4)_3 + K_2SO_4 + 24H_2O$, ce qui justifierait une assimilation entre l'aluminium et le manganèse. Enfin le sulfate manganeux $MnSO_4 + 5H_2O$ est isomorphe avec le sulfate cuivrique $CuSO_4 + 5H_2O$, et le carbonate $MnCO_3$ est isomorphe avec celui de calcium ou de magnésium, ce qui conduirait à un nouveau déplacement.

Mais ce que le système périodique offre d'avantageux, c'est que les éléments qu'il réunit en groupes sont reliés entre eux au moins par une analogie, c'est qu'il permet aussi d'utiliser pour la classification des corps simples quelques unes de ces analogies isolées, auxquelles jadis on n'accordait aucune importance parce qu'elles étaient isolées; tel est l'isomorphisme des perchlorates et des permanganates.

59. Il est encore quelques particularités sur lesquelles on a attiré l'attention. On sait depuis longtemps que dans les familles naturelles le caractère métallique s'accentue au fur et à mesure que le poids atomique s'élève.

La classification périodique met ces faits en évidence. La première période contient cinq métalloïdes, la seconde et la troisième en possèdent quatre, il n'y en a plus que trois dans la 4ᵐᵉ et deux dans la 6ᵐᵉ.

Quand on mène une ligne du bore au tungstène, on remarque que les éléments situés au dessus de cette ligne sont ceux dont les oxydes

Période									
I	H	Li	Be	B	C	N	O	Fl	
II		Na	Mg	Al	Si	P	S	Cl	
III		K	Ca	Sc	Ti	V	Cr	Mn	Fe, Co, Ni
IV		Cu	Zn	Ga	Ge	As	Se	Br	
V		Rb	Sr	Y	Zr	Nb	Mo	Ru	Rh, Pd
VI		Ag	Cd	In	Sn	Sb	Te	I	
VII		Cs	Ba	Ce	La	Di	—	—	
VIII		—	—	Er	Yb	Ta	W	—	Os, Pt, Ir
IX		Au	Hg	Tl	Pb	Bi	—	—	
X		—	—	—	Th	—	Ur	—	

sont des anhydrides acides, tandis que ceux qui se trouvent au dessous ont généralement des oxydes basiques.

On constate que les analogies de propriétés sont plus parfaites après le retour de deux périodes : le lithium est plus analogue au potassium et au rubidium qu'au sodium, au cuivre et à l'argent : de même le calcium ressemble mieux au strontium et au baryum qu'au magnésium et au zinc qui à leur tour sont analogues entre eux.

On a remarqué aussi que quelques uns des éléments qui forment la première période s'écartent un peu de leurs homologues par leurs propriétés. Le lithium possède un carbonate et un phosphate neutres très peu solubles dans l'eau, ce qui le rapproche du calcium. Par contre son carbonate acide est fort soluble, tandis que chez le potassium et le sodium, le carbonate acide est moins soluble que le carbonate neutre. Les composés du glucinium ressemblent beaucoup à ceux de l'aluminium, au point que pendant longtemps on a cru pouvoir ranger ces deux métaux dans la même famille et donner au glucinium le poids atomique 13,5. Une analogie du même genre s'observe entre les composés du bore et ceux du silicium. Enfin on sait que l'oxygène et le fluor prennent une place isolée dans leurs familles naturelles respectives.

PÉRIODES.	GROUPE I.			GROUPE II.		GROUPE III.		GROUPE IV.		GROUPE V.		GROUPE VI.		GROUPE VII.		GROUPE VIII.		
	1re FAMILLE.	2me FAMILLE.	3me FAMILLE.	1re FAMILLE.	2me FAMILLE.	1re FAMILLE.	2me FAMILLE.	1re FAMILLE.	2me FAMILLE.	1re FAMILLE.	2me FAMILLE.	1re FAMILLE.	2me FAMILLE.	1re FAMILLE.	2me FAMILLE.	1re FAMILLE.	2me FAMILLE.	3me FAMILLE.
1	Hydrogène. 1	—	—	—	—	—	—	—	—	—	—	—	—	—	—	—	—	—
2	—	Lithium. 7,01	—	Glucinium. 9,2	—	Bore. 11	—	Carbone. 12	—	Azote. 14,01	—	Oxygène. 15,96	—	Fluor. 19,1	—	—	—	—
3	—	Sodium. 22,99	—	Magnésium. 23,94	—	Aluminium. 27,3	—	Silicium. 28	—	Phosphore. 30,96	—	Soufre. 31,98	—	Chlore. 35,46	—	—	—	—
4	—	Potassium. 39	—	—	Calcium. 39,9	—	Scandium. 44	Titane. 48	—	—	Vanadium. 51,2	—	Chrôme. 52,4	Manganèse 54,8	—	Fer. 55,9	Cobalt. 58,6	Nickel. 58,6
5	—	—	Cuivre. 63,1	Zinc. 64,9	—	Gallium. 69,8	—	—	Germanium. 72,7	Arsenic. 74,9	—	Selenium 78	—	Brome. 79,8	—	—	—	—
6	—	Rubidium. 85,2	—	—	Strontium. 87,2	Yttrium. 89	Zirconium. 90	—	—	—	Niobium. 94	—	Molybdène. 95,8	—	—	?Ruthénium. 103,5	Rhodium 104,1	Palladium. 106,2
7	—	—	Argent. 107,7	Cadmium. 111,6	—	Indium. 113,4	—	—	Étain. 117,8	Antimoine. 122	—	Tellure. 125	—	Iode. 127	—	—	—	—
8	—	Cœsium. 133	—	—	Baryum. 136,8	—	Cerium. 137	Lanthane 139	—	—	Didyme. 145	—	—	—	—	—	—	—
9	—	—	—	—	—	—	?Erbium 170	—	Ytterbium. 173	—	Tantale. 182	—	Tungstène 184	—	—	?Osmium ? 198	Iridium. 196,7	Platine. 196,7
10	—	—	?Or. 196,6	Mercure. 199,8	—	Thallium 203,6	—	—	Plomb. 206,9	Bismuth. 210	—	—	—	—	—	—	—	—
11	—	—	—	—	—	—	—	Thorium 234	—	—	—	—	Urane. 240	—	—	—	—	—

En ayant égard aux remarques qui précèdent on pourrait classer les éléments en périodes, en groupes et en familles conformément au tableau ci-contre.

60. M. Mendelejeff a aussi attiré l'attention sur les analogies qui s'observent parfois entre les éléments qui se suivent dans l'ordre horizontal, et par conséquent entre les composés qu'ils peuvent engendrer. Les métaux V, Cr, Mn, Fe, Co, Ni, Cu, Zn présentent beaucoup de ressemblances dans certaines de leurs combinaisons. Nous citerons encore Ce, La, Di, qui sont analogues entre eux et à Er, Yb, Ta. Les propriétés des composés du calcium sont inter-médiaires entre celles des combinaisons similaires du potassium et du scandium. Les composés du zinc sont à ceux du cuivre et du gallium, comme ceux du cadmium sont aux combinaisons corres-pondantes de l'argent et de l'indium. Cette ressemblance a reçu le nom d'atomanalogie.

61. Ce ne sont pas seulement les propriétés chimiques, mais aussi les caractères physiques, densité, volume spécifique, fusibilité, forme cristalline, dureté, indice de réfraction, etc. qui se modifient périodiquement avec les poids atomiques.

On a même cru entrevoir une périodicité dans la variation des chaleurs de formation. M. Lothar Meyer a eu l'idée de représenter les variations des volumes spécifiques (T. I, p. 172) par une courbe. (Voir la table ci-contre.)

Dans un système de coordonnées, il prend à partir de zéro sur l'axe des abscisses des longeurs proportionnelles aux poids atomi-ques des divers éléments, et à chacun de ces points il élève une ordonnée dont la longueur est proportionnelle au volume spécifique du corps simple considéré. En joignant les extrémités de ces ordon-nées, il obtient une courbe continue, qui représente les variations périodiques des volumes atomiques. Cette courbe est nécessairement incomplète là où les volumes atomiques n'ont pu être déterminés directement; elle est représentée alors par un trait pointillé : elle est interrompue par les lacunes importantes qui existent entre le didyme et le tantale, et entre le bismuth et le thorium.

Un coup d'œil jeté sur la figure montre qu'à partir du lithium la courbe s'infléchit pour arriver à un minimum qui correspond au bore, puis elle se relève pour atteindre un second maximum occupé par le sodium : elle s'abaisse de nouveau jusqu'à l'aluminium pour se relever encore et atteindre un troisième maximum qui aboutit au potassium etc. etc. D'après la construction même de la courbe, les métaux légers, c'est-à-dire ceux dont les volumes atomiques sont considérables occupent les sommets, tandis que les métaux lourds se trouvent dans les points inférieurs : mais ce qui est très curieux c'est que les variations de ces volumes spécifiques, ou ce qui revient au même, les variations des densités sont fidèlement en rapport avec les variations périodiques du caractère chimique ; ces métaux légers qui occupent les sommets sont précisément les métaux alcalins. Ce qui est plus curieux encore, et ce que M. Lothar Meyer a le premier mis en lumière, c'est que les autres propriétés des éléments sont également en rapport avec la position que ces derniers viennent prendre sur la courbe.

Les métaux légers qui occupent les maxima et ceux qui les suivent immédiatement sur les branches descendantes sont ductiles. Ceux qui occupent le minima le sont également. Mais dans le voisinage de chaque minimum, on trouve soit en descendant, soit en remontant, des éléments aigres ou cassants. La ductilité montre donc une double périodicité, là où la densité n'en présente qu'une seule.

La fusibilité et la volatilité varient aussi périodiquement avec les poids atomiques ou avec les volumes spécifiques, comme le montrent les indications inscrites au tableau. On remarquera aussi que les éléments situés sur les branches ascendantes ont tous un caractère métalloïdique.

62. Il n'est guère de propriété physique qui ne se modifie périodiquement avec le poids atomique. Même les coëfficients de dilatation, les propriétés magnétiques ou diamagnétiques, les longueurs d'onde des raies spectrales, la conductibilité électrique ou calorifique, tout obéit à la loi de périodicité.

On peut donc dire que la classification périodique est en harmonie parfaite avec le principe de classification de la méthode naturelle, qui réunit, qui rapproche tout ce qui est réuni ou rapproché par des analogies de caractères ou de propriétés.

63. Des découvertes récentes ont permis d'apprécier l'immense portée du nouveau principe de classification introduit par MM. Lothar Meyer et Mendelejeff. Depuis longtemps on avait assigné au tellure le poids atomique 128, qui aurait dû le faire ranger entre l'iode et le cæsium. Mais cet élément appartient à n'en pas douter, au groupe des sulfurides; dès lors il devenait probable que son poids atomique avait été inexactement déterminé, et que selon toute apparence, il serait inférieur à celui de l'iode. On a été amené ainsi à reprendre un travail auquel on n'aurait jamais songé, le tellure étant un corps très rare et peu important par lui-même. Ces nouvelles recherches ont confirmé ces prévisions et ont établi que le poids atomique de cet élément est en réalité 125.

L'indium est un métal dont on trouve des traces dans quelques minerais de zinc. On a établi que son nombre proportionnel est 37,8, attendu que c'est là la quantité d'indium qui s'unit à 35,5 de chlore. On avait dès l'abord doublé ce chiffre et assigné à l'indium le poids atomique 75,6, pour donner à son oxyde la formule InO, analogue à ZnO. On croyait en effet que l'indium était l'analogue du zinc, attendu que très souvent la nature réunit en un même minerai des éléments qui sont manifestement de la même famille.

La classification périodique a permis de résoudre la question. L'indium ne peut pas être $In' = 37,8$, car alors il viendrait prendre une place déjà prise par le potassium. Il ne peut pas non plus être $In'' = 75,6$, car il devrait se ranger entre le zinc et le strontium, et ici encore il n'y a pas de place disponible. Il serait difficile de le considérer comme quadrivalent ($In^{iv} = 151,2$) attendu que son oxyde, qui se comporte comme une base faible, deviendrait InO_2, et ne présenterait aucune analogie avec SnO_2 et PbO_2 entre lesquels il devrait alors se placer. Des raisons du même genre s'opposent à ce qu'on adopte le poids atomique 190, qui en ferait l'homologue des azotides. Mais en prenant $In''' = 113,4$, on comble l'une des lacunes qui existaient dans le tableau, et on rapproche l'oxyde d'indium In_2O_3 de l'oxyde d'aluminium dont il possède le caractère faiblement basique. Depuis que cette place a été attribuée à ce métal, on a déterminé sa chaleur spécifique et la densité de vapeur de son chlorure, et les résultats de ces déterminations ont établi que le poids atomique, est bien $In = 113,4$, et ont complètement justifié la place que M. Mendelejeff lui avait assignée.

L'histoire du norwegium est encore entièrement à faire : on ignore la place qu'il doit occuper dans la classification. Quelques uns des chimistes qui se sont occupés de l'étude de ce corps lui ont attribué le poids atomique 218,8, ce qui donne pour l'oxyde la formule Ng_2O_3, analogue à Bi_2O_3. Le norwegium métallique possède des propriétés qui rappellent d'une manière frappante celles du bismuth. D'autres pensent que le norwegium appartient à la famille zinc-cadmium ; ils adoptent le poids atomique 156, et notent l'oxyde NgO.

L'osmium, auquel on assigne encore aujourd'hui le poids atomique 198,6 paraît néanmoins devoir se placer devant le platine et l'iridium, car ses combinaisons sont analogues à celles du ruthénium dont il est l'homologue, de même que le rhodium est l'homologue de l'iridium, et le palladium celui du platine. Les poids atomiques de ces éléments paraissent avoir été correctement établis. De nouvelles recherches ne tarderont probablement pas à être entreprises : elles établiront si le poids atomique actuel est à modifier, comme c'était naguère le cas pour le tellure, ou si ce corps doit changer de place dans le système.

Plusieurs transpositions du même genre ont été effectuées successivement pour certains éléments rares et peu connus, soit à la suite de déterminations plus exactes des poids atomiques, soit qu'une étude plus attentive de leurs combinaisons eût mis en évidence leurs homologies véritables. On peut s'en convaincre en comparant le tableau suivant, p. 57, emprunté au premier travail de M. Mendelejeff au tableau de la p. 53.

Dans la troisième période figure un élément appartenant au troisième groupe et qui était inconnu à l'époque où Mendelejeff publia son tableau. En s'appuyant à la fois sur l'homologie et sur l'atomanalogie, l'éminent chimiste russe pronostiqua l'existence d'un corps simple qui viendrait prendre place entre le calcium et le titane, et dont le poids atomique serait sensiblement 44. Il le nomma provisoirement l'ékabore Eb. Il annonça que sa densité serait d'environ 3. Il sut prévoir que son oxyde aurait pour formule Eb_2O_3, et posséderait des propriétés basiques peu prononcées, attendu qu'il serait intermédiaire entre la chaux CaO, base puissante et l'oxyde de titane TiO_2, qui est l'anhydride d'un acide faible. Il annonça que le sulfate, analogue en ceci au sulfate de calcium, serait peu soluble dans l'eau ; que les sels d'ékabore

Périodes.	Groupe I. — R_2O	Groupe II. — RO	Groupe III. — R_2O_3	Groupe IV. RH_4 RO_2	Groupe V. RH_3 R_2O_5	Groupe VI. RH_2 RO_3	Groupe VII. RH R_2O_7	Groupe VIII. — RO_4
1	H 1							
2	Li 7	Be 9,4	B 11	C 12	N 14	O 16	Fl 19	
3	Na 23	Mg 24	Al 27	Si 28	P 31	S 32	Cl 35,5	
4	K 39	Ca 40	Eb 44	Te 48	V 51	Cr 52	Mn 55	Fe 56, Ni 59, Co 59.
5	Cu 63	Zn 65	Eal 68	Esi 72	As 75	Se 78	Br 80	
6	Rb 85	Sr 87	?Yt 88	Zr 90	Nb 94	Mo 96	—	Ru 104, Rh 104, Pd 106.
7	Ag 108	Cd 112	In 115	Sn 118	Sb 122	?Te 128	J 127	
8	Cs 133	Ba 137	?Di 138	Ce 140	—	—	—	— — —
9	—	—	—	—	—	—	—	
10	—	—	?Er 178	?La 180	Ta 182	W 184	—	?Os 196, Ir 196, Pt 196.
11	Au 199	Hg 200	Tl 204	Pb 207	Bi 208	—	—	
12	—	—	Th 231	—	V 240	—	—	— — —

seraient incolores, et donneraient des précipités gélatineux avec la potasse, les carbonates alcalins et le phosphate de sodium; qu'il formerait un alun avec le sulfate potassique, etc. etc. Il ajouta que l'ékabore, homologue de l'yttrium, se trouverait probablement dans les minéraux renfermant ce dernier. Dix ans après cette prédiction on découvrit le scandium; et l'histoire de ce métal vérifia point pour point les prévisions de Mendelejeff. L'existence, le poids atomique, la densité et les propriétés principales du gallium et du germanium ont été prédits de la même manière : ils figurent dans le tableau de Mendelejeff sous le nom d'ekaaluminium Eal et d'eka-silicium Esi.

64. La classification nouvelle dont le principe vient d'être indiqué est d'introduction récente : elle offre encore les imperfections inhérentes à un premier essai. Telle qu'elle est, elle est déjà fort remarquable, et l'avenir lui est incontestablement réservé. Son mérite indiscutable est d'embrasser la chimie toute entière, de renverser la barrière qu'on avait voulu élever entre les métaux et les métalloïdes, de réunir ces deux catégories de corps en familles naturelles, en montrant que certaines allures signalées dans un groupe de métalloïdes se retrouvent, se continuent chez les éléments métalliques.

Mais beaucoup de lacunes restent encore à combler. Il est évident que dans sa forme actuelle, elle ne permettrait pas de prévoir l'existence de l'un des éléments du huitième groupe, tel que le cobalt, l'iridium ou le platine si l'un de ces corps nous était resté inconnu. Elle ne rend pas compte non plus de la différence qu'il y a entre le cobalt et le nickel, entre le platine et l'iridium, métaux qui ont rigoureusement les mêmes poids atomiques.

Il est aisé de voir que des relations numériques relient les poids atomiques entre eux; mais ces relations sont loin d'être simples, soit que l'on compare entre eux les nombres voisins dans le sens horizontal, soit qu'on procède à cette comparaison dans l'ordre vertical. Les différences numériques entre les périodes vont croissant : elles sont d'abord de 16, puis de 25 et enfin de 32 environ. On pourrait se demander si l'hydrogène n'est pas le premier terme d'une première période, comme l'indique le tableau de la p. 55, période qui ne différerait de la suivante que de 6 unités, et si toute une série d'éléments compris entre l'hydrogène et le lithium n'est pas à découvrir.

Les différences que l'on observe entre les poids atomiques des corps appartenant à une même période ne sont jamais bien grandes; mais elles ne sont ni régulières ni symétriques quand on compare les périodes entre elles. Des écarts plus notables se voient entre le fluor et le sodium, le chlore et le potassium, le brôme et le rubidium, l'iode et le cœsium. Ces écarts correspondent au passage brusque d'un métalloïde puissant à un métal fortement positif. On peut se demander si ce contraste violent, si cette absence de transition ne tient pas à ce que dans plusieurs périodes le huitème groupe fait défaut : on peut se demander si les éléments de ce huitième groupe ne se trouveront pas tôt ou tard, et s'ils ne permettront pas d'établir un passage plus graduel des halogènes aux métaux alcalins.

Le tableau de la page 55 montre que bien d'autres corps simples sont encore à découvrir : il nous apprend aussi que beaucoup de poids atomiques devront être établis ou corrigés. Ce sont ces lacunes qui empêchent encore aujourd'hui de donner tout son développement à ce système nouveau.

D'ailleurs la loi qui règle la relation entre les propriétés chimiques et les poids atomiques, loin d'être formulée, est à peine entrevue, et l'on peut se demander si le poids atomique est seul à intervenir comme on semble l'avoir admis jusqu'ici.

Le système périodique fait bon marché des classifications basées sur la valence. Les éléments qui forment des combinaisons appartenant à un même type, ou qui montrent dans certains de leurs composés la même atomicité apparente sont précisément ceux qu'il réunit en groupes ou en familles. C'est le cas notamment pour les métaux du premier groupe. Ag_2O, Au_2O, Cu_2O dérivent du même type de combinaison que K_2O ou Na_2O.

Nous avons déjà fait remarquer que la quantivalence ne sera jamais qu'une base précaire de classification. Un élément donné ne peut occuper qu'une place dans un système donné, tandis qu'il a souvent plusieurs valences apparentes, sans qu'on sache à laquelle il faut donner la préférence pour le classer. Le système périodique range le plomb dans le quatrième groupe, formé par des corps qu'on regarde généralement comme tetratomiques; et cependant les composés du type PbCl$_2$ ou PbO sont bien plus stables et bien plus nombreux. Le bore devrait être trivalent d'après la place qu'il occupe dans le système, bien que des doutes sérieux s'élèvent à ce propos (T. I, p. 565, note). L'or trivalent, l'argent et le cuivre bivalents viennent se grouper à la suite des métaux alcalins qu'on regarde généralement comme monoatomiques. Mais l'univalence de ces derniers n'est rien moins que démontrée (voir §§ 41 et 68, note). M. Mendelejeff affirme que le carbone est seul élément dont la valence soit assez sûrement établie et assez constante pour qu'on puisse en faire le point de départ d'une classification systématique de ses composés.

OXYDES ET HYDROXYDES MÉTALLIQUES.

65. Les oxydes métalliques résultent de l'union des métaux à l'oxygène. Tous les métaux peuvent se combiner à cet élément: tantôt cette combinaison est si facile, que même à la température ordinaire on doit garantir le métal contre l'action de l'oxygène atmosphérique quand on veut le conserver intact: tantôt il faut provoquer l'oxydation en s'aidant de l'influence de la chaleur. Les métaux nobles ou précieux (Ag, Au, Pt, Rh), seuls ne s'oxydent pas directement, et leurs oxydes ne s'obtiennent que par double décomposition.

66. Les hydroxydes métalliques sont les combinaisons que l'oxygène contracte à la fois avec l'hydrogène et les métaux. Ces corps présentent la composition d'une combinaison de l'eau avec des oxydes métalliques: l'hydroxyde de calcium ou chaux éteinte s'obtient même par l'action directe de l'eau sur l'oxyde ou chaux vive. Pendant longtemps on les a regardés comme ayant cette constitution, et on leur donnait la dénomination d'*hydrates*. Aujourd'hui on les considère comme des oxydes mixtes d'hydrogène et de métal, ou comme des combinaisons de métal et d'hydroxyle, dont la composition est en rapport avec l'atomicité apparente ou réelle des métaux.

On connaît des hydroxydes normaux appartenant aux types K′OH, Cu″(OH)$_2$, Tl‴(OH)$_3$, Pt⁗(OH)$_4$, Fe$_2$‴(OH)$_6$. En perdant les éléments de l'eau ils engendrent des anhydrides basiques imparfaits, tels que

$$HO - Pb'' - O - Pb'' - OH = 2Pb(OH)_2 - H_2O$$
$$O = Al_2''' \equiv (OH)_4 = Al_2(OH)_6 - H_2O$$
$$O_2 \equiv Al_2''' = (OH)_2 = Al_2(OH)_6 - 2H_2O$$

ou des anhydrides basiques parfaits ou oxydes métalliques comme K_2O, PbO, Al_2O_2.

Les oxydes métalliques parfaits, qui résultent de la déshydratation complète des hydroxydes normaux, portent parfois le nom d'équioxydes.

Les anhydrides partiels répondent à la formule générale $pM^n O_n H_{2n} - mH_2O$ ($pn > m$) et peuvent présenter un très haut degré de complication. On a signalé par exemple les dérivés suivants de l'hydroxyde ferrique :

Limnite.	Fe_2	O_6	H_6
Limnite.	Fe_2	O_5	H_4
Goethite	Fe_2	O_4	H_2
Limonite	Fe_4	O_9	H_6
Turgite.	Fe_4	O_7	H_2
Limonite	Fe_6	O_{14}	H_6

67. La constitution des oxydes métalliques n'est pas aussi simple qu'on serait tenté de le croire à première vue. Les hydroxydes normaux ont une composition qui est en rapport avec la valence du métal auquel ils appartiennent. L'hydroxyde de zinc, par exemple, est représenté par la formule $Zn(OH)_2$. Mais peut-on figurer la transformation de cet hydroxyde en son anhydride par le schéma

$$Zn \diagdown \begin{matrix} O \\ \diagdown \end{matrix} \begin{matrix} H \\ OH. \end{matrix}$$

Évidemment non. Les oxydes métalliques ont une composition bien plus compliquée. Elle nous est révélée en partie par l'existence des anhydrides partiels, tels que $HO-Pb-O-Pb-OH$. Il n'est pas admissible qu'un composé de ce genre se dédouble par la chaleur en eau et en deux molécules d'oxyde de plomb : sa déshydratation devrait conduire au symbole minimum

$$O \diagup \begin{matrix} Pb - O \\ Pb - \end{matrix} \begin{matrix} H \\ OH, \end{matrix}$$

d'après lequel l'oxyde de plomb serait Pb_2O_1. Mais il est probable que le mécanisme de réaction qui a engendré l'anhydride partiel se renouvelle entre deux ou plusieurs molécules de ce dernier pour donner des anhydrides imparfaits de plus en plus condensés et aboutir finalement à la production d'un oxyde fort complexe. On aurait ainsi

$$O\begin{cases}Pb-O|H\\Pb-OH\end{cases}+\begin{cases}HO|-Pb\\HO\ -Pb\end{cases}O=O\begin{cases}Pb\ \ -O-\ \ Pb\\Pb-OH\ HO-Pb\end{cases}O+H_2O$$

$$O\begin{cases}Pb-O-Pb-|OH\\Pb-O-Pb-O|H\end{cases}+\begin{cases}H|O-Pb-O-Pb\\HO|-Pb-O-Pb\end{cases}O=$$

$$H_2O+O\begin{cases}Pb-O-Pb-O-Pb-O-Pb\\Pb-O-Pb-O-Pb-O-Pb\end{cases}O\ \text{etc.}$$

sans qu'il soit possible d'évaluer le nombre absolu d'atomes d'oxygène et de plomb qui entrent dans la constitution de l'oxyde formé.

Les oxydes métalliques, tels que nous les connaissons, ne sont donc pas les combinaisons simples que les métaux pourraient contracter avec l'oxygène, et que nous représentons d'ordinaire par nos formules. Ils sont les polymères, les produits de condensation de ces oxydes inconnus. On pourrait dire qu'ils ont une constitution annulaire et qu'ils forment des chaînes fermées dont les anneaux seraient alternativement des atomes de métal et des atomes d'oxygène.

L'argumentation qui précède peut se résumer ainsi. La déshydratation des hydroxydes ne conduit pas d'emblée aux oxydes. Il se forme d'abord des anhydrides incomplets, dont la constitution est plus complexe que celle des hydroxydes normaux. Ce sont ces anhydrides incomplets qui vont se compliquant de plus en plus, et se transforment finalement en anhydrides. La complication de ces derniers est en rapport avec celle des hydroxydes complexes dont ils dérivent, car il serait difficile d'admettre que la chaleur, après avoir produit une condensation moléculaire croissante, amenât tout à coup un dédoublement.

Nous pourrions rappeler ici la formation de l'acide disulfurique aux dépens de l'acide sulfurique, celle de l'acide pyrophosphorique aux dépens de l'acide phosphorique ordinaire, celle des métaphosphates complexes T. I., p. 351, aux dépens des orthophosphates acides. La chaleur amène une première complication de ces molécules, et cette complication va s'accentuant au fur et à mesure que la température s'élève. On en trouve un exemple classique dans la formation des acides polysiliciques T. I, §§ 376-379. La silice gélatineuse a une composition différente suivant la température à laquelle elle a été desséchée, et qui varie comme suit :

$$
\begin{array}{llll}
\text{à froid} & \ldots & \ldots & H_2\,Si\,O_3 \\
\text{à } 25^\circ. & \ldots & \ldots & H_2\,Si_2\,O_5 \\
\text{à } 60^\circ. & \ldots & \ldots & H_2\,Si_3\,O_7 \\
\text{à } 100^\circ. & \ldots & \ldots & H_2\,Si_4\,O_9 \\
\text{à } 250^\circ. & \ldots & \ldots & H_2\,Si_5\,O_{11} \\
\text{à } 300^\circ. & \ldots & \ldots & H_0\,Si_n\,O_{2n}
\end{array}
$$

68. On est arrivé aux mêmes conclusions en partant d'un ordre de faits complètement différent. L'introduction dans une combinaison d'un élément aussi volatil que l'oxygène doit avoir pour effet de la rendre gazeuse, ou tout au moins aisément vaporisable. Nous en avons la preuve dans l'anhydride sulfureux et l'anhydride carbonique. Le chlore possède, quoiqu'à un moindre degré, le même pouvoir volatilisant. Ainsi le chlorure de fer Fe_2Cl_6 et le chlorure d'aluminium sont des combinaisons très volatiles quoique formées par des métaux absolument fixes.

Si l'on compare les oxydes volatils aux chlorures correspondants, on remarque que les premiers sont généralement plus faciles à gazéifier que les seconds, ce qui provient de ce que l'oxygène est pour ainsi dire un gaz parfait, tandis que le chlore se laisse plus facilement liquéfier. Voici quelques uns de ces composés comparables, ainsi que leurs points d'ébullition :

$$
\begin{array}{lllll}
OO\,(-184^\circ) & SO_2\,(-10^\circ) & CO_2\,(-78^\circ) & SO_3\,(46^\circ) & COCl_2\,(8^\circ) \\
Cl_2O\,(5^\circ) & SOCl_2\,(82^\circ) & SO_2Cl_2\,(82^\circ) & COCl_2\,(8^\circ) & CCl_4\,(76^\circ).
\end{array}
$$

On pourrait donc dire, en thèse générale, que les oxydes doivent être plus volatils que les chlorures correspondants.

Mais il est loin d'en être toujours ainsi. L'anhydride phosphorique n'est volatil qu'au rouge, tandis que l'oxychlorure $POCl_3$ bout à 110°; l'anhydride borique et l'anhydride silicique sont fixes, alors que les chlorures correspondants sont très volatils.

Il en est de même pour les oxydes métalliques. La plupart de ces corps sont infusibles et fixes, tandis que les chlorures correspondants se laissent sublimer. On conclut de là que ces oxydes ont une constitution moléculaire plus complexe que celle des chlorures. Nous avons déjà fait remarquer que la compacité, la condensation matérielle d'un corps est d'autant plus faible, c'est-à-dire qu'il se laisse fondre, dissoudre ou gazéifier plus facilement, que sa molécule est moins compliquée, toutes choses égales d'ailleurs (1).

69. Les équioxydes métalliques et surtout les hydroxydes correspondants sont les bases par excellence. Les détails relatifs à cette fonction basique ont été exposés T. I, §§ 100, 101 et 106.

70. Indépendamment de ces corps, on connaît quelques composés analogues à l'eau oxygénée, et qu'on appelle bioxydes. Tels

---

(1) Toute cette argumentation est basée sur la plurivalence de l'oxygène et des éléments qu'il réunit en servant de chaînon entre eux. Cette complication moléculaire, cette polymérisation ne saurait exister dans le cas des éléments univalents : l'eau, la potasse caustique et l'oxyde de potassium, d'après nos idées actuelles, doivent nécessairement avoir pour formules $H-O-H$, $H-O-K$, $K-O-K$. Et cependant les propriétés physiques de ces corps ne correspondent pas à une constitution aussi simple. L'eau devrait être un gaz plus difficile à condenser que l'hydrogène sulfuré ou l'acide chlorhydrique; la potasse caustique, formée par l'union d'un métal volatil avec deux gaz parfaits, devrait être facile à réduire en vapeur. Il n'en est rien. En ce qui concerne le potassium, nous avons déjà fait remarquer que son univalence pourrait bien être plus apparente que réelle (§ 32). On connaît d'ailleurs un hydrure de la formule brute K_2H, et dont la composition est incompatible avec l'hypothèse d'un métal univalent. Le système périodique réunit en un même groupe les métaux alcalins, qui jusqu'à ce jour passaient pour univalents, au cuivre et à l'argent manifestement biatomiques; il n'est donc pas impossible que dans ce groupe la quantivalence réelle soit $= 2$. La complication moléculaire de la potasse s'expliquerait sans peine dans l'hypothèse du potassium plurivalent.

Et si l'oxygène est en tête du sixième groupe, où se placent tant d'éléments dont l'atomicité est 6, ne pourrait-on pas se demander si la diatomicité qu'il montre presque toujours n'est pas simplement apparente, comme celle du soufre dans les sulfures, si l'oxyde de carbone n'est pas $C \equiv O^{IV}$, l'oxyde de plomb $Pb \equiv O^{IV}$, etc., et si l'on ne pourrait pas noter la vapeur d'eau $H_2 - O^{IV} = \frac{-}{-}$. L'eau liquide pourrait

$$\text{être } H_2 = O \diamondsuit O = H_2 \text{ ou plus compliquée encore.}$$

avec en haut et en bas $H-O-H$.

La même hypothèse pourrait rendre compte de la constitution de bien des molécules contenant de l'eau de cristallisation, comme $\dfrac{K}{H}\!\!>\!\!O\!\!<\!\!\dfrac{O-H_2'}{O-H_2}$ et qu'on ne devrait plus considérer comme des combinaisons additionnelles.

sont le bioxyde de potassium K-O-O-K, et le bioxyde de baryum $Ba'' \diagdown_O^O$. Ces corps sont dépourvus du caractère basique.

Sous l'influence des acides ils se décomposent en équioxydes qui forment des sels, et en oxygène qui se dégage ou devient disponible :

$$BaO_2 + H_2SO_4 = BaSO_4 + H_2O + O.$$

Dans quelques cas, ils produisent de l'eau oxygénée :

$$BaO_2 + H_2SiFl_6 = BaSiFl_6 + H_2O_2.$$

Si l'acide ou l'anhydride employé est capable de s'oxyder, il ne se dégage pas d'oxygène et l'on obtient des produits de réactions secondaires dues à cette oxydation :

$$PbO_2 + SO_2 = PbSO_4.$$

71. Les oxydes métalliques plus riches en oxygène jouent le rôle d'anhydrides acides, tels l'anhydride chrômique CrO_3, l'anhydride osmique OsO_4, etc.

72. Quelques hydroxydes métalliques laissent remplacer directement ou indirectement leur hydrogène par d'autres métaux et semblent jouer ainsi le rôle d'acides faibles. Il se produit alors des oxydes mixtes tels que $Zn \diagdown_{OK}^{OK}$: cette propriété s'observe notamment chez l'hydroxyde de plomb, de chrôme, d'aluminium.

Quelques chimistes donnent à ces hydroxydes le nom assez impropre d'*oxydes indifférents*, parce qu'ils peuvent jouer indifféremment le rôle d'acide ou de base. Il semble cependant que ces corps, dont l'activité chimique peut s'exercer dans une double direction ne sont rien moins qu'indifférents. Et si l'on dit que l'hydroxyde de zinc ZnO_2H_2 est indifférent parce qu'il laisse remplacer son hydrogène par du potassium, ne pourrait-on pas en dire autant de la potasse KOH, dont l'hydrogène se laisse remplacer par le zinc.

On donne quelquefois le nom d'*oxydes salins* aux oxydes mixtes tels que ZnO_2K_2.

Un groupe très intéressant d'oxydes mixtes, contenant quatre atomes d'oxygène, dérive des seconds anhydrides partiels formés par les hydroxydes des groupements métalliques hexavalents. Si dans l'hydroxyde aluminique $O_3 \equiv Al^{vi} = (OH)_2 = Al_2(OH)_6 - 2H_2O$ on remplace les deux atomes d'hydrogène par une quantité équivalente d'un autre métal, on engendrera un oxyde mixte de la formule

$$O_2 \equiv Al_2 \left\langle \begin{matrix} OK \\ OK \end{matrix} \right. \quad \text{ou} \quad O_2 \equiv Al_2 \left\langle \begin{matrix} O \\ O \end{matrix} \right\rangle Mg''.$$

On connaît tout un groupe de composés isomorphes appartenant à ce type, et dans lesquels l'aluminium et le magnésium sont remplacés par d'autres éléments analogues : ils sont connus sous le nom de *spinelles*.

Si les deux éléments métalliques d'un spinelle sont identiques, comme $O_4 \equiv Fe_2'' O_2 = Fe'' = Fe_3O_4$, les oxydes sont appelés *intermédiaires* ou *magnétiques*.

Les oxydes mixtes se comportent sous l'influence des acides ou des anhydrides comme s'ils étaient des mélanges de deux oxydes normaux.

73. Le caractère basique dévolu aux oxydes et aux hydroxydes métalliques ne se manifeste pas toujours avec la même énergie. Les métaux alcalins et alcalino-terreux engendrent les bases les plus puissantes. Puis viennent les oxydes et les hydroxydes de magnésium, de thallium, d'argent, à la suite desquels se rangent les bases appartenant aux métaux bivalents, ou se comportant comme tels. Les sesquioxydes, tels que Al_2O_3, et les hydroxydes qui leur correspondent sont des bases très faibles, qui refusent même de former des sels avec les acides faibles, comme l'acide carbonique ou sulfhydrique.

Plusieurs oxydes métalliques ne subissent aucune action de la part des acides, lorsqu'ils sont à l'état compacte, tels que nous les offre le règne minéral, ou lorsqu'ils ont subi une forte calcination. Les sesquioxydes de fer, de chrôme et d'aluminium sont surtout remarquables par cette particularité.

Quand on chauffe modérément l'hydroxyde de chrôme, on le convertit en un oxyde de chrôme brun, qui se dissout aisément dans les acides. Mais quand on élève un peu plus la température, on voit cet oxyde devenir tout à coup incandescent, et se transformer en un oxyde chrômique bien plus compacte, sur lequel les acides n'ont plus de prise. Il se produit évidemment ici un de ces oxydes complexes dont il a été question au § 67, et la transformation est comparable à celle du phosphore ordinaire en phosphore rouge. Elle est exothermique et donne naissance à un corps dont l'activité chimique a singulièrement diminué.

74. Préparation. On prépare les oxydes :

1° Par l'oxydation directe des métaux, en les chauffant à l'air. Cette méthode est applicable dans tous les cas, sauf pour l'or, l'argent, le platine, le rhodium et l'iridium. Elle est employée surtout pour la préparation des oxydes de zinc, de plomb, de cuivre, de mercure.

2° Par l'action de la chaleur sur les sels qu'une haute température décompose en anhydrides volatils; de ce nombre sont surtout les carbonates, (on prépare ainsi l'oxyde de calcium), les azotates, (on produit de cette manière les oxydes de baryum, de strontium, de cuivre, de mercure, etc.), et les sulfates (ce dernier procédé sert à préparer l'oxyde ferrique et l'oxyde d'aluminium).

3° Par l'action de la chaleur sur les hydroxydes métalliques. Ces corps se dédoublent ainsi en eau et en oxydes. Les hydroxydes de potassium, de sodium et de baryum sont indécomposables par la chaleur.

4° Quelques oxydes résultent de la réduction partielle d'autres oxydes plus riches en oxygène; tel l'oxyde manganeux MnO, qui se forme en réduisant le bioxyde par l'hydrogène, tels les oxydes Mn_2O_3 et Mn_3O_4, qui résultent de l'action de la chaleur sur le bioxyde.

75. Les hydroxydes ne peuvent s'obtenir qu'exceptionnellement par l'action de l'eau sur les oxydes anhydres. Cette réaction ne s'observe que pour les oxydes des métaux alcalins ou alcalino-terreux. La plupart s'obtiennent par l'action d'un hydroxyde soluble (de potassium, de sodium ou d'ammonium) sur un sel soluble du métal dont on veut obtenir l'hydroxyde :

$$Fe_2Cl_6 + 6KHO = Fe_2H_6O_6 + 6KCl.$$

Quelques-uns se forment par l'action de l'eau sur le métal, p. 11. La production de la rouille est un phénomène du même ordre.

On a déjà vu que certains métaux tels que le mercure et l'argent, paraissent ne pas fournir d'hydroxydes. Ceux-ci semblent se décomposer déjà à la température ordinaire comme la plupart des autres hydroxydes le font sous l'action d'une chaleur plus ou moins élevée.

76. Propriétés. Les oxydes et les hydroxydes métalliques sont tous solides; quelques-uns sont blancs, d'autres sont diversement colorés. Tous sont inodores. Ceux qui sont insolubles dans l'eau sont insipides, ceux qui y sont solubles possèdent un goût âcre et caustique dit alcalin.

Les hydroxydes de potassium, de sodium, de lithium, de cœsium, de rubidium, connus sous le nom d'alcalis sont très solubles dans l'eau. Il en est de même pour l'hydroxyde thalleux $TlOH$. Les hydroxydes de baryum et de strontium sont moins solubles (1 : 20); la chaux éteinte exige 700 fois son poids d'eau pour se dissoudre. Les autres hydroxydes métalliques sont pour ainsi dire insolubles, telle la magnésie, qui ne se dissout que dans 5000 fois son poids d'eau. Cette solubilité peut néanmoins se manifester parfois : les oxydes de plomb, de mercure et d'argent mis en contact avec l'eau lui communiquent une légère réaction alcaline. On a découvert récemment l'existence d'une variété colloïdale soluble de certains hydroxydes ordinairement insolubles dans l'eau. En soumettant à la dialyse des sels solubles de ferricum, d'aluminium, de chrômicum, etc. l'acide passe à travers la membrane dialysante, et sur le dialysateur on obtient une modification liquide et soluble des hydroxydes correspondants. Ces corps sont peu stables et se transforment sous les plus légères influences en hydroxydes insolubles. La substance employée en pharmacie sous le nom de fer dialysé n'est qu'une variété colloïde d'hydroxyde ferrique.

77. Une température comprise entre 100° et 250° transforme les hydroxydes métalliques en oxydes. Cette transformation commence à 60° pour l'hydroxyde de cuivre; elle a lieu à la température ordinaire pour l'hydroxyde de mercure ou d'argent. Les hydroxydes de lithium, de sodium, de potassium, de baryum, sont indécomposables par la chaleur; l'hydroxyde de calcium ne se décompose qu'au rouge. Tous les équioxydes, sauf ceux d'argent, de mercure, d'or, de platine, résistent à la température du rouge blanc, sans être décomposés en oxygène et en métal. Les bioxydes sont ramenés à un degré inférieur.

78. Tous les oxydes métalliques sont exothermiques, sauf l'oxyde d'or. Leur chaleur de formation est en général très élevée, ce qui explique leur grande stabilité. Tantôt cette chaleur de formation a pu être déterminée directement par la combustion du métal dans le calorimètre, tantôt elle résulte de déterminations indirectes(1).

79. Au rouge, l'hydrogène réduit tous les oxydes, sauf ceux de potassium, de sodium, de lithium, de calcium, de strontium, de magnésium, d'aluminium, de manganèse et de chrôme. Ces oxydes sont ceux qui possèdent la plus forte chaleur de formation. Avec l'oxyde de zinc et l'oxyde de fer il se produit des équilibres.

80. L'action du chlore sur les oxydes métalliques varie suivant la nature de l'oxyde et la température. Au rouge, il transforme un grand nombre d'oxydes en chlorures, en mettant l'oxygène en liberté. L'oxyde de chrôme et l'oxyde d'aluminium seuls résistent à ce traitement.

On peut mettre cette propriété en évidence en chauffant de la chaux ou de l'oxyde de zinc dans un tube de verre peu fusible T que l'on porte au rouge, et

---

(1) Soit à déterminer la chaleur de formation x de l'oxyde de calcium.
On fait agir du calcium métallique sur de l'acide chlorhydrique étendu

$$(Ca : 2HClAq) = 108,6 \, Cal.$$

Cette réaction peut se ramener aux deux suivantes :
1° Décomposition de l'eau, et formation d'oxyde de calcium

$$(Ca, O) - (H_2, O).$$

2° Action de l'acide chlorhydrique sur l'oxyde de calcium, réaction qui peut également s'effectuer dans le calorimètre

$$(CaO : 2HClAq) = 46 \, Cal.$$

On a donc

$$x = 108,6 + 68,3 - 46 = 130,3 \, Cal.$$

68,3 étant la chaleur de formation de l'eau.
On a déterminé d'une manière analogue la chaleur de formation de l'hydroxyde. L'action de l'acide chlorhydrique étendu sur la chaux éteinte donne

$$(CaO_2H_2 : 2HClAq) = 30,4 \, Cal.$$

En retranchant ce nombre de 46, on a

$$(CaO, H_2O) = 15,6 \, Cal.$$

dans lequel on dirige un courant de chlore préparé en B. L'oxygène produit

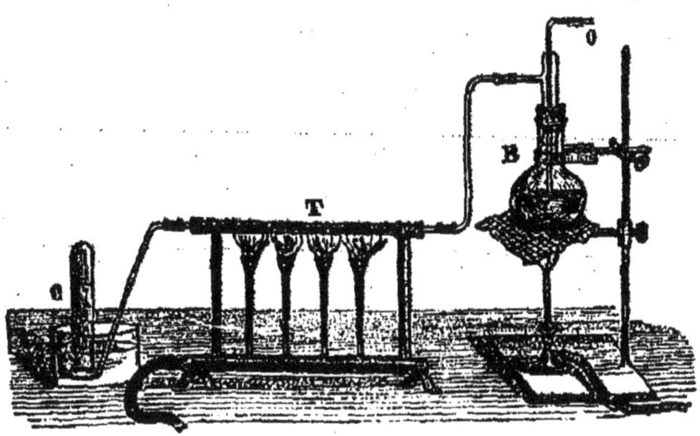

Fig. 4.

se récolte en C. On aura soin de mettre dans la cloche une solution de soude caustique pour absorber l'excès de chlore qui reste mélangé à l'oxygène.

A la température ordinaire le chlore transforme certains oxydes suspendus dans l'eau, ou leurs hydroxydes, en hypochlorites et en chlorures. A 100° il se forme des chlorates. Les bases faibles engendrent de l'anhydride hypochloreux T. I, p. 263. Les hydroxydes au minimum sont transformés en chlorures et en hydroxydes au maximum :

$$6Fe(OH)_2 + 3Cl_2 = 2Fe_2(OH)_6 + Fe_2Cl_6.$$

Le brôme et l'iode se comportent d'une manière analogue.

81. L'oxygène fait passer du minimum au maximum les oxydes ou les hydroxydes des métaux qui possèdent deux degrés d'oxygénation : l'oxyde ferreux FeO devient aisément oxyde ferrique Fe_2O_3 ; l'hydroxyde manganeux, $Mn(OH)_2$ hydroxyde manganique $Mn_2H_4O_8$, etc.

Quelques protoxydes sont transformés à chaud en bioxydes : K_2O devient K_2O_2, BaO, BaO_2. L'oxyde de plomb PbO se convertit en minium Pb_3O_4.

82. A une température élevée, le soufre transforme la plupart des oxydes métalliques en sulfures et en anhydride sulfureux. Il est sans action sur les oxydes de magnésium, de chrôme et d'aluminium.

Les oxydes des métaux dont les sulfates sont indécomposables par la chaleur sont transformés en sulfures et en sulfates

$$4CaO + 2S_2 = CaSO_4 + 3CaS.$$

Les hydroxydes solubles, bouillis avec du soufre et de l'eau deviennent polysulfures et thiosulfates

$$6NaOH + 3S_2 = 2Na_2S_2 + Na_2S_2O_3 + 3H_2O.$$

83. Le phosphore transforme les oxydes métalliques en phosphures et en phosphates. Les hydroxydes solubles bouillis avec du phosphore et de l'eau se transforment en hypophosphites et en phosphamine.

84. Le carbone n'exerce aucune action, quelle que soit la température, sur les oxydes de potassium, de sodium, de lithium, de baryum, de strontium, de calcium, de magnésium et d'aluminium. Les autres oxydes sont réduits par le charbon avec production d'anhydride carbonique ou d'oxyde carbonique, suivant la température à laquelle la réaction se produit. Lorsqu'elle s'accomplit à une température élevée, les métaux mis en liberté se combinent parfois à une certaine quantité de carbone, dont ils abandonnent souvent une partie à l'état de graphite pendant le refroidissement.

SULFURES ET HYDROSULFURES MÉTALLIQUES.

85. Les combinaisons des métaux avec le soufre correspondent en général de composition et de propriétés aux oxydes des mêmes métaux. Il en est de même des composés contenant en même temps de l'hydrogène, et qu'on nomme hydrosulfures ou sulfhydrates. On a vu toutefois, T. 1, p. 89, que le nombre de ces derniers est fort restreint et que la plupart des sulfures sont dépourvus du caractère basique.

On serait donc amené à regarder ces corps comme des sels de l'acide sulfhydrique. Toutefois un grand nombre de sulfures présentent la particularité qui a été signalée § 73 pour certains oxydes métalliques. Ce sont des produits de polymérisation, dont la formule est M_nS_n et non MS. Beaucoup d'entre eux sont durs et compactes, quelques-uns même, comme le sulfure de cuivre ou de plomb, possèdent l'éclat métallique. Même quand ils ont été obtenus par voie

humide et à l'état pulvérulent, quelques-uns d'entre eux produisent
des particules solides tellement compactes, qu'ils sont pour ainsi dire
indifférents à l'action des acides ou des autres réactifs. L'hydrogène
sulfuré n'agit pas sur le chlorure de cobalt ou de nickel. On pourrait
déduire de là que l'affinité du chlore pour ces métaux est plus forte
que celle du soufre. Mais une fois que le sulfure de cobalt ou de
nickel a été obtenu, l'acide chlorhydrique ne l'attaque qu'à grand
peine, et sa retransformation en chlorure ne se fait bien que par
l'eau régale. Les sulfures sont donc loin de montrer cette mobilité
dans leurs constituants, cette aptitude au double échange qui
caractérise les sels proprement dits.

Un grand nombre de sulfures, et spécialement ceux des métaux
pesants, se rencontrent dans le règne minéral à l'état cristallisé.

80. Formation. Le soufre se combine facilement à la plupart
des métaux, comme nous l'avons déjà dit en faisant l'histoire de ce
métalloïde. Les sulfures de cuivre, de mercure, de fer se forment à
froid par union directe. La vapeur de soufre transforme en sulfures
la plupart des métaux chauffés à une température suffisamment
élevée. Le sulfure ferreux s'obtient de cette manière. L'acide sulfhydrique transforme en sulfures les oxydes métalliques portés à une
haute température. Ces réactions sont souvent accompagnées d'un
dégagement de chaleur et de lumière. Indépendamment de ces
modes de formation tout à fait généraux, on connaît quelques
méthodes particulières, qui sont :

1° L'action du charbon sur les sulfates métalliques indécomposables par la chaleur; on prépare ainsi les sulfures de baryum et de
strontium.

2° L'action de la vapeur de sulfure de carbone, sur un mélange
d'oxyde et de charbon fortement chauffés. Sous cette influence, tous
les oxydes sont transformés en sulfures.

3° L'action de l'acide sulfhydrique ou des sulfures solubles sur les
solutions métalliques § 107 à 115. On prépare ainsi les sulfures
insolubles dans l'eau.

4° L'action du soufre sur les hydroxydes ou les carbonates des
métaux alcalins et alcalino-terreux. Si l'on opère à la température
de l'ébullition, on obtient des sulfures et des thiosulfates

$$6KOH + 2S_3 = 2K_2S + K_2S_2O_3 + 3H_2O.$$

Au rouge, il se produit des sulfures et des sulfates :

$$8KOH + 2S_2 = 3K_2S + 4H_2O + K_2SO_4.$$

Si le soufre est en excès, les sulfures produits sont transformés en polysulfures.

Les hydrosulfures se forment par l'action de l'acide sulfhydrique sur les sulfures neutres

$$K_2S + H_2S = 2KSH.$$

87. Propriétés. Tous les sulfures sont solides, inodores, cristallisables et fusibles. Ils sont diversément colorés.

Ceux de potassium, de sodium et de lithium sont solubles dans l'eau. Si la quantité d'eau est restreinte, la dissolution s'effectue purement et simplement; mais si la proportion du dissolvant devient considérable, l'eau tend à décomposer le sulfure et à produire un équilibre

$$K_2S + H_2O \rightleftarrows KSH + KOH.$$

Ce fait est démontré par la quantité de chaleur dégagée dans l'action de la potasse sur l'acide sulfhydrique en solution très étendue :

$$[KOHAq : H_2SAq] = KSHAq + H_2O + 7Cal.$$

L'addition d'une seconde molécule de potasse ne produit plus d'effet thermique. On conclut de là qu'en solution très diluée la potasse ne convertit plus l'hydrosulfure en sulfure neutre, et que réciproquement l'eau dédouble ce dernier en *hydrosulfure* et en *hydroxyde*.

La solution des sulfures alcalins, primitivement incolore, jaunit à l'air, absorbe l'oxygène et se transforme en polysulfure et en thiosulfate.

$$K_2S + O = K_2O + S$$
$$K_2S + S = K_2S_2$$
$$K_2S_2 + O_3 = K_2S_2O_3.$$

Les sulfures de baryum, de calcium et de strontium sont insolubles dans l'eau, mais se décomposent au contact de ce liquide en sulfhydrates solubles et en hydroxydes peu solubles (1) :

$$2BaS + 2H_2O = BaH_2S_2 + BaH_2O_2.$$

---

(1) Le sulfure de calcium compacte et fortement calciné qu'on obtient comme produit secondaire dans la fabrication de la soude, est tout à fait inaltérable par l'eau.

Les sulfhydrates jaunissent également à l'air. Ils possèdent l'odeur fétide d'hydrogène sulfuré. Ces deux genres de composés se reconnaissent à leur action sur une solution concentrée de chlorure manganeux. Les sulfures neutres et solubles n'y produisent qu'un précipité de sulfure manganeux : les hydrosulfures donnent lieu en même temps à un dégagement d'acide sulfhydrique

$$K_2S + MnCl_2 = 2KCl + MnS$$
$$2KSH + MnCl_2 = 2KCl + MnS + H_2S.$$

Tous les sulfures solubles se colorent en bleu-violet quand on y verse une solution de nitroprussiate de sodium : les hydrosulfures donnent une coloration rouge-pourpre.

Les autres métaux ne produisent pas d'hydrosulfures; leurs sulfures sont insolubles dans l'eau. Beaucoup de ces sulfures, préparés par voie humide, contiennent de l'eau d'hydratation : dans cet état ils absorbent aisément l'oxygène de l'air et se transforment en sulfates. On obvie à cet inconvénient dans l'analyse chimique en lavant ces sulfures avec de l'eau contenant en dissolution de l'hydrogène sulfuré ou du sulfhydrate d'ammoniaque.

L'oxydation peut aussi s'effectuer par voie sèche. La plupart des sulfures sont transformés en sulfates par le grillage. Si la température s'élève très fort, les sulfates produits peuvent être dédoublés en oxydes métalliques, oxygène et anhydride sulfureux.

88. Plusieurs sulfures insolubles se comportent comme s'ils étaient des sulfoanhydrides, et se combinent aux sulfures solubles pour donner des sulfosels également solubles dans l'eau. Parmi les métalloïdes, ce caractère est nettement accusé chez les sulfures de sélénium, de tellure, d'arsenic et d'antimoine :

$$As_2S_3 + 3K_2S = 2AsS_3K_3.$$

Parmi les métaux, on le retrouve chez le sulfure d'or, de platine, d'étain, de molybdène, de vanadium, d'iridium et de tungstène.

89. L'action des acides sur les sulfures métalliques est l'un des points les plus intéressants de l'histoire de ces corps, car elle joue un rôle considérable en chimie analytique. Cette action varie avec la nature du métal et avec celle de l'acide. Les sulfures des métaux alcalins ou alcalino-terreux sont décomposés même par les acides les plus faibles. Le sulfure de manganèse hydraté est décomposé par l'acide acétique, et à plus forte raison par les acides minéraux. Les sulfures de fer et de zinc sont attaqués par les acides minéraux étendus; les autres sulfures métalliques ne se détruisent que sous l'influence des acides plus ou moins concentrés et chauds.

L'acide azotique attaque la plupart des sulfures et les convertit en un mélange de sulfates et d'azotates; en même temps du soufre est mis en liberté.

Au contact de l'acide chlorhydrique étendu et du fer porphyrisé, tous les sulfures dégagent de l'acide sulfhydrique.

90. Quelques sulfures normaux peuvent s'unir à un nouvel atome de soufre pour former des bisulfures, analogues aux bioxydes. Les bisulfures des métaux alcalins ou alcalino-terreux sont solubles dans l'eau : leur solution est colorée en jaune. Un excès d'acide chlorhydrique la décompose en produisant du bisulfure d'hydrogène. Cette solution peut dissoudre une grande quantité de soufre, qui se sépare à l'état de lait de soufre, par l'action des acides. On appelle polysulfures les composés, assez mal définis, dont on admet l'existence dans ces solutions. Elles ont une odeur fétide et une couleur orangée.

Le chlore transforme les sulfures en chlorures, avec production de chlorure de soufre. En présence de l'eau, il se produit des chlorures et de l'acide sulfurique. L'eau de brôme exerce une action analogue.

PHOSPHURES MÉTALLIQUES.

91. Par leur composition ces corps correspondent aux phosphures d'hydrogène. Ils ont été peu étudiés. Ils prennent naissance lorsqu'on fait passer de la vapeur de phosphore ou de la phosphamine sur les métaux chauffés au rouge, ou bien lorsqu'on fait passer un courant d'hydrogène phosphoré dans certaines solutions métalliques. Le phosphure de cuivre s'obtient de cette manière.

Les phosphures des métaux alcalins ou alcalino-terreux décomposent l'eau avec dégagement de phosphamine spontanément inflammable. Il se produit en même temps des hypophosphites.

On obtient ces phosphures, mélangés de phosphates, en faisant passer de la vapeur de phosphore sur les oxydes chauffés au rouge.

Les autres phosphures sont insolubles et inattaquables par l'eau à la température ordinaire. Ils sont fusibles, durs, cassants et généralement doués de l'éclat métallique.

CHLORURES, BROMURES ET IODURES MÉTALLIQUES.

92. L'histoire de ces corps rentre dans l'étude générale des sels, dont ils ne sont qu'un cas particulier. Ils méritent cependant une mention spéciale, parce que leur résidu halogénique, existant à l'état libre, permet de les préparer directement par l'union du métal au chlore, au brôme et à l'iode. Cette combinaison directe engendre généralement des composés au maximum à moins qu'on ne fasse intervenir un excès de métal. Le chlorure ferrique, l'iodure ferreux, le chlorure et l'iodure mercurique s'obtiennent par cette méthode.

On peut préparer tous les chlorures indistinctement par l'action du chlore sur un mélange d'oxyde métallique et de charbon chauffés au rouge. On prépare ainsi les chlorures de chrôme et d'aluminium.

On les obtient aussi en dissolvant le métal dans l'eau régale. Cette méthode s'applique surtout aux chlorures d'or et de platine.

Enfin on peut les obtenir par les méthodes générales de formation des sels.

La plupart des chlorures, brômures et iodures métalliques sont indécomposables par la chaleur. Presque tous sont volatils à une température élevée.

93. La chaleur de formation des chlorures métalliques est en général fort élevée(1) : elle est notablement supérieure à celle de

---

(1) La chaleur de formation des chlorures métalliques se détermine en faisant réagir le métal sur l'acide chlorhydrique étendu. L'opération se fait directement dans le calorimètre. La chaleur dégagée se compose de la chaleur de combinaison du métal avec le chlore, augmentée de la chaleur de dissolution du chlorure produit, et diminuée de la chaleur de formation de l'acide chlorhydrique, ainsi que de sa chaleur de dissolution. On a vu T. I, p. 102, comment on a déterminé la chaleur de formation du chlorure ferreux.

D'autres fois elle se déduit de la chaleur de saturation de l'acide chlorhydrique l'acide chlorhydrique gazeux, sauf pour l'or et le platine. D'après le principe du travail maximum, on pourrait s'attendre à voir la plupart des métaux décomposer le gaz chlorhydrique. Il en est effectivement ainsi : cependant le mercure et l'argent sont sans action sur lui, quoique la chaleur de formation de leurs chlorures soit notablement supérieure à celle de l'acide chlorhydrique. Cela tient-il à la difficulté que l'on aurait à dédoubler les molécules d'argent en leurs atomes, ou à quelqu'autre cause encore inconnue ? On l'ignore et jusqu'ici aucune explication satisfaisante n'a été donnée de cette anomalie, car à 350° les molécules de mercure sont dédoublées en atomes libres.

Comme la chaleur de formation de l'acide chlorhydrique dissous est bien plus forte que celle du même composé à l'état gazeux, et l'emporte également sur celle de plusieurs chlorures métalliques, on conçoit que beaucoup de métaux soient sans action sur l'acide étendu : tels le plomb, le cuivre, le mercure, le thallium, l'or, l'argent et le platine. La chaleur de formation de l'acide concentré étant comprise entre celle de l'acide gazeux et celle de l'acide très dilué, il se pourra que certains de ces métaux attaquent l'acide concentré. C'est ce qui arrive pour le plomb et le cuivre : le cuivre platiné dégage vivement l'hydrogène de l'acide chlorhydrique fumant, et se convertit en chlorure cuivreux.

94. Plusieurs chlorures métalliques se laissent réduire par l'hydrogène lorsqu'on les chauffe dans un courant de ce gaz. C'est là encore un fait qui va à l'encontre du principe du maximum thermique. On peut l'expliquer en admettant qu'à une haute température l'affinité du chlore pour les métaux soit moindre qu'à froid. On peut admettre aussi que ces composés se trouvent par-

---

par l'oxyde ou l'hydroxyde, lorsque la chaleur de formation de ce dernier est connue. C'est le cas, par exemple, pour le chlorure de cuivre

$$[CuO : 2HClAq] = [Cu, Cl_2, Aq] + [H_2, O] - [Cu, O] - 2[H, Cl, Aq]$$
$$15,27 \qquad x \qquad 68,36 - 37,16 - 78,64$$
$$x = 62,71$$

d'autre part $[CuCl_2, Aq] = 11,08$, d'où $[Cu, Cl_2] = 51,36$.

tiellement dissociés en chlore et en métal dès que leur température s'élève. Ce qui tendrait à le prouver, c'est que le chlorure de plomb, chauffé dans une atmosphère d'azote, se dédouble progressivement en plomb métallique et en chlore, qui est entraîné par le gaz inerte.

Il est probable qu'un grand nombre de réactions dont l'interprétation paraît fort difficile sont dues à des phénomènes de dissociation du même genre.

SELS MÉTALLIQUES.

95. La constitution de ces corps et leur mode de formation théorique le plus important ont été exposés en détail T. I, §§ 105 à 111. Il suffira d'indiquer ici quelques méthodes de préparation fréquemment employées. On les obtient :

1° par l'action des métaux sur les acides; dans ce cas il y a ou dégagement d'hydrogène, ou décomposition de l'acide par ce dernier à la suite d'une réduction secondaire. Ce procédé n'est évidemment applicable qu'aux sels formés par les métaux usuels et les acides commerciaux.

2° Par l'action d'un acide sur un carbonate métallique :

$$BaCO_3 + 2HCl = BaCl_2 + CO_2 + H_2O.$$

3° Par double décomposition entre deux sels, en utilisant la formation de sels insolubles dans l'eau,

$$K_2CrO_4 + Pb(NO_3)_2 = PbCrO_4 + 2KNO_3,$$

$$FeSO_4 + Ba(NO_3)_2 = Fe(NO_3)_2 + BaSO_4.$$

Cette méthode conduit toujours à la formation de deux composés, dont l'un est le produit cherché, l'autre le produit accessoire. La dernière formule que nous venons d'écrire peut représenter aussi bien la préparation du sulfate de baryum que celle du nitrate ferreux.

96. Un grand nombre de sels existent dans la nature, d'autres sont des produits de l'art. Tous sont solides à la température ordinaire; presque tous peuvent cristalliser. Ceux dont les métaux forment des oxydes incolores sont incolores; ceux dont les oxydes correspondants sont colorés, ou ceux dont l'anhydride acide est

coloré sont également colorés. Les sels manganeux sont généralement roses ; les sels ferreux, vert bleuâtre ; les sels ferriques,
jaune brun ; les sels de nickel, de chrôme et de cuivre, verts ;
quelques sels de cuivre, bleus ; les sels de cobalt, rouges ; les
chrômates, jaunes ou oranges ; les manganates, verts ; les permanganates, pourpres. Tous les sels sont inodores.

97. Les sels ont deux sortes de caractères chimiques : des caractères *génériques*, qu'ils doivent aux acides dont ils dérivent, et
des caractères *spécifiques*, qui leur sont communiqués par les
métaux qu'ils renferment.

Les propriétés génériques des sels sont les mêmes pour un même
acide ; leurs propriétés spécifiques sont les mêmes pour les sels
produits par un même métal. L'étude des propriétés génériques
est faite dans l'examen des caractères généraux des sels de chaque
acide, celle des propriétés spécifiques se rattache à l'examen
particulier des composés salins produits par chaque métal.

Quelques sels sont insolubles dans l'eau, d'autres y sont solubles.
Les sels insolubles sont insipides ; ceux qui sont solubles présentent
une saveur qui dépend de la nature du métal. Elle est salée,
piquante, âcre (K, Na, Li, Ba, Sr, Ca), amère (Mg), sucrée (Gl, Pb,
Ni), astringente (Al, Fe) ou styptique et métallique (Cu, Ag, Hg).

98. Sont solubles dans l'eau :

1° Les sels des acides suivants : HNO_3, HNO_4 (sauf $AgNO_2$),
$HClO_3$, HCl (sauf $AgCl$, $PbCl_2$, Hg_2Cl_2, $TlCl$, Cu_2Cl_2, Au_2Cl_2), HBr,
(sauf $AgBr$, $PbBr_2$, Hg_2Br_2), HI (sauf AgI, PbI_2, HgI_2, Hg_2I_2, Cu_2I_2,
PdI_2), H_2SO_4 (sauf $BaSO_4$, $SrSO_4$, $PbSO_4$). — $CaSO_4$ et Ag_2SO_4 sont
peu solubles.

2° La plupart des composés de potassium et de sodium, (sauf
$KClO_4$, les fluosilicates, $H_4Na_2Sb_2O_7$).

99. Sont insolubles dans l'eau :

1° Les sels des métaux alcalino-terreux ou pesants, formés par les
acides suivants : HFl, H_2S, H_2CO_3, H_3PO_4, H_2SO_3, H_3AsO_3, H_3AsO_4,
H_3BO_3, H_2CrO_4, H_4SiO_4.

Tous les sels neutres des métaux pesants, dissous dans l'*eau*, ont
une réaction acide. Les sels neutres de K, Na, Ca, Ba, Sr, Mg, Ag
sont généralement neutres au papier de tournesol.

100. L'action de l'eau sur les sels ne se résume pas toujours en un simple phénomène de dissolution. L'eau peut être considérée comme une base faible, comme un hydroxyde métallique $H(OH)$, on peut aussi l'envisager comme un acide faible. Grâce à ce double rôle, elle peut agir sur certains sels en les décomposant, ou plutôt en les dissociant, comme dans cet exemple :

$$Fe_2Cl_6 + 6HOH \rightleftarrows Fe_2(OH)_6 + 6HCl.$$

Les uns formés par des métaux qui engendrent des bases faibles, tels que Sb, Bi, Sn, Hg, Fe_2'', Al_2'', Cr_2'' etc. seront décomposés avec mise en liberté d'un hydroxyde basique, qui pourra ou se précipiter, ou s'unir à une partie inaltérée du sel pour former un sel basique, ou rester en dissolution à l'état colloïde. Les autres formés par des acides faibles insolubles et des hydroxydes métalliques solubles, seront décomposés avec mise en liberté de l'acide.

Ces réactions se produisent tantôt à froid, tantôt sous l'influence de la chaleur. Les chlorures de magnésium et d'aluminium chauffés en présence de l'eau se décomposent en oxyde et en acide chlorhydrique.

$$MgCl_2 + H_2O = MgO + 2HCl.$$

La décomposition par l'eau des sulfures alcalins ou alcalino-terreux est un phénomène du même genre § 87.

Les expériences suivantes mettent ces diverses réactions en lumière. Quand on projette dans l'eau du chlorure de bismuth, de l'azotate de bismuth, du sulfate mercurique, etc., on obtient des acides libres et des sels basiques insolubles de la formule $O=Bi-Cl$, $O=Bi-NO_3$, $O_2\equiv Hg_3=SO_4$. — Lorsqu'on fait bouillir une solution d'acétate ferrique (ou ce qui revient au même, un mélange de chlorure ferrique et d'acétate de sodium) on obtient un précipité d'hydroxyde ferrique.

L'acétate d'aluminium se conduit de la même manière. Les sels de chrômicum, d'aluminium et de ferricum se dédoublent même sous l'influence de l'eau froide : quand on soumet leurs solutions à la dialyse (t. I, p. 156), l'acide diffuse à travers la membrane dialysante, et de l'hydroxyde soluble et colloïde reste dans le dialyseur. Une solution concentrée de borate de sodium, additionnée de nitrate d'argent, laisse déposer un précipité jaune de borate argentique. Mais si la solution est étendue, l'eau exerce son action dissociante sur le borax, et le liquide n'est plus qu'un mélange de soude caustique et d'acide borique : le nitrate d'argent y produit donc un précipité brun d'hydroxyde d'argent.

Toutes ces réactions sont dues à la production d'équilibres chimiques qu'on modifie à volonté en faisant varier les conditions de l'expérience. Nous venons de voir l'influence de la température et de la concentration des liqueurs. La présence d'un excès de l'un des produits peut également modifier la marche de ces phénomènes. L'eau ne décompose ni le sulfate de mercure, ni l'azotate de bismuth, quand on a soin d'y ajouter une quantité suffisante d'acide sulfurique ou azotique.

Les sels neutres de la plupart des métaux pesants rougissent le papier de tournesol ; ceux des métaux alcalins et dérivés des acides faibles le bleuissent. Ce sont encore là des phénomènes de dissociation, dus à l'action décomposante de l'eau. Le carbonate de sodium, par exemple, est dissocié en acide carbonique et en soude caustique : l'alcalinité de cette base puissante est bien plus prononcée que l'acidité de l'acide carbonique et l'emporte de beaucoup sur cette dernière dans leur action respective sur les réactifs colorés. Il en est de même pour les sulfures, les borates, les silicates etc. et en général pour tous les sels alcalins dérivant des acides faibles.

De même qu'elle peut décomposer les sels neutres, de même l'eau peut dédoubler les sels acides, les sels doubles et les sels mixtes. Le sulfate acide de potassium cristallise sans altération de sa solution concentrée, mais vient-on à y ajouter plus d'eau, ou essaie-t-on de le recristalliser, il se dédouble en sulfate neutre et moins soluble, et en acide sulfurique qui reste dissous. De même la carnallite $MgCl_2 + KCl + 6H_2O$ se décompose par l'eau chaude en chlorure de potassium qui cristallise par le refroidissement et en chlorure de magnésium déliquescent qui est maintenu en dissolution.

101. Les sels forment incontestablement la série de composés chimiques la plus nombreuse. Plus que tous les autres ils ont été l'objet des recherches instituées en vue d'étudier les phénomènes thermiques qui accompagnent la dissolution, et dont il a été parlé T I, p. 151. La plupart des sels anhydres qui ne se combinent pas à de l'eau de cristallisation se dissolvent dans l'eau avec absorption de chaleur. Il en est de même des sels qui contiennent toute l'eau de

cristallisation qu'ils peuvent prendre. L'absorption de chaleur est
due alors au changement d'état ainsi qu'aux phénomènes de dissociation que l'eau peut provoquer (§ 100).

Mais quand on dissout un sel anhydre susceptible de prendre de
l'eau de cristillisation, il se produit un phénomène thermique, et la
chaleur de dissolution de ce sel est égale à la différence entre la
chaleur de combinaison du sel anhydre avec l'eau, et la chaleur de
dissolution positive ou négative du sel hydraté.

Cette chaleur de combinaison est loin d'être constante pour un
même sel. Le carbonate de sodium peut se combiner à 10 molécules
d'eau de cristallisation. Pour la première molécule $[Na_2CO_3, H_2O]$
elle est $= 3,38$ Cal. pour chacune des sept suivantes, $[NaCO_3H_2O,$
$7H_2O]$ elle est $7 \times 2,20$ Cal. pour les deux dernières $[NaCO_38H_2O,$
$2H_2O]$ elle descend à $1,76$ Cal. par molécule d'eau fixée.

102. Si nous faisons abstraction de ce qui vient d'être dit de la
chaleur de dissolution, toute la thermochimie des sels se résume
presqu'entièrement en la connaissance des chaleurs de neutralisation
c'est à dire des quantités de chaleur dégagées quand on fait réagir,
dans un calorimètre, les acides sur les oxydes ou les hydroxydes
métalliques. Si l'on a affaire à un hydracide, on peut déduire
aisément de la chaleur de neutralisation la chaleur de formation
du sel : il suffit pour cela de connaître la chaleur de formation de
l'oxyde métallique, celle de l'hydracide, et la chaleur de dissolution
de chacun des composés qui interviennent dans la réaction. On a vu
p. 77 comment a été déterminée la chaleur de formation du chlorure
de cuivre : celle de la plupart des sels haloïdes a été trouvée d'une
manière analogue.

103. Il n'en est plus ainsi pour les oxysels. Comme les résidus
halogéniques complexes ne se laissent pas isoler, comme il a été
impossible jusqu'ici de déterminer par exemple $[H, NO_3]$ ou
$[H_2, SO_4]$, il est tout aussi impossible d'évaluer $[M, NO_3]$ ou
$[M_2, SO_4]$, et on doit se contenter de chercher la chaleur de
combinaison des oxydes métalliques aux anhydrides acides.

Soit à déterminer la chaleur de formation du sulfate de sodium.
On a fait réagir d'abord du sodium sur l'eau : cette réaction
$[Na, Aq] = 43,45$ Cal. Elle se compose évidemment de la destruction
d'une molécule d'eau, de l'union de l'oxygène à l'hydrogène et

au sodium, et de la dissolution de l'hydroxyde dans l'eau, soit

$$[Na, O, H, Aq] — [H_2, O] = 43,45 \text{ Cal.}$$
$$x \qquad — 68,56 = 43,45 \text{ Cal.}$$

d'où

$$x = [Na, O, H, Aq] = 111,81 \text{ Cal.}$$

Mais l'hydroxyde de sodium peut être envisagé comme formé par l'action de l'eau sur l'oxyde, ce qu'on peut représenter par

$$[Na_2, O, Aq] = 2[Na, O, H\ Aq] — [H_2, O] = 155,26 = 111,81 + 43,45.$$

Ce nombre représente donc la quantité de chaleur dégagée par la formation de l'oxyde de sodium et par sa dissolution subséquente dans l'eau.

D'autre part on a trouvé que la dissolution de l'oxyde de sodium dans l'eau dégage 55,50 Cal. On déduit de là

$$[Na_2, O, Aq] — [Na_2O, Aq] = [Na_2, O],$$
$$155,26 \qquad 55,50 \qquad 99,76.$$

Si sur la solution de l'oxyde de sodium dans l'eau, ou ce qui revient au même, sur une solution de soude caustique, on fait réagir dans le calorimètre une quantité équivalente d'acide sulfurique, on obtient la chaleur de neutralisation

$$[2NaOHAq : SO_4H_2Aq] = 31,58 \text{ Cal.}$$

ou

$$[Na_2, O, Aq : SO_3Aq] = 31,58 \text{ Cal.}$$

Mais

$$[Na_2O, Aq] = 55,5 \text{ Cal.}, [SO_3, Aq] = 39,17 \text{ Cal};$$

en faisant passer ces valeurs dans le second membre de l'équation précédente on trouve

$$[Na_2O, SO_3] = 125,59 \text{ Cal.}$$

On déterminerait d'une manière analogue la chaleur de formation des autres sels. Les résultats auxquels on peut atteindre ne sont pas toujours aussi complets : il est des acides dont l'anhydride n'a pu être isolé, il en est d'autres qu'on ne connaît qu'à l'état de dissolution aqueuse. Il existe également des oxydes métalliques qui ne se prêtent pas aux déterminations calorimétriques, et qu'on doit remplacer par leurs hydroxydes : or la chaleur d'hydratation de ces

— 84 —

derniers, soit [MO, nH$_2$O] est inconnue dans un grand nombre de cas.

Comme il est facile de le voir, la connaissance complète des données thermiques d'un sel exige qu'on puisse partir du métal, et déterminer sa chaleur de réaction soit sur l'eau, soit sur un acide étendu.

Quand ces données sont insuffisantes, quand les chaleurs de formation de quelqu'un des corps qui prennent part à la réaction n'ont pu être établies complètement, on ne peut que comparer entre elles les chaleurs de neutralisation.

104. On a constaté un fait assez curieux et dont l'explication n'a pas été donnée jusqu'ici. Il y a un rapport constant entre les chaleurs de neutralisation des divers acides par les mêmes bases et réciproquement. Ainsi tous *les hydracides halogénés* dégagent la même quantité de chaleur, qu'on les neutralise par la potasse, la soude ou la lithine : de même la baryte, la strontiane et la chaux ont la même chaleur de neutralisation pour un acide déterminé.

La chaleur de neutralisation des acides forts par les bases fortes est sensiblement de 13,6 Cal. par équivalent (c'est-à-dire par quantité équivalente à HCl ou à NaOH). Pour les acides ou les bases faibles, la chaleur dégagée est plus faible, comme on peut s'en convaincre par le tableau suivant :

HCl Aq, KOH Aq	13,75	6HCl Aq, Al$_2$O$_6$H$_6$	55,92
HCl Aq, NaOH Aq	13,74	H$_2$S Aq, NaOH Aq	7,7
HCl Aq, NH$_3$ Aq	12,27	H$_2$S Aq, 2NaOH Aq	7,7
2HCl Aq, Ag$_2$O Aq	41,2	H$_2$S Aq, BaO$_2$H$_2$ Aq	7,8
2HCl Aq, CaH$_2$O$_2$ Aq	27,90	H$_2$S Aq, 2NH$_3$, Aq	6,2
2HCl Aq, BaH$_2$O$_2$ Aq	27,78	H$_2$S Aq, MnO$_2$H$_2$	10,3
2HCl Aq, MgO$_2$H$_2$	27,69	H$_2$S Aq, FeO$_2$H$_2$	14,6
2HCl Aq, MnO$_2$H$_2$	22,95	H$_2$S Aq, ZnO$_2$H$_2$	10,2
2HCl Aq, NiO$_2$H$_2$	22,58	H$_2$S Aq, PbO$_2$H$_2$	26,6
2HCl Aq, FeO$_2$H$_2$	21,39	H$_2$S Aq, CuO$_2$H$_2$	31,6
2HCl Aq, ZnO$_2$H$_2$	19,88	H$_2$S Aq, HgO	48,7
2HCl Aq, CuO$_2$H$_2$	14,91	ClOH Aq, NaOH Aq	9,98
2HCl Aq, CuO	15,27	ClO$_3$H Aq, KOH Aq	13,76
2HCl Aq, PbO	15,39	SO$_2$ Aq, 2NaOH Aq	28,97
2HCl Aq, HgO	18,92	SO$_4$H$_2$ Aq, 2KOH Aq	31,28
6HCl Aq, Fe$_2$O$_6$H$_6$	55,45	SO$_4$H$_2$ Aq, KOH Aq	14,6

SO_4H_2 Aq, $2NaOH$ Aq . . .	31,58	$2NO_3H$ Aq, CuO	15,25
SO_4H_2 Aq, $NaOH$ Aq	14,6	$2NO_3H$ Aq, PbO	17,77
SO_4H_2 Aq, $2NH_3$ Aq. . . .	28,14	$2NO_3H$ Aq, HgO	6,66
SO_4H_2 Aq, BaO_2H_2 Aq. . .	36,9	$2NO_3H$ Aq, Hg_2O.	5,79
SO_4H_2 Aq, CaO_2H_2 Aq . . .	31,14	PO_4H_3 Aq, $NaOH$ Aq . . .	14,82
SO_4H_2 Aq, MgO_2H_2	31,22	PO_4H_3 Aq, $2NaOH$ Aq . . .	27,07
SO_4H_2 Aq, ZnO_2H_2	23,41	PO_4H_3 Aq, $3NaO_4$ Aq . . .	34,02
SO_4H_2 Aq, MnO_2H_2	26,43	$P_2O_7H_4$ Aq, $4NaOH$ Aq . . .	52,7
SO_4H_2 Aq, NiO_2H_2	26,11	$P_2O_7H_4$ Aq, $2NaOH$ Aq . . .	29,6
SO_4H_2 Aq, FeO_2H_2	24,92	AsO_3H_3 Aq, $NaOH$ Aq . . .	13,8
SO_4H_2 Aq, CuO_2H_2	18,44	AsO_3H_3 Aq, $2NaOH$ Aq . . .	15,1
SO_4H_2 Aq, PbO	25,80	AsO_4H_3 Aq, $3NaOH$ Aq . . .	35,9
SO_4H_2 Aq, Pb_2H_2	21.40	CO_2 Aq, $2NaOH$ Aq	20,18
SO_4H_2 Aq, Ag_2O.	14,49	CO_2 Aq, $NaOH$ Aq	11,2
$3H_2SO_4$ Aq, Fe_2O_6H. . . .	35,75	CO_2 Aq, $2NH_3$ Aq	12,37
$3H_2SO_4$ Aq, $Al_2O_2H_6$ . . .	62,97	CO_2 Aq, NH_3 Aq	9,73
NO_3H Aq, KOH Aq	15,77	CO_2, PbO	22,58
NO_3H Aq, $NaOH$ Aq	13,68	CO_2, Ag_2O.	20,06
NO_3H Aq, NH_3 Aq	12,32	CO_2, CaO	42,49
$2NO_3H$ Aq, Ag_2O.	10,88	H_2SiFl_6 Aq, $2NaOH$ Aq. . .	26,6
$2NO_3H$ Aq, CuO_2H_2 Aq . . .	27,8	CrO_3 Aq, $2NaOH$ Aq, . . .	24,8
$2NO_3H$ Aq, BaO_2H_2 Aq. . .	28,0	CH_2O_2 Aq, KOH Aq. . . .	15,03
$2NO_3H$ Aq, MgO_2H_2. . . .	27,52	$2CH_2O_2$ Aq, ZnO_2H_2 . . .	18,2
$2NO_3H$ Aq, ZnO_2H_2. . . .	19,85	$C_2H_4O_3$ Aq, KOH Aq . . .	13,5
$2NO_3H$ Aq, CuO_2H_2. . . .	14,80	$2C_3H_4O_3$ Aq, ZnO_2H_2 . . .	17,8

105. Sous l'influence *du chlore, du brôme ou de l'iode* les sels au minimum passent au maximum, avec production de chlorures, de brômures ou d'iodures correspondants :

$$Hg_2(NO_3)_2 + Cl_2 = Hg(NO_3)_2 + HgCl_2.$$

Azotate mercureux   Azotate mercurique   Chlorure mercurique

Si l'acide contenu dans le sel est susceptible d'être oxydé ultérieurement, comme c'est le cas pour les sulfites, les arsénites, etc., il subira également l'action oxydante des halogènes :

$$K_2SO_3 + Cl_2 + H_2O = K_2SO_4 + 2HCl.$$

Quelques sels sont décomposés par le chlore, avec production d'anhydride ou d'acide hypochloreux,

$$CaCO_3 + 2Cl_2 = CaCl_2 + 2Cl_2O + CO_2.$$
$$K_2SO_4 + Cl_2 + H_2O = KHSO_4 + KCl + HOCl.$$

L'oxygène exerce sur les sels au minimum une action analogue à celle du chlore, du brôme et de l'iode, mais avec cette différence toutefois qu'il se produit des sels au maximum basiques :

$$2Fe''SO_4 + O = Fe_2''O (SO_4)_2 = Fe_2^{vi} \begin{cases} (SO_4)'' \\ (SO_4)''. \\ O'' \end{cases}$$

106. L'action des métaux sur les sels dissous varie avec les circonstances. Les métaux positifs, qui ne décomposent point l'eau à la température ordinaire, précipitent, en s'y substituant, les métaux moins positifs de leurs solutions salines. Ce phénomène est connu sous le nom de substitution métallique : il s'accomplit dans l'ordre suivant : Zn, Fe, Sb, Sn, Bi, Pb, Cu, Hg, Ag, Pt, Au, chacun de ces métaux pouvant déplacer de ses solutions chacun de ceux qui le suivent. Même l'hydrogène, dont la métallicité est du même ordre que celle du zinc, élimine l'or et l'argent de leurs sels, quand on le fait agir sous pression.

Les solutions des sels au maximum sont réduites au minimum :

$$Fe_2Cl_6 + Fe = 3FeCl_2$$
$$Fe_2Cl_6 + Zn = 2FeCl_2 + ZnCl_2.$$

Quelquefois le métal qu'on fait agir réduit l'acide contenu dans le sel. L'azotate de plomb est transformé en azotite basique par ébullition avec du plomb métallique.

L'introduction d'un métal dans la solution d'un sel chrômique ou aluminique y détermine la formation d'un composé basique.

107. L'acide sulfhydrique et les sulfures solubles exercent sur les sels métalliques dissous une action très importante par les données qu'elle fournit à la chimie analytique.

Elle est intéressante aussi parce qu'elle réalise un des cas les plus remarquables d'application du principe du travail maximum.

Quand on fait agir l'acide sulfhydrique sur un chlorure métallique, il tend à se former un sulfure et de l'acide chlorhydrique

$$MCl_2 + H_2S = MS + 2HCl.$$

Mais pour que cette double décomposition s'effectue, il faut que l'affinité du soufre pour le métal et celle du chlore pour l'hydrogène soient plus fortes que les affinités qui unissaient l'hydrogène au soufre et le chlore au métal. D'après le principe du maximum thermique, il faut que la somme des chaleurs de formation représentées par le second membre de l'équation soit supérieure à la somme des chaleurs de formation des combinaisons contenues dans le premier membre, ou

$$[M, Cl_2] + [H_2, S] < [M, S] + 2[H, Cl].$$

Cet état de choses ne se réalisera qu'exceptionnellement, parce qu'en général la chaleur de formation des chlorures dépasse celle des sulfures de plus de 40 Cal., ce qui est la différence entre $[H_2, S]$ et $2[H, Cl]$.

108. Il n'en est plus de même quand on opère en solution aqueuse, car ici la valeur du second membre de l'équation s'accroît de 34,6 Cal., ce qui représente la chaleur de dissolution de 2HCl, tandis que le premier membre ne s'accroît que de la chaleur de dissolution, généralement bien inférieure, parfois même négative, du chlorure. Appliquons ce raisonnement à un exemple concret. La réaction

$$[Hg, Cl_2] + [H_2, S] = [Hg, S] + [2HCl]$$
$$63,16 \quad + \quad 4,5 \quad > \quad 16,89 \quad + \quad 44\ \text{Cal.}$$

serait impossible, ou ne pourrait conduire qu'à un équilibre (1) dans lequel fort peu de sulfure mercurique prendrait naissance, attendu que la somme des chaleurs de formation dans le premier membre est supérieure à celle du second. Mais quand on opère en solution aqueuse, on a

$$[Aq, Hg, Cl_2] + [H_2S] = [Hg, S] + [2H, Cl, Aq]$$
$$59,86 \quad\quad 4,5 \quad < \quad 16,89 \quad\quad 78,6\ \text{Cal.}$$

Le second membre de l'équation bénéficie donc ici des 34,6 Cal. qui représentent la chaleur de dissolution de l'acide chlorhydrique

---

(1) L'expérience démontre que le gaz sulfhydrique, parfaitement desséché par un passage sur de l'anhydride phosphorique, est sans action sur le chlorure de plomb préalablement desséché à 200°. Il réagit d'une manière presqu'insignifiante sur le chlorure mercurique parfaitement sec. Mais l'intervention de la moindre trace d'humidité détermine la coloration, c'est-à-dire la décomposition de ces sels.

— 88 —

dans la grande quantité d'eau désignée par Aq; il bénéficie en outre
de la chaleur de dissolution $[HgCl_2, Aq] = -3,3$ Cal., qui se trouve
être négative, et la transformation a lieu.

Mais il faut remarquer que la chaleur de dissolution $[HCl, Aq]$ n'atteint 17,3 Cal. que pour autant que le gaz chlorhydrique trouve à sa
disposition une quantité d'eau suffisante (1). Au fur et à mesure que
l'eau se charge d'acide chlorhydrique, elle perd de son énergie
chimique, c'est-à-dire de son aptitude à le dissoudre en dégageant
de la chaleur, et plus elle approche du point de saturation, où le
pouvoir absorbant et la chaleur de dissolution sont $= 0$, plus la
valeur $[HCl, nH_2O]$ devient faible.

Entre 34 Cal. qui représente la chaleur dégagée par la dissolution
de l'acide chlorhydrique dans l'eau pure, et 0, qui correspond à sa
chaleur de dissolution dans l'eau saturée de ce gaz doit se trouver
un point où la solution chlorhydrique est justement assez chargée,
pour que la chaleur de dissolution d'une nouvelle portion de gaz
soit égale à 3,47, c'est à dire à

$$[Hg_2Cl_2, Aq] + [H_2, S] - [Hg, S] - [2H, Cl]$$
$$59,86 \quad + \quad 4,5 \quad - \quad 16,89 \quad - \quad 44$$

et alors la réaction s'arrête. Cela revient à dire que l'acide sulfhydrique décompose le chlorure mercurique en solution aqueuse et
étendue, mais que cette action ne se produit plus et cesse dès que le
liquide est chargé d'une certaine quantité d'acide chlorhydrique. Le
sulfure de mercure pourra donc prendre naissance dans un milieu
acide suffisamment dilué; il ne se forme ou ne se maintient pas en
présence d'un acide concentré.

Si la différence entre les chaleurs de formation est si grande qu'elle
ne peut être compensée même par la chaleur de dissolution de l'acide
chlorhydrique, il est de toute évidence que la transformation en sulfure sera absolument impossible. La chaleur de formation du chlorure manganeux $[Mn, Cl_2] = 112$ Cal.; celle du sulfure hydraté
$[Mn, S, xH_2O] = 46,4$ Cal. : aucune chaleur de dissolution ne saurait
parfaire la différence entre ces deux nombres.

109. Il n'y a que les sels haloïdes dont la chaleur de formation

---

(1) Aq représente d'ordinaire 200 à 400 molécules d'eau.

puisse être directement comparée à celle des sulfures. Quand on veut mettre celle-ci en parallèle avec la chaleur de formation des oxysels, il faut rapprocher les chaleurs de neutralisation des oxydes ou des hydroxydes d'un côté par l'acide sulfhydrique, de l'autre par l'acide dont on étudie le sel. Comme la chaleur de neutralisation est un chiffre global, qui comprend et les chaleurs de dissolution, et les différences entre les chaleurs de formation, on peut immédiatement reconnaître si le phénomène est ou non exothermique et si la production du sulfure peut avoir lieu. On n'aura qu'à consulter le tableau des chaleurs de neutralisation de la p. 84.

La chaleur de neutralisation de l'hydroxyde de cadmium par l'acide sulfhydrique dissout est $[CdO_2H_2 : H_2SAq] = 27,72$, tandis que pour l'acide chlorhydrique ou azotique étendu on aurait $[CdO_2H_2 : 2HClAq]$ ou $[CdO_2H_2 : 2NO_3HAq] = 20,32$ Cal. Il y a un maximum thermique en faveur de l'hydrogène sulfuré, et le sulfure de cadmium se produit. Mais si l'on augmente cette dernière expression de la valeur de $[2HCl, Aq] = 34$ Cal ou $[2NO_3H, Aq] = 15,06$, chaleur de dissolution de ces acides, ce qui correspondrait à la non intervention de l'eau, la réaction loin de se produire irait en sens inverse, c'est à dire que le sulfure serait décomposé par l'acide chlorhydrique ou azotique.

110. Les chaleurs de neutralisation de l'hydroxyde de zinc sont :

$$[ZnO_2H_2 : H_2SAq] \quad = 18,58 \text{ Cal.}$$
$$[ZnO_2H_2 : 2HClAq] \quad = 20,29 \text{ Cal.}$$
$$[ZnO_2H_2 : 2HnO_3Aq] \quad = 19,83 \text{ Cal.}$$
$$[ZnO_2H_2 : 2C_2H_4O_2Aq] = 17,80 \text{ Cal.}$$

Comme elles sont plus élevées pour l'acide chlorhydrique ou azotique que pour l'acide sulfhydrique la production du sulfure n'a pas lieu quand on fait agir l'hydrogène sulfuré sur la solution des sels de zinc de ces acides : tout au plus se produit-il un équilibre résultant d'une formation très incomplète de sulfure de zinc. Mais vient-on à employer l'acétate de zinc, la précipitation du sulfure zincique devient complète, attendu que la chaleur de neutralisation de l'hydroxyde de zinc par l'hydrogène sulfuré est supérieure à celle qu'il produit quand il est neutralisé par l'acide acétique, l'acide formique ou tout autre acide faible. La production de ce sulfure a lieu avec un dégagement de chaleur égal à la différence entre les deux chaleurs de neutralisation.

111. Toutes ces réactions sont sous la dépendance des affinités individuelles de chaque métal pour le soufre et pour les divers résidus halogéniques. Ces affinités relatives se réflètent dans les chaleurs de neutralisation. Il est certain que si la chaleur de neutralisation de l'hydroxyde de zinc par l'acide acétique était légèrement plus forte, l'acétate de zinc ne se laisserait pas décomposer par l'acide sulfhydrique.

Ce cas se présente pour l'hydroxyde manganeux.

$$[MnO_2H_2 : H_2SAq] \quad = 10,2 \text{ Cal.}$$
$$[MnO_2H_2 : 2HClAq] \quad = 23,6 \text{ Cal.}$$
$$[MnO_2H_2 : 2HNO_3Aq] = 23,4 \text{ Cal.}$$
$$[MnO_2H_2 : 2C_2H_4O_2Aq] = 22,6 \text{ Cal.}$$

La production du sulfure de manganèse par l'action de l'acide sulfhydrique sur l'un de ces trois sels donnerait lieu à une absorption de chaleur considérable.

Comment faudrait-il s'y prendre pour provoquer la formation de ce sulfure manganeux par voie humide?

On pourrait y parvenir en provoquant une réaction parallèle qui comblerait le déficit thermique t. I, p. 110. L'action de l'hydrogène sulfuré sur la solution du chlorure manganeux tendrait à produire du sulfure de manganèse et de l'acide chlorhydrique. Si sur ce mélange on faisait agir de la potasse ou de la soude caustique, il se produirait un dégagement de chaleur correspondant à la chaleur de neutralisation $2[KOHAq : HClAq] = 27,4$ Cal. et plus que suffisant pour parfaire la différence : aussi le sulfure manganeux se précipiterait-il immédiatement. Mais ajouter à la fois de l'hydrogène sulfuré et de la potasse revient à faire agir de l'hydrosulfure ou du sulfure de potassium, sur le chlorure manganeux. On peut envisager cette double décomposition comme deux neutralisations qui s'accomplissent en même temps que deux autres neutralisations se défont, ou

$$- [MnO_2H_2 : 2HClAq] = \quad -23,6$$
$$+ [MnO_2H_2 : H_2SAq] = \quad +10,2$$
$$- [2KOH : H_2SAq] \quad = \quad -\ 7,7$$
$$+ [2KOH : 2HClAq] \quad = \quad +27,4$$

$$\text{Somme} + \ 6,3$$

112. On peut résumer ces faits de la manière suivante. L'acide sulfhydrique décompose les solutions salines diluées des métaux dont les sulfures sont inattaquables par les acides forts mais étendus qui doivent prendre naissance en même temps :

$$Aq + CuSO_4 + H_2S = CuS + H_2SO_4 + Aq.$$

Il précipite ainsi les sels de bismuth, de plomb, de cuivre, de mercure, d'argent et de platine en noir, les sels d'or et de stannosum en brun, les sels de cadmium, d'arsenic et de stannicum en jaune, et les sels d'antimoine en orange, même quand ces sels sont formés par des acides puissants, et que les solutions sont légèrement acides, pourvu qu'elles soient convenablement diluées.

113. L'acide sulfhydrique décompose partiellement les solutions des sels de zinc, de cobalt et de nickel, à la condition qu'elles soient rigoureusement neutres. Mais la réaction s'arrête bientôt, car il s'établit un équilibre entre l'action de l'acide sulfhydrique et celle de l'acide que ce dernier met en liberté. La réaction est complète quand le sel appartient à un acide faible, tel que l'acide acétique, ou ce qui revient au même, quand la solution saline a été additionnée d'une quantité équivalente d'acétate de sodium. Les sels de zinc donnent alors un précipité blanc, les sels de nickel et de cobalt un précipité noir.

L'acide sulfhydrique est sans action sur les sels de ces métaux, quand on les a préalablement additionnés d'une minime quantité d'acide chlorhydrique ou sulfurique étendu; il est également sans action sur les sels ferreux et manganeux, puisque les sulfures de ces métaux sont décomposables par les acides qui doivent se produire. On a en effet

$$Aq + FeS + H_2SO_4 = FeSO_4 + H_2S + Aq.$$

114. Si l'on sature ces acides, en ajoutant en même temps un hydroxyde alcalin, ou de l'ammoniaque, les sulfures pourront se précipiter, attendu que l'acide se trouve transformé ainsi en un sel qui est sans action sur le sulfure.

Mais comme l'emploi simultané de l'acide sulfhydrique et d'une base revient à celui d'un sulfure soluble, il en résulte que les sels des métaux prémentionnés seront précipités à l'état de sulfures par les solutions des sulfures solubles des métaux alcalins.

Le zinc est précipité ainsi complètement à l'état de sulfure blanc; le fer, le cobalt et le nickel donnent des sulfures noirs. Le sulfure de manganèse est rose.

Les sels de ferricum, de manganicum et de cobalticum sont réduits par l'acide sulfhydrique à l'état de sels au minimum, avec dépôt de soufre et mise en liberté d'acide. L'acide sulfhydrique agit alors comme réducteur :

$$H_2S + Ffe''Cl_6 = 2Fe''Cl_2 + 2HCl + S.$$

Les sulfures de chrôme et d'aluminium ne peuvent s'obtenir par voie humide : l'hydrogène sulfuré est sans action sur la solution de leurs sels. Quand on y verse du sulfure de potassium, ce dernier se comporte comme s'il était un mélange d'acide sulfhydrique et d'hydroxyde potassique. Il se dégage de l'hydrogène sulfuré et l'on obtient un précipité d'hydroxyde métallique :

$$Crr''Cl_6 + 3K_2S + 6H_2O = Crr(HO)_6 + 6KCl + 3H_2S.$$

115. L'acide sulfhydrique ne précipite pas les sels des métaux alcalins et alcalino-terreux, puisque les sulfures de ces métaux sont ou solubles dans l'eau, ou décomposables en hydroxydes et en sulfhydrates solubles. On sait d'ailleurs que pour ces métaux l'hydrogène sulfuré joue le rôle d'acide faible.

116. Conformément à l'énoncé empirique des lois de Berthollet, les acides décomposent les sels, en produisant un nouvel acide (ou un anhydride si l'acide n'existe pas) : 1° lorsqu'un acide ou un anhydride gazeux ou volatil peut prendre naissance :

$$KNO_3 + H_2SO_4 = \underset{\text{volatil.}}{HNO_3} + HKSO_4$$

$$K_2CO_3 + 2HCl = 2KCl + \underset{\text{gazeux.}}{CO_2} + H_2O.$$

2° Lorsqu'un acide ou un anhydride peu soluble ou insoluble peut se produire :

$$Na_3BO_3 + 3HCl = 3NaCl + \underset{\text{insoluble.}}{H_3BO_3}.$$

3° Lorsque l'acide employé peut donner naissance à un nouveau sel moins soluble que le sel mis en expérience :

$$Ba(NO_3)_2 + H_2SO_4 = BaSO_4 + 2HNO_3.$$
$$\text{insoluble.}$$

C'est sur ces réactions, dont l'interprétation exacte a été donnée t. I, p. 119, que repose la préparation des acides par distillation ou par précipitation.

Si les lois de Berthollet ne trouvent pas leur application, il se produit généralement un échange d'une partie du métal contre une partie de l'hydrogène de l'acide, c'est-à-dire un équilibre. Enfin si l'acide ajouté est polybasique et identique à celui que le sel renferme déjà, il peut se former un sel acide

$$K_2SO_4 + H_2SO_4 = 2KHSO_4.$$

Les sels acides peuvent s'obtenir aussi par l'action d'un acide nouveau, convenablement choisi, sur un sel neutre d'acide polybasique

$$Ca_3(PO_4)_2 + H_2SO_4 = Ca_2(HPO_4)_2 + CaSO_4$$
$$Ca_3(PO_4)_2 + 2H_2SO_4 = Ca(H_2PO_4)_2 + 2CaSO_4.$$

117. Les hydroxydes métalliques solubles décomposent tous les sels contenant un métal dont l'hydroxyde métallique est insoluble ou peu soluble dans l'eau :

$$CuSO_4 + 2KOH = K_2SO_4 + CuO_2H_2.$$

Si l'hydroxyde qui doit se former n'était pas stable dans les conditions de température où se fait l'expérience, on obtiendrait les produits de sa décomposition

$$\text{à } 100°. \quad CuSO_4 + 2KOH = CuO + H_2O + K_2SO_4.$$

L'ammoniaque en solution se comporte généralement par rapport aux sels comme si elle était l'hydroxyde d'ammonium $NH_4 \cdot OH$ analogue à l'hydroxyde de potassium KOH, ainsi qu'il sera dit au chapitre traitant des composés ammoniques.

Il peut arriver que les hydroxydes insolubles ainsi précipités puissent former des oxydes mixtes solubles contenant le métal de l'hydroxyde soluble. Ainsi par exemple :

$$Al_2O_6H_6 + 2KOH = Al_2O_4K_2 + 4H_2O.$$
$$\text{insoluble.} \qquad\qquad \text{soluble.}$$

C'est ce qu'on énonce en disant que l'hydroxyde précipité est soluble dans un excès de réactif.

118. L'action réciproque des sels en solution est réglée par les principes exposés t. 1 pp. 116 à 126, et relatifs aux phénomènes de double décomposition.

Si par échange de leurs constituants les sels mis en présence peuvent engendrer des composés insolubles, ceux-ci se formeront en vertu des lois de Berthollet. La préparation des sels par double décomposition est basée sur ce principe.

Si aucun composé insoluble ne peut se former, il se produira un partage proportionnellement aux affinités réciproques des éléments mis en présence. Ce fait peut se produire même quand l'un des agents employés est insoluble. C'est ainsi que la plupart des sels insolubles sont décomposés par une ébullition prolongée avec les carbonates alcalins

$$BaSO_4 + K_2CO_3 = BaCO_3 + K_2SO_4.$$

Enfin les sels mis en présence peuvent s'unir pour former des sels doubles.

119. Des réactions analogues se produisent par voie sèche. Deux sels indécomposables par la chaleur, en agissant l'un sur l'autre, donneront lieu à un phénomène de double échange : 1° quand il pourra se former un sel volatil :

$$HgSO_4 + 2NaCl = \underset{\text{volatil.}}{HgCl_2} + Na_2SO_4.$$

2° Quand il pourra se former un sel plus fusible que ceux qu'on met en expérience

$$CaCl_2 + BaSO_4 = CaSO_4 + \underset{\text{(fusible).}}{BaCl_2}.$$

Il peut aussi se former des sels doubles par voie de fusion.

120. L'action des différents réactifs sur les sels dépend presque toujours de l'état physique des corps qui prennent naissance : elle peut donc être prévue par les lois de Berthollet. Comme en général les hydroxydes, les carbonates et les sulfures sont insolubles dans l'eau et diversement colorés d'après chaque métal, on a l'habitude d'indiquer comme caractères spécifiques des sels d'un métal, l'action qu'exercent sur eux la potasse et l'ammoniaque (formation de l'hydroxyde), le carbonate de sodium et d'ammonium (formation du carbonate) et l'acide sulfhydrique et les sulfures solubles (formation du sulfure).

A ces caractères on joint d'ordinaire ceux que peuvent fournir les réactifs spéciaux à tel ou tel métal. C'est ainsi que les sels ferreux sont reconnaissables au précipité bleu qu'ils produisent avec le ferri-cyanure de potassium, les sels cuivriques au précipité brun qu'ils donnent avec les ferro-cyanures solubles, etc.

PREMIÈRE FAMILLE.

(*Métaux alcalins.*)

POTASSIUM.

Symbole K ; poids atomique 39,13.

121. État naturel. Ce métal existe abondamment dans la nature à l'état de sels, spécialement de chlorure, bromure, iodure, sulfate, azotate, silicates (orthose, mica, leucite, andesine, etc.).

Les agents atmosphériques décomposent le feldspath orthose (silicate de potassium et d'aluminium) et les minéraux analogues : les composés potassiques qui en résultent pénètrent avec l'eau des pluies dans les couches arables du sol, et de là dans les végétaux terrestres. Les cendres de ceux-ci contiennent donc des quantités notables de carbonate de potassium. Les dépôts salins de Stassfurt renferment des couches puissantes de sulfate et de chlorure de potassium (sylvine), ainsi qu'un chlorure double de potassium et de magnésium (carnallite).

Préparation. 1° On a obtenu d'abord le potassium en décomposant l'hydroxyde par la pile. Le métal se dissolvait dans du mercure faisant fonction d'électrode négatif, et qui était enlevé ensuite par distillation.

2° On l'a préparé encore en décomposant la potasse caustique par le fer chauffé au blanc.

3° On l'obtient aujourd'hui en décomposant le carbonate de potassium par le charbon :

$$K_2CO_3 + C_2 = K_2 + 3CO.$$

Le mélange de carbonate et de charbon, obtenu en calcinant le tartre, et auquel on ajoute un peu de craie pour empêcher la fusion de la masse, est chauffé dans une cornue cylindrique en fer à laquelle on adapte un récipient, fig. 5, formant une boîte en fer aplatie, et qui a pour effet de refroidir brusquement le métal et de le soustraire à l'action de l'oxyde de carbone. Ce dernier forme avec le potassium une combinaison noire, explosive, dont il faut débarrasser le métal par un lavage au pétrole et une distillation dans une cornue de fer.

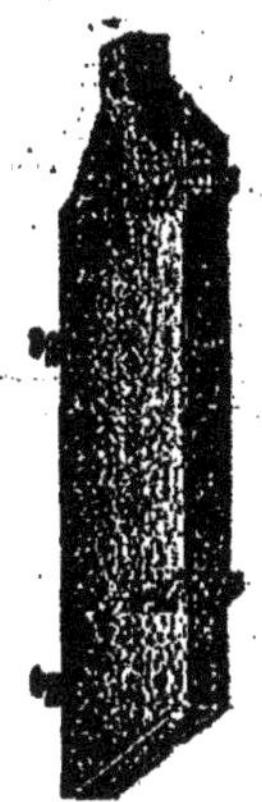

Fig. 5.

La préparation du potassium est une opération dangereuse et difficile.

Propriétés. Le potassium est un métal d'un blanc d'argent, cassant à 0°, mou à 15°, fusible à 62°, volatil à 720°. Sa vapeur est verte. Densité = 0,865. On peut aisément l'obtenir en beaux quadratoctaèdres en le faisant cristalliser par fusion dans un tube rempli d'azote.

Il s'altère à l'air en agissant à la fois sur l'oxygène et sur l'humidité atmosphérique. Aussi faut-il le conserver sous le pétrole.

Chauffé à 300° dans une atmosphère d'hydrogène, il s'y combine pour former un *hydrure* $K_2H(?)$ cassant, cristallin, d'un blanc d'argent. Ce corps s'enflamme spontanément à l'air. Il se décompose complètement à 411°, mais commence déjà à se dissocier vers 200°.

Le potassium s'enflamme dans le chlore, et s'unit au brôme liquide avec explosion. Il agit violemment sur la plupart des acides à la température ordinaire; au rouge il enlève l'oxygène, le chlore, le brôme, l'iode et le fluor à presque tous leurs composés.

Projeté sur l'eau, il nage à sa surface et s'enflamme. L'hydrogène de l'eau en devenant libre prend feu et brûle avec une flamme colorée en pourpre par la vapeur du métal. Cette expérience a été décrite t. I, p. 50.

CHLORURE DE POTASSIUM. KCl.

122. Ce sel, connu par les minéralogistes sous le nom de sylvine, existe dans l'eau de la mer et de quelques sources salées, et dans les cendres de quelques végétaux. On en trouve des couches abondantes dans les mines de Stassfurt soit pur, soit combiné au chlorure de magnésium avec lequel il forme la carnallite, et dont on peut le séparer, par cristallisation fractionnée dans l'eau chaude. On le retire aussi du salin provenant de l'incinération des varechs et du salin de betterave.

Il est incolore, cristallisable en cubes, fusible, volatil au rouge, soluble dans 3 p. d'eau froide, insoluble dans l'alcool. Sa courbe de solubilité figure dans la planche t. I, p. 155.

Il sert à la fabrication de l'azotate et du sulfate de potassium. On l'emploie aussi comme engrais.

123. Le *brómure de potassium* KBr se rencontre en minime quantité partout où l'on trouve le chlorure. On peut le préparer en calcinant le mélange de brómure et de brómate obtenu dans l'action du brôme sur la potasse caustique. Il est très soluble dans l'eau, médiocrement soluble dans l'alcool.

IODURE DE POTASSIUM. KI.

124. On trouve ce sel dans l'eau de mer, dans quelques sources salées et dans les cendres des varechs.

On le prépare 1° par l'action d'un mélange de fer et d'iode sur le carbonate de potassium en solution :

$$Fe + I_2 = FeI_2,$$
$$FeI_2 + K_2CO_3 = FeCO_3 + 2KI.$$

2° En chauffant avec du charbon le mélange d'iodure et d'iodate obtenu par l'action de l'iode sur une solution de potasse caustique

$$6KOH + 3I_2 = 5KI + KIO_3.$$
$$2KIO_3 + C_3 = 3CO_2 + 2KI.$$

C'est un sel incolore, cristallisant en cubes transparents quand il est pur, mais généralement laiteux, par suite de la présence d'un peu de carbonate de potassium. Il est fusible, volatil, très-soluble dans l'eau ; cette solution dissout abondamment l'iode. Il est aussi soluble dans 6 ou 7 fois son poids d'alcool.

Il sert dans l'art de guérir et dans la photographie. C'est l'iodure soluble par excellence employé dans les laboratoires.

OXYDES DE POTASSIUM.

125. En brûlant le potassium dans l'air ou l'oxygène sec, on obtient un mélange des oxydes K_2O et K_2O_4, qu'il est impossible de séparer. Le monoxyde K_2O s'obtient par l'action d'une quantité d'air exactement suffisante sur le potassium chauffé à son point de fusion, ou par l'action du cuivre sur le nitre chauffé au rouge :

$$2KNO_3 + 3Cu = K_2O + 3CuO + N_2.$$

L'oxyde de potassium ainsi préparé est mêlé d'oxyde de cuivre dont il est impossible de le séparer.

Ce composé est gris, fusible et volatil au rouge. Il est l'un des corps les plus hygrométriques que l'on connaisse ; au contact de l'eau, il s'échauffe au rouge et se transforme en hydroxyde

$$K_2O + H_2O = 2HKO.$$

Il se combine à l'oxygène en donnant K_2O_4. L'hydrogène le décompose en hydroxyde et en potassium.

$$2K_2O + H_2 = 2KOH + K_2.$$

126. Le tétroxyde K_2O_4 se forme quand on brûle le potassium dans de l'air ou de l'oxygène en excès. C'est une poudre jaune qui fond en un liquide noir, et qui, dit-on, se décompose au rouge blanc en monoxyde et en oxygène.

HYDROXYDE DE POTASSIUM KOH.

127. Ce corps nommé aussi potasse caustique ou pierre à cautère peut s'obtenir par l'action de l'eau sur le métal ou sur l'oxyde préparé en chauffant du cuivre avec de l'azotate de potassium. On le prépare d'ordinaire par l'action de l'hydroxyde de calcium (chaux éteinte) sur le carbonate de potassium dissous dans l'eau

$$Aq + K_2CO_3 + CaO_2H_2 = 2HKO + CaCO_3 + Aq.$$

Cette réaction est reversible. Quand la solution est étendue, la transformation du carbonate de potassium en hydroxyde va jusqu'à 99 %; mais dès que la liqueur se concentre, c'est la réaction inverse qui s'accomplit; il se forme de la chaux et du carbonate de potassium.

Pour préparer la potasse caustique, on fait bouillir tranquillement une solution aqueuse de carbonate contenant 2 parties de ce sel pour 50 parties d'eau, avec l'hydroxyde de calcium provenant de l'hydratation de 1 p. de chaux vive, jusqu'à ce que le liquide, devenu clair, ne se trouble plus par l'eau de chaux. On laisse déposer, on siphonne et évapore la solution limpide. L'évaporation peut se faire dans un vase de fonte; on fond ensuite le produit dans un vase d'argent.

Lorsque le carbonate de potassium employé est pur, l'hydroxyde obtenu l'est également; mais comme le carbonate du commerce renferme presque toujours des sels étrangers, l'hydroxyde contient la plupart de ces impuretés. En pratique, on sépare la majeure partie de ces sels en dissolvant l'hydroxyde dans l'alcool et en évaporant ensuite la solution alcoolique. La potasse ainsi purifiée s'appelle potasse à l'alcool.

Quand on veut préparer de la potasse absolument pure on décompose une solution de sulfate de potassium par l'eau de baryte :

$$K_2SO_4 + Ba(OH)_2 = BaSO_4 + 2KOH.$$

Le sulfate de baryum insoluble se dépose.

Propriétés. L'hydroxyde de potassium est solide, blanc, cassant, cristallin. Il fond aisément et se volatilise à une température élevée. Il attaque énergiquement tous les vases, sauf ceux d'argent. Abandonné à l'air, il en attire l'eau et l'anhydride carbonique, et se transforme en carbonate déliquescent. Il est tellement hygrométrique, qu'il peut servir à la dessiccation de certains gaz, tels que l'ammoniaque. Il se dissout dans l'eau presqu'en toutes proportions, avec élévation de température, [KOH, Aq] = 13,2 Cal. et produit avec ce corps une combinaison cristallisable $KOH + 2Aq$. La solution d'hydroxyde de potassium est fort caustique; elle détruit, à la température ordinaire, toutes les matières animales.

Le tableau suivant, p. 100, indique la concentration et la densité des solutions de potasse à 15°.

Usages. La potasse intervient dans plusieurs réactions chimiques : c'est un réactif journellement employé dans les laboratoires. On l'utilise en médecine comme caustique. Elle sert dans les arts à la fabrication des savons mous.

KOH %	DENSITÉ.	KOH %	DENSITÉ.	KOH %	DENSITÉ.	KOH %	DENSITÉ.
0,5	1,005	13	1,110	26	1,240	39	1,400
1	1,007	14	1,120	27	1,252	40	1,411
2	1,016	15	1,128	28	1,263	41	1,430
3	1,023	16	1,137	29	1,278	42	1,440
4	1,032	17	1,146	30	1,288	43	1,450
5	1,040	18	1,155	31	1,300	44	1,461
6	1,047	19	1,165	32	1,310	45	1,475
7	1,052	20	1,175	33	1,325	47	1,500
8	1,064	21	1,186	34	1,336	50	1,539
9	1,072	22	1,196	35	1,349	55	1,604
10	1,083	23	1,207	36	1,360	60	1,667
11	1,091	24	1,220	37	1,372	65	1,729
12	1,099	25	1,230	38	1,390	70	1,790

SULFURES ET SULFHYDRATE DE POTASSIUM.

128. Le monosulfure de potassium se prépare 1° par l'action du charbon (2 p.) sur le sulfate (7 p.); on chauffe le mélange au rouge dans un creuset couvert :

$$K_2SO_4 + 4C = 4CO + K_2S;$$

2° par l'action de l'acide sulfhydrique sur l'hydroxyde. On fait passer de l'hydrogène sulfuré jusqu'à refus dans une solution de potasse caustique; il se produit ainsi du sulfhydrate de potassium que l'on décompose en y ajoutant une quantité d'hydroxyde égale à celle qui a été transformée en sulfhydrate :

$$KOH + H_2S = KSH + H_2O,$$
$$KSH + KOH = K_2S + H_2O.$$

Le sulfure K_2S est solide, rouge, fusible, à peine volatil, très soluble dans l'eau; cette solution est incolore, caustique, d'une saveur hépatique, et déposc par l'évaporation dans le vide des cristaux $K_2S + 5H_2O$. Une grande quantité d'eau le dédouble en hydrosulfure et en hydroxyde, § 87.

Abandonné à l'air, il attire l'humidité, l'anhydride carbonique et l'oxygène. A l'état dissous, il absorbe également l'oxygène en se colorant en jaune, et en se transformant en un mélange d'hydroxyde, de thiosulfate et de polysulfure. Il se combine au soufre en se colorant en jaune, en orange, en rouge, produisant ainsi des polysulfures de potassium; il se combine également à l'acide sulfhydrique, pour produire du sulfhydrate ou hydrosulfure.

Ce dernier se dépose de sa solution aqueuse en cristaux incolores $2KSH + H_2O$, déliquescents et caustiques. Ils fondent au rouge en un liquide jaune, qui se concrète par le refroidissement en une masse rosée cristalline.

129. On désigne sous le nom de *foie de soufre* un mélange de polysulfure, de sulfate et d'hyposulfite de potassium, obtenu en fondant ensemble 2 p. de carbonate avec 1 p. de soufre. Si la température n'a pas dépassé 600°, le mélange contient surtout du trisulfure et de l'hyposulfite : mais comme ce dernier se décompose par une chaleur plus forte, le produit obtenu au rouge vif est formé principalement de sulfate et de pentasulfure.

Le foie de soufre est une masse brune hépatique, d'une odeur sulfhydrique, d'une saveur alcaline et amère, soluble dans l'eau. Les acides en précipitent du lait de soufre. Il est employé en médecine, pour la préparation des bains sulfureux.

CHLORATE DE POTASSIUM. $KClO_3$.

130. Ce sel se fabrique industriellement en faisant réagir du chlore jusqu'à refus sur une solution de chlorure ou de carbonate de potassium chauffée à 50° et dans laquelle on a délayé de la chaux éteinte :

$$6Ca(OH)_2 + 6Cl_2 = 5CaCl_2 + Ca(ClO_3)_2 + 6H_2O$$
$$Ca(ClO_3)_2 + 2KCl = 2KClO_3 + CaCl_2.$$

On laisse le liquide s'éclaircir par le dépôt : on l'évapore ensuite à feu nu jusqu'à ce que sa densité soit de 1,5. Pour la préparation en petit, il est avantageux de remplacer la chaux par la magnésie. On délaie 5 p. de magnésie (MgO) dans 20 p. d'eau chaude : dans cette bouillie, on fait passser du chlore jusqu'à refus et on y ajoute 5 p. de chlorure de potassium.

Le chlorate de potassium cristallise par le refroidissement en lames rhomboïdales incolores, fusibles sans altération. On le purifie par cristallisation.

Il est très-peu soluble dans l'eau froide (1 : 17), mais il suffit de 2 p. d'eau bouillante pour le dissoudre. Ce sel est le plus important des chlorates : ses propriétés chimiques sont indiquées t. I, p. 266. Il est employé en chimie, en médecine et en pyrotechnie.

SULFATES DE POTASSIUM.

181. Par l'action de l'acide sulfurique sur l'azotate ou sur le sulfate neutre, on obtient le sel acide $KHSO_4$ cristallisable en aiguilles très solubles dans l'eau. Sa solution est très-acide, et se décompose par un excès d'eau bouillante en acide sulfurique et en sulfate neutre K_2SO_4. Il fond à 197°. Au rouge sombre, il perd les éléments de l'eau et se convertit en disulfate, qui se décompose à son tour à 600° en anhydride sulfurique et en sulfate neutre.

182. Ce dernier se rencontre dans plusieurs végétaux et notamment dans les cendres des plantes marines, d'où on l'extrait quelquefois. On le trouve aussi, à l'état de croûtes cristallisées, sur les laves du Vésuve. La polyhalite de Stassfurt est un sulfate double de la formule $K_2SO_4 + MgSO_4 + 2CaSO_4 + H_2O$.

On l'obtient dans les arts comme produit accessoire de la préparation de l'acide azotique.

$$2KNO_3 + H_2SO_4 = K_2SO_4 + 2HO_3N.$$

On le prépare à Stassfurt par l'action du chlorure (sylvine) ou de la carnallite sur la kieserite ($MgSO_4 + H_2O$) ou la polyhalite.

Ce sel cristallise en prismes hexagonaux. Il est soluble dans 10 p. d'eau froide et dans 4 p. d'eau bouillante (t. I, p. 155).

Il sert pour la fabrication de l'alun potassique et du carbonate de potassium. On le prescrit aussi parfois comme médicament.

AZOTATE DE POTASSIUM. KNO_3.

133. État naturel et formation. Ce sel, qu'on appelle aussi *nitre* ou *salpêtre*, se produit toutes les fois que le carbonate de potassium se trouve en présence de matières organiques azotées subissant l'action de l'oxygène et de l'humidité atmosphérique sous l'influence des corps poreux et d'une chaleur moyenne.

Ces substances azotées, ou l'ammoniaque qu'elles produisent, s'oxydent et deviennent acide azotique : ce dernier transforme en azotates les carbonates alcalins ou alcalino-terreux présents. Ce phénomène est connu sous le nom de *nitrification :* il se produit dans la terre arable, dans les murs des écuries, dans le sol de certaines régions de l'Inde, et y détermine la production de croûtes cristallines de nitrates de potassium, de calcium ou de magnésium. Les efflorescences qui se développent sur les murs salpêtriques sont formées par ces azotates.

Ces conditions sont reproduites dans les nitrières artificielles, amas de fumier, de terreau, de cendres et de plâtres provenant de murs salpêtriques. On les arrose de purin, et on expose pendant quelques mois à l'action de l'air. Les nitrates divers qui s'y sont formés sont enlevés par l'eau, et transformés en salpêtre par l'action du carbonate de potassium.

Des observations récentes démontrent que la fixation de l'oxygène sur les substances azotées, et leur transformation en azotates se fait par l'intermédiaire d'un organisme vivant. La nitrification est donc un phénomène de fermentation (voir T. III, art. *fermentations*). Les murs salpêtriques contiennent ce ferment, que les plâtres transportent dans les nitrières artificielles. L'action d'une température élevée (100°) ou d'un poison tel que le chloroforme tue le ferment et arrête la nitrification.

Une grande quantité du nitre employé dans les arts est obtenue par l'action du chlorure de potassium sur l'azotate de sodium naturel. Il porte alors le nom de salpêtre de conversion. On en mélangeant des solutions concentrées et chaudes des deux sels.

Cette réaction n'est qu'une application des lois de Berthollet : elle a été interprétée T. I, p. 118. Elle est basée sur les variations de la solubilité des quatre sels qui se trouvent en présence. 100 parties d'eau dissolvent

	KNO_3	$NaNO_3$	KCl	NaCl
à 15°	26	83	33	36
à 100°	247	168	56	39

Le nitre étant le moins soluble cristallise par le refroidissement.

Propriétés. L'azotate de potassium est un sel incolore, cristallisant en prismes à six pans, inaltérable à l'air, fusible à 450°. Chauffé plus fortement, il dégage de l'oxygène et se transforme en azotite et finalement en oxyde de potassium. Il fuse sur les charbons ardents. Pour sa solubilité dans l'eau, voir le tableau des courbes de solubilité.

Usages. Il sert à la fabrication de la poudre à canon, de l'acide azotique et du carbonate de potassium pur.

CARBONATES DE POTASSIUM.

134. Le sel neutre K_2CO_3 se rencontre dans l'eau de quelques sources et notamment dans l'eau des puits artésiens. C'est l'un des composés les plus importants que forme le potassium : il est connu dans le commerce sous le nom de *potasse* ou de *perlasse*.

Ce sel résulte de la destruction par la chaleur de tous les composés organiques du potassium.

On trouve dans le commerce des carbonates de potassium impurs provenant de la lixiviation des cendres de végétaux, et connus sous le nom de potasses de Russie, d'Amérique, d'Illyrie, de Toscane, des Vosges, etc. Dans quelques contrées on n'incinère que des broussailles et du menu branchage ; dans d'autres, et notamment en Russie et en Amérique, on brûle même des arbres. C'est là un procédé barbare, car les cendres de 1000 kilog. de bois de hêtre ou de chêne ne contiennent qu'un kilogramme et demi de potasse.

Aujourd'hui que les effets pernicieux du déboisement se font sentir de plus en plus, on commence à renoncer à la combustion du bois, faite uniquement en vue de l'obtention des cendres, et on prépare le carbonate de potassium en détruisant par incinération, ou mieux par distillation sèche, les sels potassiques organiques contenus soit dans le suint de la laine, soit dans les vinasses de betteraves. On obtient ainsi une cendre ou *salin* contenant environ 55 % de carbonate de potassium, mélangé de K_2SO_4, 5 %, KCl, 17 %, Na_2CO_3, 16 %, phosphates et silicates terreux insolubles 27 %. La solution des matières solubles est soumise à la cristallisation fractionnée et produit une eau-mère contenant tout le carbonate de potassium. L'évaporation de cette eau-mère fournit une potasse à 80 %.

On a commencé à préparer le carbonate de potassium, à l'aide du sulfate par le procédé Leblanc, que nous décrirons en parlant du carbonate de sodium. On peut aussi l'obtenir par le procédé Solvay (voir § 150); toutefois il convient de remplacer le bicarbonate d'ammoniaque par un composé organique analogue, le bicarbonate de triméthylamine.

On le produit à l'état de pureté en carbonisant en vase clos le tartrate monopotassique pur. On obtient de cette manière un mélange de carbonate neutre et de charbon, connu sous le nom de *flux noir*. En traitant ce mélange par l'eau, il se produit une solution de carbonate, et le charbon reste comme résidu. En évaporant la solution dans un vase d'argent, on obtient le sel pur.

On peut le préparer encore en soumettant à l'action de la chaleur un mélange de 2 parties de tartrate monopotassique ou crème de tartre et d'une partie d'azotate de potassium. Ce dernier brûle le charbon et se transforme lui-même en carbonate. Le produit ainsi préparé contient souvent du cyanure de potassium : on le nomme *flux blanc*.

Le moyen le plus avantageux de préparer le carbonate de potassium pur consiste à chauffer le carbonate acide, qu'on peut aisément se procurer à l'état de pureté.

Il est blanc, fusible, fixe, soluble dans l'eau en toutes proportions. Cette solution est fortement caustique, et attire l'anhydride carbonique de l'air, en se transformant en carbonate monopotassique. Il cristallise avec 1 ½ molécule d'eau.

Il sert dans les laboratoires pour la préparation du potassium et de ses composés. Dans les arts il est employé pour la fabrication du verre à base de potassium (verre de Bohème), du cristal, etc.

Densités à 15° des solutions de carbonate de potassium.

K_2CO_3%	DENSITÉ.	K_2CO_3%	DENSITÉ.	K_2CO_3%	DENSITÉ.	K_2CO_3%	DENSITÉ.
1	1,0091	14	1,1320	27	1,2679	40	1,4187
2	1,0183	15	1,1418	28	1,2789	41	1,4310
3	1,0274	16	1,1520	29	1,2900	42	1.4434
4	1,0366	17	1,1622	30	1,3010	43	1,4557
5	1,0457	18	1,1724	31	1,3126	44	1,4681
6	1,0551	19	1,1826	32	1,3242	45	1,4804
7	1,0645	20	1,1929	33	1,3358	46	1,4931
8	1,0740	21	1,2034	34	1,3473	47	1,5059
9	1,0834	22	1,2140	35	1,3588	48	1,5186
10	1,0928	23	1,2246	36	1,3708	49	1,5313
11	1,1026	24	1,2352	37	1,3828	50	1,5441
12	1,1124	25	1,2457	38	1,3948	51	1,5573
13	1,1222	26	1,2568	39	1,4067	52	1,5705

135. Le carbonate monopotassique $HKCO_3$ existe dans certaines eaux minérales. On l'obtient en faisant passer un courant d'anhydride carbonique dans une solution concentrée de carbonate neutre :

$$K_2CO_3 + CO_2 + H_2O = 2KHCO_3.$$

Comme il n'est pas très soluble dans l'eau, on l'obtient pur même en employant une potasse commerciale.

Il cristallise en prismes obliques incolores, inaltérables à l'air, solubles dans l'eau sans altération. Une chaleur supérieure à 65° en dégage de l'anhydride carbonique et de l'eau, et laisse du sel neutre comme résidu.

Il ne produit pas de précipité dans la solution du sulfate de magnésium.

SILICATE DE POTASSIUM, VERRE SOLUBLE.

136. Quand on fait fondre 31 p. de silice avec 69 p. de carbonate de potassium, il se produit une masse fondue, vitreuse, soluble dans l'eau, et formée de métasilicate K_2SiO_3. Pour produire l'orthosilicate il faut faciliter l'attaque du carbonate par l'anhydride silicique en ajoutant du carbone : on prend d'ordinaire 45 p. de sable, 30 de carbonate de potassium et 5 p. de charbon de bois. On l'obtient encore en fondant l'hydroxyde avec l'anhydride silicique, ou en dissolvant la silice à infusoires dans la potasse caustique.

Il est vitreux, incolore, très fusible, inaltérable dans l'air sec. Une petite quantité d'eau le dissout ; sa solution concentrée est inaltérable à l'air pur. Une solution diluée absorbe l'anhydride carbonique et dépose au bout d'un certain temps de l'acide métasilicique.

Le bois, le calcaire, les mortiers, les tissus en général, pénétrés d'une quantité suffisante de silicate dissous, se couvrent d'un enduit brillant, inattaquable à l'eau et deviennent durs et imperméables. Les tissus organiques perdent ainsi la faculté de brûler avec flamme.

CARACTÈRES DES SELS DE POTASSIUM.

La plupart des composés du potassium sont solubles dans l'eau.

Leurs solutions, acidulées par une goutte d'acide chlorhydrique, précipitent en jaune par le chlorure de platine. Le précipité est cristallin ; on en facilite la production par une addition d'alcool.

Les solutions potassiques neutres, ou acidulées par l'acide acétique donnent un précipité cristallin de tartrate acide de potassium $KHC_4H_4O_6$ quand on les agite avec une solution concentrée d'acide tartrique, ou mieux de tartrate acide de sodium.

Ils produisent un précipité gélatineux, transparent, soluble à chaud $(SiFl_6K_2)$ par l'addition d'acide fluosilicique.

Quand on ajoute à un sel potassique un excès de nitrite de sodium, de l'azotate de cobalt et de l'acide acétique, il se produit au bout de quelque temps un précipité jaune de nitrite double de cobalt et de potassium.

Les composés potassiques colorent la flamme en violet ; le spectre de cette flamme est caractérisé par deux raies brillantes, l'une rouge brunâtre, l'autre violette. Introduits dans une perle de borax colorée en brun par le nickel, ils lui communiquent une teinte violette.

SODIUM.

Symbole Na; poids atomique 23.

187. État naturel. Le sodium se rencontre combiné au chlore, au brome et à l'iode, dans les dépôts de sel gemme, dans l'eau de mer et dans l'eau des sources salées. On le rencontre également à l'état d'azotate de sulfate et de borate de sodium. Il fait partie essentielle de plusieurs silicates, tels que l'albite, le labradorite, la sodalithe, etc. La cryolithe est un fluorure double de sodium et d'aluminium.

Préparation. On l'obtient en grand en décomposant au rouge le carbonate de sodium par le charbon.

Fig. 6.

On opère comme pour la fabrication du potassium. La fig. 6 représente la disposition de l'appareil. La cornue R se charge par l'extrémité S, par où l'on introduit une gargousse en toile, contenant le mélange de carbonate, de craie et de charbon; V est le récipient. La préparation du sodium est bien plus facile et moins dangereuse que celle du potassium.

Propriétés. Le sodium est un métal d'un blanc rosé, et dont la densité $= 0,972$. Il fond à $95°,6$ et se volatilise au rouge. Il est mou à la température ordinaire, mais devient dur et cassant à $-15°$. Il cristallise aisément par voie de fusion. La vapeur du sodium, en couche épaisse, paraît pourpre.

Ses propriétés sont analogues à celles du potassium. Il s'en distingue toutefois par quelques particularités : il ne prend feu au contact du chlore que pour autant qu'on élève très fort sa température; on peut aussi le projeter sur du brôme sans qu'il s'y combine. Il s'oxyde à la température ordinaire dans l'air, mais on peut le fondre sans qu'il prenne feu. Chauffé suffisamment, il s'enflamme et brûle en répandant une lumière jaune.

Il décompose l'eau comme le potassium, mais l'hydrogène devenu libre ne brûle que pour autant qu'on empêche le métal de changer de place.

Usages. On emploie le sodium pour la préparation de l'aluminium et d'autres métaux moins positifs que lui.

CHLORURE DE SODIUM, SEL MARIN. NaCl.

138. État naturel. On rencontre dans le règne minéral, notamment à Stassfurt, à Willicka, à Norwich, etc., des couches considérables de chlorure de sodium, connu sous le nom de sel gemme. On le rencontre aussi dans l'eau de mer et dans l'eau des sources salées. Presque toutes les terres arables en renferment de petites quantités. Les végétaux marins et terrestres en contiennent également.

Extraction. On retire le sel tenu en solution dans les eaux salées, en les abandonnant à l'évaporation spontanée.

L'évaporation de l'eau de mer se fait dans des bassins creusés dans le sol près de la mer nommés marais salants; l'évaporation de l'eau des sources salées s'exécute dans d'immenses piles rectangulaires de fagots orientés suivant la direction des vents régnants et du haut desquelles on fait tomber continuellement l'eau salée. Ces piles s'appellent bâtiments de graduation. On achève la concentration dans de grandes chaudières en tôle.

Propriétés. Le chlorure de sodium cristallise en cubes incolores qui se disposent en trémies. Sa densité = 2,15. Il est fusible et volatil; à la température de la fusion du platine il entre en ébullition. L'eau en dissout 35 p. pour cent : cette solubilité n'augmente presque pas par l'élévation de température. Entre — 22° et — 10° il cristallise avec 2 molécules d'eau. Sa solution possède une saveur salée franche, sans amertume aucune. Il est peu soluble dans l'alcool aqueux et tout-à-fait insoluble dans l'alcool pur.

Usages. Il sert dans l'économie domestique. Il est employé dans les arts pour la fabrication du sulfate de sodium et de l'acide chlorhydrique.

OXYDES DE SODIUM.

139. L'histoire des oxydes de sodium se confond avec celle des oxydes de potassium. Dans les laboratoires l'hydroxyde $NaOH$ se prépare comme celui de potassium, auquel il ressemble en tous points. Il s'en distingue toutefois en ce qu'exposé à l'air, il finit par se transformer en carbonate efflorescent.

Dans les localités où la cryolithe est abondante, on fait bouillir ce minéral finement pulvérisé, avec un lait de chaux. On obtient ainsi un précipité de fluorure de calcium, et une solution d'aluminate de sodium. Ce dernier est soumis à l'ébullition avec une nouvelle portion de cryolithe : il se produit ainsi de l'hydroxyde d'aluminium insoluble, et du fluorure de sodium qui reste dissous et qu'une nouvelle ébullition avec de la chaux transforme en soude caustique.

Le tableau suivant, p. 111, indique les densités à 15° des solutions de soude.

L'hydroxyde de sodium est employé comme réactif dans les laboratoires, et sert dans beaucoup d'industries chimiques. Il est employé pour la fabrication du savon dur.

SULFURES DE SODIUM.

140. Les sulfures de sodium sont moins altérables par l'air que les sulfures de potassium ; ils sont en général très facilement cristallisables. Quant au reste, ils leur sont en tout analogues. Le monosulfure se prépare industriellement en calcinant un mélange de 25 p. de sulfate de sodium, 10 p. de charbon de bois et 15 p. de houille, auquel on ajoute 75 p. de sulfate de baryte pour empêcher la fusion de la masse. Après refroidissement on épuise par l'eau, et on décompose par le sulfate de sodium le peu de sulfure de baryum qui a pu se former. La solution concentrée par évaporation dépose des cristaux contenant 9 molécules d'eau de cristallisation.

L'hydrosulfure NaSH se prépare en sursaturant d'acide sulfhy-

Densités à 15° des solutions de soude caustique.

NaOH %	DENSITÉ.	NaOH %	DENSITÉ.	NaOH %	DENSITÉ.	NaOH %	DENSITÉ.	NaOH %	DENSITÉ.	NaOH %	DENSITÉ.
1	1,012	11	1,126	21	1,236	31	1,345	41	1,447	51	1,550
2	1,024	12	1,137	22	1,247	32	1,355	42	1,457	52	1,560
3	1,035	13	1,148	23	1,258	33	1,365	43	1,468	53	1,570
4	1,046	14	1,159	24	1,269	34	1,374	44	1,478	54	1,580
5	1,058	15	1,170	25	1,270	35	1,384	45	1,488	55	1,590
6	1,070	16	1,181	26	1,290	36	1,395	46	1,499	56	1,601
7	1,081	17	1,192	27	1,300	37	1,405	47	1,509	57	1,611
8	1,092	18	1,202	28	1,310	38	1,415	48	1,519	60	1,643
9	1,103	19	1,213	29	1,321	39	1,426	49	1,529	65	1,693
10	1,115	20	1,223	30	1,332	40	1,437	50	1,540	70	1,748

drique une solution de soude caustique de 1,38 de densité. Il cristallise avec 6 molécules d'eau.

AZOTATE DE SODIUM. $NaNO_3$.

141. On trouve au Chili et au Pérou un gisement considérable d'azotate de sodium presque pur. Dans le commerce, ce sel porte le nom de nitre cubique, ou de salpêtre de Chili. Pour l'usage des laboratoires on purifie ce sel en le faisant recristalliser de l'eau, après y avoir ajouté un peu de carbonate de sodium pour précipiter à l'état de carbonates insolubles les sels de calcium et de magnésium qu'il renferme toujours.

Ce sel est très soluble dans l'eau (T. I, p. 155). Il cristallise en rhomboèdres isomorphes avec ceux du spath d'Islande. Pur, il est inaltérable à l'air. Sa saveur est fraîche et salée. Il est très fusible; la chaleur rouge le décompose en oxygène et en azotite.

Il sert pour la préparation de l'acide azotique, et de l'azotate de potassium (nitre de conversion). On l'emploie aussi comme engrais.

SULFATE MONOSODIQUE, SULFATE ACIDE DE SODIUM, $NaHSO_4$.

142. Ce sel prend naissance dans la première phase de la préparation de l'acide chlorhydrique et du sulfate neutre de sodium t. I, p. 217. On l'obtient encore comme produit secondaire dans la fabrication de l'acide azotique à l'aide de l'azotate de sodium. On peut le préparer par l'action de l'acide sulfurique sur le sulfate neutre.

Il cristallise en gros prismes, contenant une molécule d'eau de cristallisation, solubles dans 2 p. eau et très acides. Une grande quantité d'eau le dédouble en sulfate neutre et acide sulfurique. Il est facilement fusible. Chauffé au rouge sombre, il dégage de l'eau, et se transforme en disulfate. Ce dernier soumis à une température rouge bien décidée se décompose en sulfate neutre et en anhydride sulfurique qui devient libre. Dans les arts, on a utilisé cette décomposition pour se procurer cet anhydride.

SULFATE BISODIQUE, SULFATE NEUTRE DE SODIUM. Na_2SO_4.

143. État naturel. Ce sel se rencontre dans un grand nombre de sources salées. On en trouve des gisements considérables en

Espagne : il est connu des minéralogistes sous le nom de thénardite.

Préparation. Il se produit dans les arts par l'action du sulfate monosodique sur le chlorure de sodium, T. I, p. 217.

La production du sulfate acide de sodium a lieu dans une vaste capsule en fonte où l'on verse du sel marin et de l'acide sulfurique à 60°. Quand la première phase de la réaction est achevée, on porte le mélange de sulfate acide et de chlorure sur la sole d'un four à reverbère, dit four à sulfater, où il est chauffé au rouge.

Un nouveau procédé, dû à Robinson et Hargreaves, permet de supprimer l'emploi de l'acide sulfurique. Il consiste à diriger sur des fragments de sel gemme placés dans des chambres en fonte, un mélange d'anhydride sulfureux, d'air atmosphérique et de vapeur d'eau surchauffée.

$$2NaCl + SO_2 + H_2O + O = Na_2SO_4 + 2HCl.$$

Propriétés. Le sulfate de sodium est un sel blanc, d'une saveur amère, très soluble dans l'eau. Cette solution dépose par refroidissement ou par évaporation des prismes rhomboïdaux efflorescents $Na_2SO_4 + 10H_2O$, connus sous le nom de sel de Glauber. A 33° il devient anhydre, et sa solubilité dans l'eau diminue. Il forme aisément des solutions sursaturées.

Usages. Le sulfate bisodique sert dans les arts pour la fabrication du carbonate de sodium et pour la préparation des verres et des cristaux à base de soude. A l'état hydraté et cristallisé, il est employé comme purgatif dans l'art de guérir. Mêlé d'acide chlorhydrique dans le rapport de 15 p. de sulfate cristallisé pour 12 p. d'acide concentré, il forme un excellent mélange réfrigérant.

SULFITES DE SODIUM.

144. Quand on sursature une solution concentrée de carbonate de sodium par l'anhydride sulfureux, il se dépose par le refroidissement des cristaux de sulfite acide $NaHSO_3$. Quand l'opération se fait à chaud, on obtient le pyrosulfite $Na_2S_2O_5$. On l'emploie pour le blanchiment de certains tissus.

145. Le sulfite acide, neutralisé par le carbonate de sodium se transforme en sulfite neutre $Na_2SO_3 + 7H_2O$, dont la réaction est légèrement alcaline.

Ces sels sont employés comme réducteurs et antichlores. On les emploie aussi comme désinfectants et antiseptiques. On en fait un grand usage dans les brasseries et les sucreries pour le lavage des ustensiles et pour prévenir les fermentations nuisibles.

THIOSULFATE DE SODIUM. $S_2O_3Na_2 + 5H_2O$.

146. Ce sel dont les principaux modes de formation ont été indiqués T I, p. 292, s'obtient en décomposant par le carbonate de sodium, le thiosulfate de calcium qui se produit en exposant à l'air les marcs de soude § 150. Il forme de beaux cristaux, très-solubles et subissant la fusion aqueuse à 56°.

Il dissout le chlorure, le bromure et l'iodure d'argent, ce qui le fait employer en photographie. On l'emploie aussi comme antichlore. Ses propriétés réductrices sont utilisées dans les laboratoires.

CARBONATES DE SODIUM.

147. Le *carbonate acide* $NaHCO_3$, vulgairement connu sous le nom de bicarbonate de soude, existe en solution dans beaucoup d'eaux minérales (Spa, Vichy, etc.).

On le prépare en grand en faisant réagir de l'anhydride carbonique sur le carbonate neutre cristallisé.

Il est blanc, solide, cristallisable en prismes rectangulaires. Dans le commerce, il se présente habituellement à l'état d'une poudre blanche, peu soluble dans l'eau froide, d'une saveur salée et légèrement alcaline. La chaleur en dégage de l'anhydride carbonique et de l'eau et le transforme en carbonate neutre.

Il est employé dans l'économie domestique pour la préparation de l'eau saturée d'anhydride carbonique (eau gazeuse). On s'en sert aussi dans l'art de guérir.

148. Le *carbonate neutre* Na_2CO_3 se rencontre dans les produits d'évaporation des eaux minérales alcalines.

On trouve dans quelques lacs d'Arménie, de Hongrie et d'Égypte et même à la surface du sol dans les steppes de l'Orient, une combinaison additionnelle de carbonate monosodique et de carbonate disodique, de la formule $NaHCO_3 + Na_2CO_3 + 2aq$. Elle est connue sous le nom de *natron* ou de *trona*. On l'appelle aussi *sesquicarbonate de soude*. C'est le natron qui dans l'antiquité fournissait la soude nécessaire à la fabrication du savon. Ce composé a donné son nom au natrium ou sodium, et son initiale Na au symbole de cet élément.

Pendant longtemps on a préparé le carbonate de sodium, à l'instar du carbonate de potassium, par l'incinération des plantes à soude, c'est à dire des varechs ou de certaines plantes qui croissent dans le voisinage de l'Océan ou des sources salées, et qui absorbent de préférence les composés sodiques. De ce nombre sont le salsola, la salicorne et l'atriplex portulacoïde. La soude ainsi préparée porte le nom de barille, de blanquette ou de soude de varech.

149. Le carbonate neutre de sodium se prépare en grand dans les arts par la méthode de Leblanc. A cet effet, on porte au rouge un mélange de 1000 parties de sulfate bisodique, 1040 parties de carbonate de calcium en poudre (craie) et 580 parties de charbon de bois ou de houille. Ce mélange est chauffé et brassé au moyen de ringards sur la sole d'un four à réverbère appelé four à carbonater.

Le produit de cette calcination s'appelle la *soude brute* : il contient d'ordinaire 40 % de carbonate de sodium, 50 % de sulfure de calcium et 10 % de chaux vive. Le reste est formé de minimes quantités de sulfate, de chlorure, de silicate et d'aluminate de sodium, de craie non décomposé, de charbon, d'oxyde de fer, de magnésie et d'autres impuretés apportées par les cendres de la houille.

Les réactions qui engendrent la soude brute sont les suivantes :

$$Na_2SO_4 + C_4 = Na_2S + 4CO$$
$$Na_2S + CaCO_3 = Na_2CO_3 + CaS_2$$

en même temps qu'une partie du carbonate de calcium est décomposée en chaux et en anhydride carbonique.

La soude brute est épuisée à l'eau froide, qui ne dissout que le carbonate de sodium et qui laisse un dépôt insoluble formé de chaux et de sulfure de calcium. Ce résidu est connu sous le nom de marc ou de charrée de soude. La solution est évaporée dans de grands bassins en tôle chauffés par la chaleur perdue des fours à carbonater; à un certain degré de concentration, elle abandonne une poudre cristalline $Na_2CO_3 + H_2O$ qu'on dessèche et qu'on calcine dans un four. Le produit de cette calcination est du carbonate de sodium anhydre, granuleux, connu dans le commerce sous le nom de *sel de soude*. Dissous dans l'eau chaude et soumis à une cristallisation lente, il se transforme en *cristaux de soude* $Na_2CO_3 + 10H_2O$.

Quand on épuise par l'eau la soude brute, il est impossible d'éviter qu'une certaine quantité de chaux ne se dissolve dans le liquide. Dans le travail subséquent cette chaux agit sur le carbonate de sodium et le convertit en hydroxyde. Les eaux mères du sel de soude contiennent donc des quantités variables de soude caustique. Quand on les évapore, on obtient un carbonate de sodium mêlé d'une certaine proportion d'hydroxyde et vendu sous le nom de *sel de soude caustique*. Si l'on désire augmenter la teneur en hydroxyde, on introduit dans le four à carbonater une plus forte proportion de craie, on chauffe plus longtemps afin de produire plus de chaux et on épuise la soude brute à l'eau chaude (50°).

Comme nous l'avons vu au § 134, le procédé Leblanc a été appliqué avec le même succès à la préparation du carbonate de potassium.

150. Le procédé Leblanc est certes l'une des conquêtes les plus merveilleuses de la chimie industrielle; mais il n'est pas sans présenter de sérieux inconvénients. C'est en vue de la fabrication de la soude qu'on est obligé de préparer les quantités énormes d'acide sulfurique qui se font annuellement dans les chambres de plomb : c'est en vue de cette même fabrication qu'on produit incessamment des quantités considérables d'acide chlorhydrique, dont on ne trouve pas toujours le placement. Toutes ces opérations entraînent des frais énormes de main d'œuvre et de combustible. De plus le soufre transformé en acide sulfurique est immobilisé et perdu dans un déchet sans valeur, dans la charrée de soude. Ces charrées de soude forment autour des usines de véritables montagnes de sulfure de calcium. Ce dernier se décompose à la longue par les agents atmosphériques, dégage de l'hydrogène sulfuré et se convertit en polysulfures et en thiosulfate solubles, qui sont entraînés par les eaux pluviales et qui vont contaminer les ruisseaux et les rivières. On a imaginé et préconisé plusieurs autres procédés de préparation de la soude : il n'en est que deux qui, dans l'état actuel de l'industrie, puissent rivaliser avec la méthode de Leblanc : à savoir le procédé à la cryolithe et le procédé Solvay, à l'ammoniaque.

151. Dans certaines contrées et spécialement au Groenland on trouve des gisements considérables de cryolithe.

On calcine avec de la craie ce minéral finement broyé, ce qui le convertit en fluorure de calcium insoluble et en aluminate de sodium soluble dans l'eau

$$Al_2Fl_6, 6NaFl + 6CaCO_3 = Al_2O_3, 3Na_2O + 6CaFl_2 + CO_2.$$

On épuise à l'eau chaude le résidu de la calcination, et dans cette liqueur on dirige un courant d'anhydride carbonique. Il se produit ainsi un précipité d'hydroxyde d'aluminium : le carbonate de sodium reste dissous.

152. Le procédé Solvay est basé sur la faible solubilité du carbonate acide de sodium. Dans une solution de sel marin contenant 30 % de sel, on dissout d'abord du gaz ammoniaque et on y fait arriver ensuite de l'anhydride carbonique sous pression. Il se forme ainsi du carbonate acide d'ammonium, qui réagit par double décomposition sur le chlorure de sodium

$$NH_3 + H_2O + CO_2 = (NH_4)HCO_3.$$
$$(NH_4)HCO_3 + NaCl = (NH_4)Cl + NaHCO_3.$$

Le carbonate acide de sodium peu soluble se précipite : on le débarrasse des eaux mères par un essorage et un lavage à l'eau pure, et on le soumet ensuite à l'action de la chaleur qui le dédouble en carbonate neutre et en anhydride carbonique. Ce dernier rentre dans la fabrication. Les eaux mères contenant du chlorure d'ammonium et de minimes quantités de carbonate d'ammonium, de chlorure de sodium et de bicarbonate de soude sont soumises à la distillation avec de la chaux qui en expulse l'ammoniaque. Celle-ci est immédiatement utilisée pour une opération suivante, et retransformée en bicarbonate par l'anhydride carbonique.

153. Le carbonate de sodium anhydre est blanc et amorphe, fusible, et à peu près indécomposable par l'action de la chaleur. Sa solution suffisamment concentrée dépose des prismes rhomboïdaux

Densité à 15° des solutions de carbonate sodique.

$Na_2CO_3 + 10 H_2O$ %	Na_2CO_3 %	DENSITÉS.	$Na_2CO_3 + 10 H_2O$ %	Na_2CO_3 %	DENSITÉS.
1	0,370	1,0038	26	9,635	1,1035
2	0,741	1,0076	27	10,005	1,1076
3	1,112	1,0114	28	10,376	1,1117
4	1,482	1,0153	29	10,746	1,1158
5	1,853	1,0192	30	11,118	1,1200
6	2,223	1,0231	31	11,488	1,1242
7	2,594	1,0270	32	11,850	1,1284
8	2,965	1,0309	33	12,230	1,1326
9	5,335	1,0348	34	12,600	1,1368
10	3,706	1,0388	35	12,971	1,1410
11	4,076	1,0428	36	13,341	1,1452
12	4,447	1,0468	37	13,712	1,1494
13	4,817	1,0508	38	14,082	1,1536
14	5,18S	1,0548	39	14,453	1,1578
15	5,558	1,0588	40	14,824	1,1620
16	5,929	1,0628	41	15,195	1,1662
17	6,299	1,0668	42	15,566	1,1704
18	6,670	1,0708	43	15,936	1,1746
19	7,041	1,0748	44	16,307	1,1788
20	7,412	1,0789	45	16,677	1,1830
21	7,782	1,0830	46	17,048	1,1873
22	8,153	1,0871	47	17,418	1,1916
23	8,523	1,0912	48	17,789	1,1959
24	8,894	1,0953	49	18,159	1,2002
25	9,264	1,0994	50	18,530	1,2045

obliques, efflorescents, de carbonate hydraté $Na_2CO_3^{-}$, $10H_2O$. Ce sel fond dans son eau de cristallisation : au dessus de 34° il se dépose une poudre blanche de la composition $Na_2CO_3 + H_2O$, et qui est de même nature que l'efflorescence blanche dont les cristaux de soude se recouvrent à l'air sec. Cette formation d'un nouvel hydrate fait que la solubilité du sel de soude diminue au dessus de 34°.

Le carbonate de sodium est insoluble dans l'alcool mais soluble dans la glycérine. Il possède une saveur âcre, caustique, et présente une réaction fortement alcaline.

Il sert à la fabrication de l'hydroxyde de sodium, du verre à base de soude, du savon blanc, etc., etc. Il peut remplacer le carbonate potassique dans un grand nombre de cas. Ses propriétés alcalines le font employer journellement dans l'économie domestique pour le nettoyage.

154. Le carbonate de sodium mélangé à une quantité équivalente de carbonate de potassium et dissous dans l'eau, se transforme à froid en un carbonate double $NaKCO_3 + 12H_2O$. Ce même sel peut s'obtenir par voie sèche : comme il est beaucoup plus fusible que ses générateurs, il est fréquemment employé dans l'analyse des silicates.

PHOSPHATE BISODIQUE. HNa_2PO_4.

155. L'orthophosphate bimétallique de sodium est le plus important des phosphates solubles. On prépare ce sel industriellement en ajoutant jusqu'à neutralisation du carbonate de sodium dissous au phosphate monométallique de calcium qui résulte de l'action de l'acide sulfurique sur la cendre d'os. Il se précipite du carbonate de calcium et par la concentration de la liqueur il se forme des cristaux transparents $HNa_2PO_4 + 12H_2O$, qui s'effleurissent à l'air sec. Il est peu soluble dans l'eau froide (4 %) mais très soluble dans l'eau bouillante (99 %). Il possède une réaction très faiblement alcaline : il absorbe aisément l'anhydride carbonique, qui le transforme en phosphate monométallique et en bicarbonate.

Il est employé en médecine et dans les laboratoires. Un mélange de 6,7 p. de ce sel et de 1 p. de sel ammoniac dissous dans 4 p. d'eau chaude dépose par refroidissement le *sel de phosphore* $H \cdot Na \cdot NH_4 \cdot PO_4 + 4H_2O$.

SILICATES DE SODIUM.

156. Quand on fait fondre du carbonate de sodium avec de l'anhydride silicique, il se forme, suivant les proportions employées, du métasilicate Na_2SiO_3, du trisilicate $Na_2Si_3O_{10}$ ou du tétrasilicate $Na_2Si_4O_9$. Ce dernier se produit quand on fait fondre 180 p. de sable avec 100 p. de sel de soude et 3 p. de charbon de bois. Il est connu sous le nom de *verre soluble*, et se présente à l'état de masses vitreuses, légèrement verdâtres. Réduit en poudre fine, il se dissout abondamment dans l'eau.

Cette solution est employée aux mêmes usages que celle du silicate potassique. Ses propriétés alcalines permettent de l'utiliser pour le lessivage. Mélangée de chaux et de sable elle produit des pierres artificielles; additionnée d'oxyde de zinc, elle forme un lut qui durcit rapidement et qui est d'un emploi avantageux dans les laboratoires.

CARACTÈRES DES COMPOSÉS DE SODIUM.

Les composés du sodium ressemblent aux composés correspondants du potassium par leur saveur et leur absence de couleur. Ceux qui sont hydratés sont efflorescents à l'air. Ils colorent en jaune la flamme de l'alcool. Cette coloration est tellement intense et persistante qu'elle masque la couleur que les composés du potassium, du lithium, du calcium, du baryum, etc., impriment à la flamme. Le spectre de la flamme sodique est caractérisé par une raie jaune brillante, correspondant exactement à la double raie D de Frauenhofer.

Les sels de sodium ne précipitent que par le paraantimoniate de potassium $K_2H_2Sb_2O_7$. Ce précipité, pour être caractéristique, doit se produire dans une liqueur absolument exempte d'acides, ou de sels formés par des métaux d'autres groupes. Si la solution où l'on veut rechercher le sodium était acide, il faudrait la neutraliser par le carbonate de potassium.

LITHIUM.

Symbole Li; poids atomique 7,02.

157. Dans le système périodique ce corps se place en tête du groupe des métaux alcalins. Si par un grand nombre de ses combinaisons il est l'analogue du potassium et du sodium, si même le lithium isolé est tout à fait semblable à ces deux métaux, il s'en écarte d'autre part par le peu d'hygroscopicité de son hydroxyde et par la faible solubilité de son carbonate et de son phosphate (p. 52.) Le chlorure de lithium est déliquescent et soluble dans l'alcool comme le chlorure de calcium.

Le lithium est très répandu dans la nature, mais en minimes quantités. La désagrégation des feldspaths et d'autres silicates lithinifères l'a diffusé dans toutes les terres arables : il se rencontre donc dans les cendres de beaucoup de plantes. On le trouve surtout dans certaines eaux minérales, notamment dans l'eau de Baden. On le rencontre dans quelques minéraux, tels que le lépidolithe, la triphyline, etc., d'où on l'extrait par des procédés qui varient avec la composition du minéral employé.

La triphyline est un phosphate de lithium, de fer et de manganèse. On le dissout dans l'eau régale, on évapore à sec et on reprend le résidu de l'évaporation par l'eau bouillante, qui dissout les chlorures de lithium et de manganèse, et laisse le phosphate de fer comme résidu. Ce mélange de chlorures est additionné d'un lait de chaux, qui précipite le manganèse. On élimine à l'aide du carbonate d'ammonium le calcium qui est entré en solution, et on chasse finalement les sels ammoniacaux par évaporation et calcination. On obtient ainsi du chlorure de lithium mélangé des chlorures des autres métaux alcalins qui se trouvaient dans le minéral : on l'en sépare en s'appuyant sur sa solubilité dans un mélange d'alcool et d'éther.

Le lithium s'obtient par l'électrolyse de son chlorure fondu. C'est un métal d'un blanc d'argent; sa densité est 0,589. Il est le plus léger des métaux.

Il est inaltérable dans l'air sec, et fond à 180°. Au rouge il brûle avec une flamme blanche éblouissante. Il décompose l'eau à la température ordinaire avec dégagement d'hydrogène et formation d'hydroxyde de lithium.

Les sels de lithium sont incolores et très solubles dans l'eau. Ils précipitent par les carbonates et les phosphates solubles.

Ils communiquent aux flammes incolores une magnifique coloration rouge pourpre. Le spectre de cette flamme est caractérisé par deux raies; l'une jaune, très faible, l'autre rouge, très éclatante.

RUBIDIUM ET COESIUM.

158. Ces deux métaux existent en très petite quantité en compagnie du lithium dans certains lépidolithes; ils se trouvent aussi dans quelques eaux minérales.

On retire le chlorure de rubidium et le chlorure de cæsium des eaux mères qui ont servi à la préparation du chlorure de lithium, en les traitant par une solution de chloro-platinate de potassium. Il se produit ainsi un mélange de chloro-platinate de rubidium et de cæsium très peu solubles. On sépare ces deux sels, en s'appuyant sur leur inégale solubilité dans l'eau chaude. En chauffant vers 200° les chloro-platinates, il reste un résidu de platine et de chlorure de rubidium ou de cæsium, suivant qu'on a opéré sur l'un ou l'autre chloro-platinate. A l'aide de l'eau on sépare ensuite le platine. Les chlorures de rubidium et de cæsium servent ensuite à la préparation de tous les composés de ces métaux, et à l'extraction des métaux eux-mêmes.

Le rubidium ressemble au potassium. Il fond à 38°5. Chauffé au rouge, il entre en ébullition en produisant une vapeur d'un bleu verdâtre, qui brûle avec vivacité en répandant une lumière violacée.

Ce métal forme des sels ressemblant entièrement aux composés correspondants de potassium, avec lesquels cependant ils semblent ne pas être absolument isomorphes. De même que le potassium, le rubidium se rencontre dans les cendres de beaucoup de plantes.

Les caractères analytiques des composés de rubidium sont analogues à ceux des composés de potassium. On ne parvient à les distinguer avec certitude que par le spectre différent qu'ils produisent.

Jusqu'ici le cæsium n'a pas été obtenu à l'état isolé. On n'a pu étudier que son amalgame. Il est probable que ce métal est liquide à la température ordinaire.

Le cæsium forme des sels semblables aux composés correspondants de potassium et de rubidium. Ils paraissent isomorphes avec les sels de ce dernier. On n'a trouvé de cæsium dans les cendres d'aucune plante. L'eau minérale de Frankenhausen et celle de Monte-Latino, renferment du cæsium sans rubidium. Le pollux de l'île d'Elbe est un silicate double de cæsium et d'aluminium.

AMMONIUM.

Symbole NH$_4$; poids atomique 18.

159. On a vu T. I, p. 310 que l'ammoniaque possède la propriété de s'unir additionnellement aux acides, et de former avec eux autant de composés distincts, que l'acide considéré contient d'atomes d'hydrogène métallique. Dans ces combinaisons les propriétés caractéristiques de l'ammoniaque libre ont complètement disparu, celles des acides sont également masquées, et l'ensemble possède la neutralité et même l'aspect extérieur des sels formés par les métaux alcalins. Aussi a-t-on depuis longtemps donné à ces substances le nom de sels ammoniacaux.

Les sels ammoniacaux se produisent en mettant directement l'ammoniaque en contact avec les acides, en observant les rapports des poids moléculaires dans lesquels ces substances doivent se combiner. C'est ainsi qu'avec l'acide sulfurique, on peut réaliser les deux combinaisons suivantes :

$$NH_3 + H_2SO_4 = NH_3 \cdot H_2SO_4 = NH_4 \cdot H \cdot SO_4$$
$$2NH_3 + H_2SO_4 = 2NH_3 \cdot H_2SO_4 = (NH_4)_2SO_4.$$

Ils peuvent être considérés comme des produits additionnels renfermant l'ammoniaque et les acides qui leur ont donné naissance. De là les dénominations de chlorhydrate d'ammoniaque, de sulfate d'ammoniaque, etc. qui sont fréquemment employées. Mais cette manière de voir, qui permet d'interpréter facilement la formation de ces composés et leur dédoublement par la chaleur, ne rend aucun compte de leur analogie avec les autres sels métalliques. Aussi envisage-t-on les sels ammoniacaux comme des dérivés de l'azote quinquivalent, tels que $\overbrace{\underset{H\ H\ H\ H\ Cl}{N^v}}$, dans lesquels les quatre atomes d'hydrogène seraient uniformément fixés sur l'azote, tandis que le résidu halogénique, Cl dans l'exemple qui précède, pourrait être remplacé par tout autre groupement négatif analogue. Cette manière de voir revient à considérer les sels ammoniacaux comme les analogues des autres sels métalliques dans lesquels le groupement H_4N remplacerait un métal proprement dit. Cette assimilation est pleinement justifiée par l'inspection des exemples qui précèdent. Il est aisé de voir que la composition des combinaisons formées par l'ammoniaque avec l'acide sulfurique ou chlorhydrique est analogue à celle des sels produits par ces mêmes acides avec les métaux. En prenant $H_4N = M' = Am$ on a en effet $MCl = H_4NCl = AmCl$; $M_2SO_4 = (H_4N)_2SO_4 = Am_2SO_4$; $MHSO_4 = (NH_4)HSO_4 = AmHSO_4$, etc.

160. Le groupement H_4N ou Am a reçu le nom d'*ammonium*, et est considéré comme un radical métallique monoatomique équivalent à H ou à K. A l'appui de cette manière de voir, connue sous le nom de *théorie de l'ammonium*, on invoque les considérations suivantes :

1° Les sels ammoniacaux ont une constitution et une formule générale entièrement analogue à celle des autres sels métalliques ; ils sont même parfaitement isomorphes avec les sels de potassium.

2° On connaît une combinaison de l'ammonium avec le mercure, l'amalgame d'ammonium $Hg_x.NH_4$. Ce composé, qui a tous les caractères physiques d'un amalgame, prend naissance lorsqu'on soumet à l'électrolyse un sel ammoniacal et qu'on place du mercure au pôle négatif. On constate alors une énorme augmentation de volume du mercure. Au bout de peu de temps, ce métal se solidifie et présente alors l'aspect de l'amalgame de plomb ou d'argent. L'amalgame d'ammonium persiste tant que dure l'électrolyse : dès que le courant est interrompu, la matière s'affaisse, dégage de l'hydrogène et de l'ammoniaque et le mercure revient à son état et à son volume primitifs.

$$Hg_x.H_4N = Hg_x + H + H_3N.$$

Cet amalgame prend encore naissance par l'action des composés ammoniacaux sur l'amalgame de sodium :

$$Hg_x Na + H_4NCl = NaCl + Hg_x.NH_4.$$

Les métaux seuls forment des amalgames avec le mercure. On est donc autorisé à regarder l'ammonium comme un métal, et la formation de l'amalgame d'ammonium à l'aide de l'amalgame de sodium se ramène donc à la substitution d'un métal à un autre.

3° Le caractère métallique de l'ammonium est démontré aussi par le pouvoir qu'il possède de se substituer aux autres métaux par voie de double décomposition

$$NH_4Cl + AgNO_3 = AgCl + NH_4NO_3.$$

Le métal composé NH_4 est parmi les métaux ce que les résidus halogéniques NO_3, SO_4, etc., sont parmi les halogènes.

Il est aisé de voir que des quatre atomes d'hydrogène de l'ammonium trois sont fournis par l'ammoniaque, et le quatrième par l'acide. Ces quatre atomes d'hydrogène sont fixés sur l'azote et paraissent équivalents entre eux : les sels d'ammonium, comme les sels de tout autre métal, ne diffèrent donc entre eux que par la nature de leur résidu halogénique.

161. Comme nous l'avons déjà dit, les sels ammoniacaux sont analogues et isomorphes aux sels de potassium correspondants. Ceux qui dérivent des hydracides paraissent volatils sous l'influence d'une température suffisante : il y a alors dédoublement de la molécule qui se reconstitue dans les parties froides de l'appareil, t. I, p. 155; aussi leur densité de vapeur est-elle anomale et d'autant trop faible que la dissociation est plus profonde.

Les composés ammoniacaux des oxacides sont fixes. Soumis à l'action de la chaleur ils se décomposent. L'ammoniaque se dégage, et l'acide se comporte comme s'il eut été seul. C'est le cas notamment pour le phosphate ammonique, qui se dédouble en ammoniaque et en acide métaphosphorique. Cependant il arrive souvent que l'hydrogène de l'ammoniaque se brûle en tout ou en partie par l'oxygène de l'acide, et qu'il se produise un corps différant par une ou plusieurs molécules d'eau d'avec le sel ammoniacal employé :

$$NH_4NO_2 \quad = N_2 \qquad\quad + 2H_2O$$
$$NH_4NO_3 \quad = N_2O \qquad\quad + 2H_2O.$$
$$NH_4C_2H_3O_2 = NH_2 \cdot C_2H_3O + H_2O.$$
Acétate d'ammonium.   Acétamide.

Les substances ainsi formées prennent le nom de *nitriles* quand l'hydrogène de l'ammonium a été éliminé complètement à l'état d'eau. On les nomme *amides* quand cette combustion n'a porté que sur la moitié de cet hydrogène, comme on le voit dans le troisième exemple.

162. *Chlorure d'ammonium.* NH$_4$Cl. Ce corps est connu dans le commerce sous le nom de sel ammoniac ou salmiac. Il est incolore et cristallise en cubes. Il résulte de l'union de volumes égaux d'acide chlorhydrique et d'ammoniaque gazeux. On l'obtient dans les arts en distillant un mélange de sulfate d'ammonium et de sel marin :

$$(H_4N)_2SO_4 + 2NaCl = Na_2SO_4 + 2Cl(NH_4).$$

Le commerce le fournit en pains hémisphériques, de structure fibreuse. Il sert dans les arts pour le décapage des métaux.

163. *Sulfure neutre d'ammonium* (H$_4$N)$_2$S. Il se produit lorsqu'on met en présence dans un récipient fortement refroidi

2 volumes d'acide sulfhydrique et 4 volumes d'ammoniaque. On l'obtient à l'état dissous en faisant passer de l'acide sulfhydrique jusqu'à refus dans de l'ammoniaque dissoute et en ajoutant ensuite au sulfhydrate d'ammonium produit, autant d'ammoniaque liquide qu'on en avait employé.

Il cristallise à — 18° en cristaux brillants, incolores, d'une odeur fétide. A la température ordinaire, il se décompose en ammoniaque et en sulfhydrate d'ammonium $H_4N.HS$. Il est soluble dans l'eau : cette solution est incolore, mais se colore rapidement en jaune au contact de l'air, par suite de l'absorption de l'oxygène, en se transformant en polysulfure.

On l'emploie dans l'analyse minérale pour précipiter les métaux à l'état de sulfures métalliques.

164. *Sulfhydrate d'ammoniaque, hydrosulfure ou sulfure acide d'ammonium* $H_4N.HS$. Il résulte de l'union de volumes égaux d'ammoniaque et d'acide sulfhydrique. Il est solide et cristallin à 0°, volatil sans altération à la température ordinaire, très soluble dans l'eau. Sa solution incolore se colore fortement en jaune par son contact avec l'air. Cette solution s'obtient en faisant passer jusqu'à refus un courant d'acide sulfhydrique dans une solution aqueuse d'ammoniaque. Elle sert pour la séparation des métaux dans l'analyse minérale.

Azotate d'ammonium $(H_4N)NO_3$. Ce sel cristallise en prismes à six pans, très solubles dans l'eau. Soumis à l'action d'une chaleur modérée, il se décompose en eau et en oxyde azoteux; mais quand on le surchauffe, la décomposition, qui est exothermique, a lieu avec explosion.

Il s'obtient en saturant l'ammoniaque par de l'acide azotique. Il sert à produire un fort abaissement de température (— 16°); il suffit pour cela de le dissoudre dans la plus petite quantité d'eau possible. Il est également employé pour la préparation du protoxyde d'azote.

165. *Sulfate d'ammonium* $(H_4N)_2SO_4$. On l'obtient dans les arts en saturant l'acide sulfurique par les eaux ammoniacales des usines à gaz d'éclairage. Il est isomorphe avec le sulfate de potassium, et très soluble dans l'eau. Il est employé comme engrais, et pour la fabrication de l'alun ammoniacal.

166. *Carbonate neutre d'ammonium* $(H_4N)_2CO_3$. Ce sel ne s'obtient que difficilement à l'état cristallisé. Pour le produire on fait passer, jusqu'à refus, de l'anhydride carbonique au travers d'une solution diluée d'ammoniaque ; il se produit ainsi du carbonate acide d'ammonium ; on ajoute ensuite à cette solution un volume d'ammoniaque dissoute égal à celui qui a été saturé par l'anhydride carbonique.

Le carbonate neutre d'ammonium n'est employé qu'à l'état de solution. Il sert dans l'analyse minérale.

Pour obtenir ce sel à l'état de cristaux on dissout le carbonate d'ammoniaque commercial dans une solution tiède d'ammoniaque aqueuse, et on y ajoute de l'alcool, jusqu'à ce qu'un précipité permanent commence à se former. Il cristallise alors par le refroidissement de la liqueur. Ces cristaux ne se conservent pas. Exposés à l'air, ils perdent de l'ammoniaque et se transforment en carbonate acide.

167. *Carbonate acide d'ammonium* $(H_4N)H,CO_3$. Ce sel est le plus stable de tous les carbonates d'ammonium connus : en effet, tous se transforment par la simple exposition à l'air en une poudre blanche inodore et cristalline de carbonate acide d'ammonium. Une chaleur de 36° décompose le sel dissous en anhydride carbonique et en sesquicarbonate qui reste en solution ; à l'état sec il se transforme à 60° en anhydride carbonique, ammoniaque et eau, qui s'unissent de nouveau dans la partie froide de l'appareil.

Il est soluble dans huit parties d'eau froide ; cette solution est employée dans l'analyse minérale. Elle intervient dans la fabrication de la soude par la méthode de Solvay.

On l'obtient en abandonnant le sesquicarbonate du commerce à l'air, ou mieux, en faisant passer un courant d'anhydride carbonique dans de l'eau tenant du sesquicarbonate en suspension.

168. *Sesquicarbonate d'ammonium* $(H_4N,HCO_3)_2 + (H_4N)_2CO_3$. Ce sel résulte de l'addition intermoléculaire des deux précédents. On l'obtient en dissolvant le carbonate du commerce dans une solution tiède et concentrée d'ammoniaque et en laissant refroidir : le sesquicarbonate cristallise en prismes rectangulaires contenant deux molécules d'eau de cristallisation. Il possède une odeur ammoniacale et une saveur piquante.

Le carbonate d'ammoniaque du commerce est un produit additionnel contenant à la fois du carbamate NH_2-CO-ONH_4 et du sesquicarbonate d'ammonium. On l'obtient dans les arts sous forme d'une croûte fibreuse, blanche, par l'action de la chaleur sur un mélange de carbonate de calcium et de chlorure d'ammonium.

Il se rencontre dans les eaux ammoniacales du gaz, et en général dans les produits de distillation sèche des matières organiques azotées. Il est employé en médecine sous le nom de sel volatil d'Angleterre.

169. *Phosphate d'ammonium* $(NH_4)_3$ PO_4. Ce sel s'obtient en traitant par un mélange d'ammoniaque et de carbonate d'ammonium, le phosphate mono-métallique de calcium obtenu par l'action de l'acide sulfurique sur la cendre d'os. L'excès d'acide sulfurique doit avoir été préalablement éliminé par le carbonate de baryum.

Ce phosphate forme des cristaux peu solubles dans l'eau. Il est employé dans les sucreries pour la neutralisation des jus sucrés.

170. *Hydroxyde d'ammonium.* NH_4·OH. Ce corps n'a pas été isolé jusqu'ici, mais tout porte à croire qu'il est tout formé dans la solution aqueuse d'ammoniaque, et que son instabilité seule empêche de l'isoler, ou de le séparer d'avec l'excès d'eau.

Il devrait se former par l'action des bases fortes sur les sels d'ammonium

$$NH_4Cl + KOH = NH_4·OH + KCl.$$

Mais on a vu t. I, p. 307, que l'on obtient ainsi de l'eau et de l'ammoniaque. Il devrait se produire encore par l'union directe de ces derniers

$$NH_3 + H_2O = NH_4·OH.$$

D'après cette formule 17 p. d'ammoniaque s'uniraient à 18 p. d'eau, ou ce qui revient au même 1000 gr. d'eau devraient pouvoir dissoudre 944 gr. d'ammoniaque, et ce rapport serait constant, d'après la loi de la constance des proportions. Or les faits ne s'accordent pas avec cette conception théorique. A 0° 1000 p. d'eau ne dissolvent que 875 p. d'ammoniaque et cette solubilité décroît quand la température s'élève, pour tomber à 679 p. à 10° et à 526 à 20°.

L'ammoniaque en se dissolvant dans l'eau s'y combine à peu près à l'instar de l'anhydride hypochloreux et d'autres anhydrides gazeux dont il a été question dans le t. I de cet ouvrage p. 135.

Sa solution aqueuse, saturée à la température ordinaire, a sensiblement pour composition $NH_3 + 5H_2O = NH_4\text{-}OH + 2$ aq.; elle se comporte en effet comme un hydroxyde alcalin avec un grand nombre de sels métalliques

$$Fe_2Cl_6 + 6NH_4\,OH = Fe_2(OH)_6 + 6NH_4Cl.$$

On a remarqué de plus que l'ammoniaque n'obéit pas aux lois qui règlent la solubilité des gaz dans l'eau, T. I, p. 154. On y a vu une nouvelle preuve de l'existence de l'hydroxyde d'ammonium : en effet l'ammoniaque au contact de l'eau formerait une combinaison et non une simple dissolution. Toutefois à la température ordinaire, cette combinaison $NH_4\text{-}OH$ se trouverait à un état de dissociation assez avancé.

On a obtenu en chimie organique des combinaisons stables et bien cristallisées du type $NR_4\text{-}OH$, et dont les propriétés sont analogues à celles de la potasse caustique.

L'ammoniaque est une base forte : à l'état sec elle neutralise les acides par addition directe en engendrant un sel d'ammonium neutre au papier. A l'état dissous, elle peut être assimilée à la potasse caustique et agit alors comme une base proprement dite.

Il résulte de là qu'on ne peut comparer les propriétés basiques de l'ammoniaque à celles de la potasse KOH, que pour autant que l'on fasse intervenir une molécule d'eau pour chaque molécule de NH_3 envisagée. La formation des sels ammoniacaux par l'action de l'ammoniaque sèche sur les acides n'est pas comparable à la formation des sels au moyen des hydroxydes métalliques basiques, comme cela résulte des formules suivantes :

$$NH_3 + HCl = NH_4Cl.$$
$$KOH + HCl = KCl + H_2O.$$

L'ammoniaque sèche s'unit directement aux acides : les bases métalliques font le double échange de leur métal contre l'hydrogène de ces derniers et éliminent de l'eau. L'hydroxyde hypothétique d'ammonium NH_4OH peut seul être comparé aux alcalis.

Les oxydes métalliques s'unissent directement aux anhydrides, pour former des sels :

$$K_2O + SO_3 = K_2SO_4.$$

Comme l'ammoniaque n'est assimilable aux oxydes métalliques

qu'à la faveur de l'intervention des éléments de l'eau, il est clair qu'elle ne saurait offrir une réaction semblable que pour autant que l'on fasse intervenir l'eau en même temps. Mais on est ramené alors à l'action de l'ammoniaque sur les acides, car un anhydride plus de l'eau donne un acide.

L'ammoniaque se combine toutefois aux anhydrides pour former des composés qui ne sont pas des sels proprement dits, mais qu'on peut envisager comme dérivant de n molécules d'ammoniaque $+ m$ molécules d'acide $- p$ molécules d'eau.

De ce nombre est p. ex. l'acide carbamique $NH_2 - CO - OH$ résultant de l'action de l'ammoniaque sur l'anhydride carbonique;

$$CO_2 + NH_3 = NH_2 - CO - OH$$

et dont le sel d'ammonium se rencontre dans le carbonate d'ammoniaque du commerce.

En ajoutant à ces corps, qui portent le nom général de substances amidées, les p molécules d'eau, on engendre un sel ammoniacal. Leur étude appartient surtout au domaine de la chimie organique.

CARACTÈRES DES SELS D'AMMONIUM.

Les sels ammoniacaux sont presque tous solubles dans l'eau et possèdent une saveur salée et piquante. Ils donnent avec le chlorure de platine et avec l'acide tartrique des précipités analogues à ceux que fournissent les sels de potassium.

Ils donnent un précipité brun avec le réactif de Nessler (solution alcaline d'iodure de mercure dans un excès d'iodure de potassium).

On les reconnaît aisément à l'odeur ammoniacale qu'ils dégagent quand on les chauffe avec un excès de soude ou de chaux éteinte.

SECOND GROUPE.

(Famille des métaux alcalino-terreux).

CALCIUM.

Symbole Ca''; poids atomique 40,00.

171. État naturel. Ce métal est très répandu dans la nature. On le rencontre abondamment dans le règne minéral à l'état de fluorure, de carbonate, de sulfate, de phosphate et de silicates. On trouve également des composés calciques dans les tissus de tous les êtres vivants. Les os contiennent environ 50 °/₀ de phosphate de calcium.

Préparation. 1° Par l'électrolyse du chlorure de calcium fondu; 2° par l'action du sodium sur l'iodure ou le chlorure de calcium, en présence du zinc. Celui-ci est éliminé ensuite par distillation.

Propriétés. Solide, jaune de laiton, présentant à un haut degré l'éclat métallique; sa densité $= 1,6$. A l'air, il se ternit rapidement en se transformant en oxyde de calcium. Il fond au rouge, et brûle dans l'air et surtout dans l'oxygène avec un éclat incomparable.

Projeté dans l'eau, il la décompose violemment et se transforme en hydroxyde.

CHLORURE DE CALCIUM. $CaCl_2$.

172. Ce sel se rencontre dans l'eau de mer et dans l'eau de plusieurs sources salines. La tachydrite de Stassfurt est un chlorure double de calcium et de magnésie. On l'obtient par l'action de l'acide chlorhydrique étendu sur le carbonate :

$$CaCO_3 + 2HCl = H_2O + CO_2 + Ca''Cl_2.$$

La liqueur concentrée à 40° Baumé dépose après refroidissement des cristaux déliquescents de la formule $CaCl_2 + 6H_2O$. Quand on les chauffe, ils se transforment en une masse poreuse, très hygrométrique $CaCl_2 + 2H_2O$, qui est avantageusement employée pour dessécher les gaz. Au rouge sombre, il fond et devient anhydre. Il est soluble en toutes proportions dans l'eau et dans l'alcool.

Un mélange de 3 p. de chlorure de calcium cristallisé et de 2 p. de neige produit un abaissement de température de 50°.

OXYDE DE CALCIUM, CHAUX VIVE. CaO.

173. Préparation. Par l'action de la chaleur sur le carbonate de calcium (marbre blanc ou pierre à chaux). L'opération se fait dans des appareils nommés fours à chaux, fig. 7. Comme ce dédoublement est un phénomène de dissociation, la transformation du calcaire en chaux ne peut se produire que si l'anhydride carbonique formé est incessamment entraîné par un courant d'air, de vapeur ou de gaz inerte.

Propriétés. L'oxyde de calcium pur est blanc, infusible à toute température. Exposé à l'air, il en absorbe d'abord l'eau, puis l'anhydride carbonique et se transforme en un sel basique résultant de la combinaison moléculaire de l'hydroxyde avec du carbonate de calcium. Au contact de l'eau, il s'échauffe fortement, se gonfle, se délite, tombe en poussière, et se transforme en hydroxyde ou chaux

Fig. 7.

éteinte CaO_2H_2, poudre blanche, amorphe, soluble dans 778 p. d'eau froide et dans 1300 parties d'eau bouillante.

Cette solution porte le nom d'eau de chaux. Elle a une saveur alcaline. On appelle lait de chaux un mélange de chaux éteinte avec une quantité d'eau insuffisante pour la dissoudre. L'hydroxyde de calcium se dissout abondamment dans l'eau sucrée. La chaleur rouge le décompose en eau et en oxyde.

Usages. Il est employé dans les laboratoires pour la préparation de l'ammoniaque et des hydroxydes de potassium et de sodium. Il entre dans la fabrication des mortiers aériens, dans la fabrication des verres et cristaux, etc. On s'en sert aussi pour amender les terres.

174. Ciments et mortiers. Les mortiers ordinaires ou aériens sont des mélanges d'eau, de chaux éteinte et de sable grossier. L'eau s'évapore peu à peu; la chaux absorbe lentement l'anhydride carbonique de l'air et se transforme successivement en hydro-carbonate et en carbonate compacte. Ce dernier adhère fortement aux substances avec lesquelles il se trouve en contact et notamment aux briques sur lesquelles on l'applique et au sable incorporé dans le mortier. Ce sable joue donc un rôle purement mécanique : il rend la masse poreuse et pénétrable à l'anhydride carbonique, il la rend aussi plus résistante par l'adhérence qu'il contracte avec le carbonate de calcium. Et en effet ce dernier adhère plus fortement aux briques et aux matériaux analogues qu'à sa propre substance. Dans la démolition d'un mur, on voit les couches de mortier se diviser, mais on ne les voit jamais se détacher des briques.

La chaux provenant de la calcination d'un calcaire à peu près pur réagit rapidement sur l'eau, s'échauffe très fort et se gonfle ou foisonne notablement. Elle est désignée sous le nom de chaux grasse.

Mais quand elle contient une certaine proportion de matières étrangères, elle ne s'échauffe presque plus au contact de l'eau, ne se délite qu'à la longue et ne foisonne que très peu. Cette qualité de chaux s'appelle chaux maigre. Parmi les chaux maigres, il en est qui possèdent la propriété de durcir sous l'eau après un temps plus ou moins long; elles sont connues sous le nom de chaux hydrauliques. L'analyse a appris que ces chaux proviennent de la cuisson de calcaires contenant de 20 à 30 % d'argile.

Quand le durcissement se produit après trois ou quatre jours, la chaux est dite éminemment hydraulique; elle est moyennement hydraulique quand la prise a lieu après 15 ou 20 jours d'immersion.

On donne le nom de *ciment* à toute chaux hydraulique qui durcit en quelques heures au contact de l'eau. Les ciments ordinaires contiennent environ 50 % d'argile.

Les *pouzzolanes* sont des silicates naturels, le plus souvent d'origine volcanique, dont la composition se rapproche de celle des argiles, et qui communiquent à la chaux grasse, à laquelle on les incorpore, les propriétés d'un ciment. Le tuf volcanique connu sous le nom de *trass* est une pouzzolane. Les cendres de houille possèdent fréquemment la propriété pouzzolanique. Le durcissement des chaux hydrauliques et des ciments paraît devoir être attribué à la formation de silicates et d'aluminates de calcium cristallisés, dont les aiguilles cristallines s'enchevêtrent. Ces composés résulteraient de l'action de l'hydroxyde de calcium sur l'alumine et l'anhydride silicique contenus dans l'argile.

HYPOCHLORITE DE CALCIUM.

175. Ce sel s'obtient à l'état pur par l'action de l'acide hypochloreux sur l'hydroxyde de calcium. Il se dépose à l'état d'aiguilles cristallines quand on soumet au refroidissement ou à l'évaporation dans le vide une solution concentrée de chlorure de chaux.

176. Le chlorure de chaux se prépare industriellement par l'action du chlore sur la chaux éteinte. Il est essentiel d'employer des matériaux aussi purs que possible, et d'éviter toute élévation de température. On opère d'ordinaire dans de grandes chambres où la chaux est étalée en couches minces sur des plaques de plomb ou de pierre siliceuse, et dans lesquelles on fait arriver le chlore gazeux.

L'action du chlore sur la base devrait donner un mélange de chlorure de calcium et d'hypochlorite (t. I, p. 265)

$$2Ca(OH)_2 + Cl_4 = Ca(OCl)_2 + CaCl_2 + H_2O.$$

Mais le produit de la réaction ne paraît pas avoir une constitution aussi simple. Il se présente à l'état d'une poudre blanche, douce au toucher, à peine hygroscopique, imparfaitement soluble dans 20 fois son poids d'eau, et exhalant l'odeur de l'acide hypochloreux. Ces propriétés ne sont plus celles d'un mélange d'hypochlorite et de chlorure de calcium, car ces deux sels sont très solubles et même déliquescents. La portion insoluble dans l'eau est de l'hydroxyde de calcium. La présence de cet hydroxyde ne résulte pas d'une action incomplète du chlore sur la chaux, car quelque précaution qu'on emploie, jamais on ne parvient à transformer intégralement la chaux d'après l'équation précédente, jamais on n'obtient un produit contenant plus de 39 % de chlore actif, tandis que d'après cette équation il devrait en renfermer 50 % environ.

La composition du chlorure de chaux bien préparé se rapproche de celle d'un mélange de chlorure, d'hydroxyde et d'hypochlorite de calcium $CaCl_2 + Ca(OH)_2 + Ca(OCl)_2$. Mais comme les propriétés de ce composé à l'état sec ne sont pas celles d'un pareil mélange, quelques chimistes veulent y voir un hypochlorite basique mêlé de chlorure $HO - Ca - OCl + CaCl_2$. On pourrait l'envisager aussi comme un sel à la fois mixte et basique $ClO - Ca - O - Ca - Cl$ dérivant à la fois de l'acide hypochloreux et de l'acide chlorhydrique. Sous l'influence de l'eau, ce corps se dédoublerait, comme le font souvent ces composés complexes, en chlorure, hypochlorite et hydroxyde de calcium.

Comme tous les hypochlorites, le chlorure de chaux est un agent oxydant. Il détruit un grand nombre de matières colorantes, ce qui le fait employer comme décolorant et dans le blanchiment des tissus. Il transforme l'hydroxyde de plomb ou de manganèse en bioxyde, les sulfures précipités en sulfates, l'acide arsénieux en arsénique, etc. C'est sur ce pouvoir oxydant qu'est basé l'emploi du chlorure de chaux aussi bien dans l'industrie que dans les laboratoires. On peut aisément retirer l'oxygène du chlorure de chaux : il suffit de chauffer modérément sa solution claire avec un peu de bioxyde de manganèse ou avec une trace d'un sel de cobalt ou de nickel. Ce dégagement d'oxygène se produit parfois spontanément et même avec explosion, surtout sous l'influence des rayons solaires.

Quand on fait agir un acide faible sur une solution de chlorure de chaux, ou de tout autre chlorure décolorant, on décompose l'hypochlorite qu'il renferme, et on met l'acide hypochloreux en liberté : ce dernier peut être isolé par distillation. L'acide qui convient le mieux pour cette opération est l'acide borique. Si l'on prenait un acide fort, on décomposerait aussi le chlorure de calcium contenu dans le chlorure décolorant; il se produirait de l'acide chlorhydrique, et par conséquent un dégagement de chlore.

$$HCl + HOCl = H_2O + Cl_2.$$

Le chlorure de chaux peut donc servir à volonté à obtenir de l'oxygène, du chlore ou de l'acide hypochloreux.

Dans les blanchisseries on fait d'ordinaire agir de l'acide chlorhydrique étendu sur une solution faible de chlorure de chaux. Il se produit ainsi du chlore naissant qui agit comme oxydant sur le tissu et le décolore.

Mais on se contente parfois d'ajouter au chlorure décolorant une minime proportion d'un acide faible, d'acide acétique par exemple. Ce dernier met un peu d'acide hypochloreux en liberté : cet acide, qui cède facilement son oxygène, oxyde la matière colorante et se convertit en acide chlorhydrique, lequel agit à son tour sur l'hypochlorite, pour produire une nouvelle portion d'acide hypochloreux, etc. De cette manière l'oxydation est lente et progressive, la liqueur devient à peine acide et le tissu est moins exposé à être attaqué[1].

Comme tous les hypochlorites, le chlorure de chaux se convertit sous l'influence de la chaleur en un mélange de chlorate et de chlorure de calcium, dépourvu de toute valeur au point de vue du blanchiment.

177. Chlorométrie. Le chlorure de chaux agit par l'oxygène de son hypochlorite. Sous l'influence des acides forts, cet oxygène met en liberté une quantité équivalente de chlore provenant à la fois de l'hypochlorite et du chlorure de calcium qui l'accompagne, soit deux atomes de chlore pour chaque atome d'oxygène d'hypochlorite : ce chlore est appelé chlore actif.

La valeur commerciale d'un chlorure décolorant est proportionnelle à la quantité d'hypochlorite qu'il contient ou de chlore actif qu'il peut dégager, et la détermination de cette quantité est l'objet de la chlorométrie.

Diverses réactions peuvent servir à mesurer le pouvoir oxydant d'un chlorure de chaux. Si l'on verse une quantité pesée de ce dernier dans une solution concentrée d'iodure de potassium, et si on acidule par l'acide sulfurique, le chlore momentanément mis en liberté déplacera une quantité équivalente d'iode. Celui-ci se dissoudra dans l'excès d'iodure potassique et pourra être titré iodométriquement (t. I, pp. 213 et 293).

Comme l'iode est un réactif assez cher et d'un poids atomique très élevé, ce qui force à en employer des quantités considérables, on donne la préférence dans l'industrie à l'anhydride arsénieux comme liqueur chlorométrique. Les phénomènes d'oxydation qu'il subit sont représentés par les équations suivantes :

$$H_3AsO_3 + O = H_3AsO_4$$
$$2Cl_2 + As_2O_3 + 5H_2O = 2H_3AsO_4 + 4HCl.$$

---

(1) Dans le blanchiment des tissus fins (batistes, mousseline, etc.) on remplace généralement le chlorure de chaux par le chlorure de *potasse* ou de *soude*, qui ont sur le premier l'avantage de conserver aux fibres leur souplesse. L'*eau de Javel* préparée par l'action du chlore sur la potasse caustique, et l'*eau de Labarraque* obtenue à l'aide de la soude, sont de vrais chlorures décolorants, c'est à dire des mélanges de chlorures alcalins et d'hypochlorites. Mais on remplace souvent les alcalis caustiques par leurs carbonates : dans ces conditions il se forme un mélange de chlorure métallique, de carbonate acide et d'acide hypochloreux.

Un atome d'oxygène (16) ou deux atomes de chlore (71) peuvent donc transformer en acide arsénique une molécule d'acide arsénieux (126) ou une demi molécule (99) d'anhydride arsénieux.

Pour l'application de ces données, on dissout 13,96 gr. d'anhydride arsénieux dans de la soude caustique et on verse cette liqueur dans un ballon jaugé d'un litre contenant environ 500 centimètres cubes d'acide chlorhydrique étendu; en opérant ainsi, la dissolution d'anhydride arsénieux s'effectue facilement et sans qu'il soit nécessaire de chauffer. On dilue le liquide arsenical avec de l'eau jusqu'à ce que son volume occupe un litre. On prélève alors une certaine quantité de cette liqueur, par exemple, 50 centimètres cubes, on y ajoute quelques gouttes d'une solution d'indigo, et on y laisse tomber goutte à goutte la solution de chlorure de chaux dont on veut déterminer le titre. Aussitôt que tout l'acide arsénieux est transformé en acide arsénique, le chlorure de chaux porte son action sur l'indigo et le décolore. Chaque centimètre cube de la liqueur arsenicale équivaut à 0,01 gr. de chlore : il suffira donc de connaître le volume qu'on en a employé ainsi que la quantité de chlorure de chaux qu'il a fallu ajouter pour calculer la proportion do chlore actif contenue dans ce dernier.

L'emploi de cette liqueur acide, connue sous le nom de liqueur chlorométrique de Gay Lussac, présente un inconvénient.

Il arrive parfois que le chlore dégagé par l'action de l'acide chlorhydrique sur le chlorure décolorant s'échappe partiellement à l'état gazeux, au lieu d'agir sur l'acide arsénieux. On évite cette cause d'erreur en employant la liqueur de Penot, obtenue en dissolvant 6,98 gr. d'anhydride arsénieux dans 200 gr. d'eau contenant 50 gr. de cristaux de soude et en étendant ensuite jusqu'à parfaire un litre. D'autre part on délaie soigneusement 10 gr. de chlorure de chaux dans de l'eau distillée, de manière à obtenir également un litre de solution : on agite vigoureusement pour que le liquide trouble devienne bien homogène, on en prélève 50 centimètres cubes qu'on verse dans un gobelet et on y laisse tomber goutte à goutte au moyen d'une burette la solution arsenicale jusqu'à ce qu'une goutte du mélange déposée sur du papier imprégné d'iodure de potassium et d'amidon ne le colore plus en bleu. A ce moment l'oxydation est complète. Chaque centimètre cube correspond à 0,005 gr. de chlore actif, le nombre de centimètres cubes employé donne directement le pourcentage du chlorure analysé.

Si l'on tient à connaître, non le poids, mais le volume de chlore gazeux qu'un chlorure de chaux peut produire, on divisera le poids de chlore trouvé par 3,18, poids d'un litre de chlore.

Usages. Le chlorure de chaux est employé journellement comme désinfectant et décolorant. On l'emploie aussi dans les laboratoires comme agent d'oxydation.

SULFATE DE CALCIUM. $CaSO_4$.

178. État naturel. Ce sel se rencontre dans la nature et forme l'*anhydrite* ou *karsténite* des minéralogistes. Combiné à deux molécules d'eau, il constitue le *gypse* ou *pierre à plâtre*.

Propriétés. Le sulfate anhydre cristallise en prismes rectangulaires droits. Il est rarement incolore, le plus souvent opaque, gris ou coloré en violet.

Le sulfate hydraté se présente dans la nature à l'état de prismes rhomboïdaux obliques, souvent à l'état de masses demi translucides, incolores ou colorées; il porte alors le nom d'albâtre.

Le sulfate hydraté chauffé entre 110° et 120°, perd son eau en devenant blanc et opaque et constitue le plâtre. Il est apte à reprendre son eau de cristallisation et à reproduire le sel primitif, en formant un enchevêtrement de cristaux. Cette transformation est accompagnée d'une élévation de température et d'une augmentation de volume. C'est sur cette propriété que repose l'emploi de ce corps comme mortier dans les constructions et pour le moulage. Mais quand il a été chauffé à 200° ou au delà, il n'est plus capable de se combiner à l'eau. Quand la température de cuisson du plâtre a été portée à 500°, le produit se combine à l'eau au bout de quelques semaines en formant une espèce d'albâtre plus transparent et plus compacte que le plâtre ordinaire.

Le sulfate de calcium hydraté est peu soluble dans l'eau : à 0° 1000 p. d'eau dissolvent 2,05 p. de sel, et à 35° 2,54 p. C'est à 35° que la solubilité est maxima. Il produit aisément des solutions sursaturées. Il paraît que c'est à la cristallisation confuse du gypse maintenu en solution sursaturée que l'on doit attribuer la prise du plâtre au contact de l'eau. L'expérience a démontré que seuls les corps capables de produire des solutions sursaturées durcissent au contact de l'eau, tandis que ceux qui prennent simplement de l'eau de cristallisation peuvent bien engendrer un magma cristallin, mais ne se transforment jamais en masses cohérentes.

L'eau qui contient du gypse en dissolution s'appelle séléniteuse, elle est dure, indigeste et impropre aux usages économiques.

Le plâtre est soluble dans certains sels, et notamment dans les hyposulfites alcalins.

PHOSPHATES DE CALCIUM.

179. L'orthophosphate de calcium trimétallique $Ca_3(PO_4)_2$ se rencontre dans les os, dans le guano, dans les coprolithes et dans les cendres des végétaux. La phosphorite est un mélange de ce sel avec le carbonate de calcium. L'*apatite* des minéralogistes est un sel mixte de la formule $Ca_3(PO_4)_2 + PO_4''' \equiv Ca_3'' - Cl$. Le fluor y remplace quelquefois le chlore.

Le phosphate de calcium pur s'obtient en dissolvant les cendres d'os dans l'acide chlorhydrique et en précipitant cette solution par l'ammoniaque. Il est blanc, amorphe, insoluble dans l'eau, soluble dans les acides. L'eau bouillante le décompose en un sel basique insoluble $Ca_3(PO)_4 + PO_4 - Ca_3 - OH$ et en sel acide soluble. Cette réaction s'accomplit à la longue même au contact de l'eau froide, ce qui explique l'action favorable de ce sel sur la végétation.

Le phosphate bimétallique $Ca''HPO_4 + 2H_2O$ est un précipité blanc, cristallin, peu soluble dans l'eau, que l'on obtient en versant une solution étendue de phosphate bimétallique de sodium dans du chlorure de calcium dissous. Il est employé dans l'art de guérir.

Le phosphate neutre de calcium, traité par l'acide sulfurique ou l'acide phosphorique, se transforme en phosphate monométallique $(PO_4)_2CaH_4$, blanc, soluble et cristallisable. En présence d'une grande quantité d'eau il se dédouble, surtout à chaud, en acide phosphorique et en phosphate bimétallique. Le mélange brut de ce sel avec le sulfate de calcium qui se forme dans sa préparation est employé comme engrais sous le nom de superphosphate de chaux.

Le phosphate acide de calcium sert de point de départ à la fabrication du phosphore et de ses composés.

CARBONATE DE CALCIUM. $CaCO_3$.

180. Il existe dans la nature un grand nombre de variétés de ce composé. Le spath d'Islande, l'arragonite, certains marbres sont du carbonate de calcium cristallisé; la craie, la pierre à chaux, le calcaire oolithique, certains marbres sont du carbonate de calcium amorphe.

On le rencontre aussi dans les cendres des os et des végétaux, dans le test des crustacés, dans les valves des mollusques. Presque toutes les eaux de source contiennent du carbonate de calcium dissous à la faveur de l'anhydride carbonique.

On le prépare artificiellement en versant du carbonate d'ammoniaque dans une solution de chlorure de calcium pur.

Pur, il est incolore, transparent. Chauffé au rouge dans un courant de gaz, il se décompose en oxyde de calcium et en anhydride carbonique.

L'eau pure n'en dissout que $\frac{1}{30000}$ de son poids; il est beaucoup plus soluble dans l'eau chargée d'anhydride carbonique. Il suffit de faire bouillir cette solution pour que le carbonate se précipite, et que l'anhydride carbonique se dégage. C'est ainsi que se produit l'incrustation des chaudières.

Le carbonate de calcium est dimorphe. Il peut cristalliser en rhomboèdres obtus de 105°5'; dans ce cas, il porte le nom de spath d'Islande ou calcaire. Il cristallise aussi en prismes rhomboïdaux droits de 116°6'; il constitue alors l'arragonite. Ces deux formes sont les types de deux séries de carbonates isomorphes ou même isodomorphes. L'arragonite se transforme par la chaleur en une poussière formée de petits cristaux de calcaire.

Quand on abandonne à l'air une solution de carbonate de calcium dans de l'eau chargée d'anhydride carbonique, ce dernier se dégage peu à peu et il se dépose de petits cristaux de spath d'Islande; mais quand la décomposition a lieu à 90° les cristaux ont la forme de l'arragonite.

Le carbonate de calcium se combine à l'hydroxyde pour former un sel basique ou hydrocarbonate. Ce composé se produit lorsqu'on abandonne à l'air l'oxyde ou l'hydroxyde de calcium. L'hydroxyde de calcium contenu dans le mortier ordinaire se transforme toujours en cet hydrocarbonate lors de la carbonatation du mortier.

Le carbonate de calcium s'unit également à l'oxyde de calcium; ce composé prend naissance lorsqu'on chauffe au rouge sombre l'hydrocarbonate de calcium. La chaux incomplètement cuite est formée par ce carbonate basique.

CARACTÈRES DES COMPOSÉS DU CALCIUM.

Les sels solubles de calcium sont incolores, lorsqu'ils sont formés par un acide qui n'est pas coloré. L'ammoniaque est sans action sur eux. En solution concentrée, ils donnent avec la potasse caustique un précipité blanc d'hydroxyde de calcium.

Les composés solubles de calcium précipitent en blanc par les carbonates alcalins; l'acide sulfurique et les sulfates solubles les précipitent également en blanc lorsque les solutions ne sont pas très diluées.

L'acide oxalique et les oxalates solubles en précipitent de l'oxalate calcique blanc, insoluble dans l'eau et dans l'acide acétique, mais soluble dans l'acide chlorhydrique ou azotique étendu.

Ils ne précipitent ni par les chromates solubles ni par l'acide fluosilicique.

Les composés de calcium solubles dans l'alcool communiquent à la flamme de ce corps une couleur d'un rouge légèrement orangé. Le spectre de cette flamme est caractéristique.

BARYUM.

Symbole Ba''; poids atomique 137,00.

181. On rencontre dans le règne minéral des dépôts considérables de sulfate (barytine) et de carbonate de baryum (withérite).

On obtient ce métal par l'électrolyse du chlorure de baryum fondu. Il est blanc jaunâtre, décompose l'eau à froid et s'oxyde très facilement.

CHLORURE DE BARYUM. $BaCl_2$.

Le chlorure de baryum se prépare par l'action de l'acide chlorhydrique étendu sur le carbonate ou le sulfure de baryum.

On verse dans une capsule 1 p. d'acide chlorhydrique concentré auquel on ajoute 3 d'eau, et on y projette peu à peu du sulfure ou du carbonate de baryum pulvérisé. On facilite la réaction en agitant et en chauffant légèrement. Lorsque toute effervescence a cessé, on décante ou on filtre le liquide, on y ajoute un peu de chlorure de chaux pour faire passer le chlorure ferreux à l'état de chlorure ferrique(1), et on élimine les éléments étrangers en ajoutant au liquide de l'eau de baryte

______

(1) Les composés naturels du baryum renferment presque toujours un peu de combinaisons de calcium, de strontium, de plomb, de fer ou de manganèse.

jusqu'à réaction alcaline. On sépare alors par le filtre le précipité d'hydroxyde ferrique, on neutralise exactement l'excès de baryte par l'acide chlorhydrique pur, et on concentre la liqueur jusqu'à ce qu'elle marque 35° à l'aréomètre de Baumé. Le chlorure de baryum cristallise par le refroidissement.

Si l'on veut obtenir un produit absolument pur, pour les recherches analytiques, on dissout le chlorure de baryum dans deux fois son poids d'eau tiède, et on ajoute à cette solution le double de son volume d'alcool. Le chlorure de calcium ou de strontium que le produit pouvait contenir reste dissous dans l'alcool; le chlorure de baryum se sépare à l'état d'une poudre cristalline, qu'on fait recristalliser dans l'eau distillée.

Le chlorure de baryum anhydre est solide, blanc, fusible, à peine volatil. Il s'unit à l'eau en produisant un chlorure hydraté $BaCl_2 + 2H_2O$ cristallisant en tables rhomboïdales, soluble dans 2,5 p. d'eau froide et dans 1,5 p. d'eau bouillante, insoluble dans l'alcool et dans l'acide chlorhydrique.

Bouilli avec de la baryte caustique, il se transforme en un sel basique $Cl - Ba - OH + H_2O$ qui cristallise en paillettes nacrées.

OXYDES DE BARYUM.

182. L'oxyde de baryum ou baryte BaO se prépare dans l'industrie en chauffant au rouge vif le carbonate mélangé de charbon de bois pulvérisé. On l'obtient pur dans les laboratoires par la calcination de l'azotate. Il se présente à l'état d'une masse grise, poreuse, qui ne fond qu'au rouge blanc. Il s'éteint comme la chaux au contact de l'eau, en dégageant beaucoup de chaleur et en se transformant en hydroxyde.

183. L'hydroxyde de baryum ou baryte caustique $Ba(OH)_2$ est une poudre blanche, terreuse, fusible au rouge sombre en un liquide huileux qui cristallise par le refroidissement. Il est indécomposable par la chaleur. Il se dissout dans l'eau bouillante et s'en sépare par le refroidissement en formant un hydrate cristallin $Ba(OH)_2 + 8H_2O$, soluble dans 20 p. d'eau froide et dans 3 p. d'eau bouillante. Ces cristaux s'effleurissent à l'air sec en perdant $7H_2O$. Leur solution est fortement alcaline et porte le nom d'eau de baryte : on l'emploie comme réactif dans les laboratoires, surtout pour la recherche de l'anhydride carbonique. L'hydroxyde de baryum se prépare industriellement en décomposant le carbonate au rouge blanc dans un courant de vapeur d'eau. Il est employé dans quelques sucreries, car il forme avec le sucre un composé insoluble dans l'eau, et que l'acide carbonique décompose aisément en sucre pur et en carbonate de baryum insoluble.

184. Le *bioxyde de baryum* BaO_2 se forme quand on fait passer un courant d'oxygène ou d'air pur sur de l'oxyde ou de l'hydroxyde de baryum chauffé au rouge sombre. C'est une masse grise, poreuse, qui se décompose au rouge vif en oxyde et en oxygène. L'eau le convertit en un hydrate blanc, pulvérulent $BaO_2 + 8H_2O$. Cet hydrate se forme directement lorsqu'on verse de l'eau oxygénée dans une solution aqueuse d'hydroxyde de baryum ; il se précipite ainsi en lamelles cristallines. Il se forme aussi à la longue par l'action de l'oxygène ou de l'air exempt d'anhydride carbonique sur l'eau de baryte.

L'hydrate de bioxyde de baryum sert à la préparation de l'eau oxygénée.

SULFURE DE BARYUM. BaS.

185. Ce corps s'obtient à l'état pur en chauffant l'hydroxyde à 200° dans un courant de gaz sulfhydrique. On le prépare d'ordinaire par la réduction du sulfate de baryum à l'aide du charbon. A cet effet on chauffe au rouge dans un creuset couvert un mélange de 10 p. de sulfate avec 2 p. de houille ou de brai noir.

Le sulfure de baryum pur est une poudre blanche : le produit brut est d'un gris rosé. Il est inaltérable par la chaleur. Chauffé à l'air il absorbe l'oxygène et se transforme en sulfate.

L'eau le dissout en le décomposant ; il se produit ainsi un mélange d'hydroxyde et de sulfhydrate de baryum § 87. Ce mélange est employé pour la préparation de presque tous les composés solubles de baryum. Bouilli avec de l'oxyde de cuivre, il produit du sulfure de cuivre insoluble et de la baryte caustique.

AZOTATE DE BARYUM. $Ba(NO_3)_2$.

186. On obtient ce sel par l'action de l'acide azotique étendu sur le carbonate ou sur le sulfure de baryum. On opère comme pour la préparation du chlorure de baryum; toutefois l'addition du chlorure de chaux devient ici inutile, attendu que l'acide azotique lui-même joue le rôle d'oxydant. Il cristallise en octaèdres réguliers, solubles dans l'eau, insolubles dans l'alcool et dans l'acide nitrique.

Il sert pour la préparation de l'oxyde de baryum.

SULFATE DE BARYUM. $BaSO_4$.

187. Ce sel existe en grande quantité dans la nature; il porte le nom de spath pesant ou de barytine. Il est blanc, cristallin, à peu près infusible et inaltérable par la chaleur. Il est insoluble dans l'eau et très faiblement soluble dans les acides. Sa densité $= 4,5$. On le prépare artificiellement en versant de l'acide sulfurique étendu dans une solution de chlorure de baryum. On obtient ainsi un précipité blanc, qu'on lance dans le commerce à l'état pâteux, sous le nom de blanc fixe, pour la fabrication des papiers peints.

Il est décomposé par une solution bouillante de carbonate de potassium ou de sodium, qui le transforme en carbonate. Au rouge, le charbon le réduit à l'état de sulfure.

C'est à l'état de sulfate qu'on dose le baryum et l'acide sulfurique.

CARBONATE DE BARYUM. $BaCO_3$.

188. Ce corps constitue le minéral connu sous le nom de withérite. On l'obtient en précipitant une solution de chlorure de baryum par le carbonate d'ammoniaque. Il est blanc, fusible au rouge vif, en dégageant de l'anhydride carbonique, et isomorphe avec l'arragonite. Il est presque complètement insoluble dans l'eau, mais se dissout dans une solution d'anhydride carbonique.

Il sert à préparer les autres composés de baryum.

CARACTÈRES DES SELS DE BARYUM.

Les composés solubles de baryum sont tous incolores; ils possèdent une saveur salée légèrement âcre. Ils sont très vénéneux. Ils donnent avec la potasse un précipité d'hydroxyde $Ba(OH)_2$ quand les solutions sont concentrées.

Ils ne précipitent pas par l'ammoniaque pure, mais donnent un précipité de carbonate $BaCO_3$, quand on y ajoute du carbonate d'ammonium.

Ils produisent un précipité cristallin ($BaSiFl_6$) par l'acide fluosilicique. La formation de ce précipité, qui tarde parfois à se produire, est facilitée par l'addition d'un peu d'alcool. L'acide sulfhydrique et les sulfures solubles sont sans action sur eux. Ils précipitent en jaune par les chrômates solubles ($BaCrO_4$).

Le meilleur réactif des sels de baryum est l'acide sulfurique ou la solution d'un sulfate soluble. Le précipité blanc ($BaSO_4$) se produit même quand on ajoute au sel barytique une solution de sulfate de strontium. Ce précipité est un peu soluble dans l'acide chlorhydrique ou azotique.

Ils colorent la flamme en vert livide et produisent un spectre caractéristique.

STRONTIUM.

Symbole Sr″; poids atomique 87.5.

189. Ce métal, moins répandu dans la nature que le baryum et le calcium, est surtout remarquable par l'analogie qu'il offre avec eux dans *toutes ses combinaisons*. Comme eux on le rencontre surtout à l'état de sulfate (célestine) et de carbonate (strontianite); comme eux, on l'obtient par l'électrolyse de son chlorure. Il est d'un jaune de laiton comme le calcium.

190. Le *chlorure de strontium* est en tout analogue au chlorure de calcium. Il s'en distingue parce qu'il est un peu moins déliquescent; il est soluble dans l'alcool.

191. Le *sulfure*, l'*oxyde*, l'*hydroxyde*, le *carbonate* et le *sulfate de strontium*, ressemblent en tous points aux composés correspondants du baryum. Toutefois le sulfate de strontium est très légèrement soluble dans l'eau (1 : 1500).

192. L'*azotate de strontium* $Sr(NO_3)_2 + 4H_2O$ est le sel le plus important de ce métal. On l'obtient par l'action de l'acide azotique étendu sur le sulfure ou le carbonate. Cristallisé à froid, il forme de beaux prismes efflorescents et hydratés; au-dessus de 50° il est anhydre et forme des octaèdres réguliers, comme le nitrate de baryum. Il est insoluble dans l'alcool.

Il colore les flammes en rouge pourpre, ce qui le fait employer par les artificiers.

CARACTÈRES DES COMPOSÉS DU STRONTIUM.

Les composés solubles du strontium ressemblent aux composés correspondants du baryum; et présentent les mêmes caractères. Toutefois ils ne précipitent ni par l'acide fluosilicique, ni par les chromates. Ils colorent la flamme en rouge pourpre.

Le sulfate de strontium est un peu plus soluble dans l'eau que celui de baryum. Quand on ajoute une solution de sulfate de calcium à un sel barytique, on obtient immédiatement un précipité ($BaSO_4$). Avec les sels de strontium le précipité ne se produit qu'après quelques instants.

DEUXIÈME GROUPE.

(Famille des métaux magnésiens).

Cette famille comprend le magnésium, le zinc et le cadmium. Elle fait partie du deuxième groupe de la classification de L. Meyer et de Mendelejeff. Les liens de parenté qui relient ces corps entre eux ont été indiqués p. 37.

MAGNÉSIUM.

Symbole Mg; poids moléculaire 24,50.

193. État naturel. On trouve dans le règne minéral des gisements considérables de carbonate de magnésium, et surtout de carbonate double de magnésium et de calcium (dolomie). Le chlorure et le sulfate se rencontrent dans l'eau de la mer et de plusieurs sources. La carnallite, dont on trouve d'abondants gisements à Stassfurt, est un chlorure double de magnésium et de potassium. De nombreux silicates contiennent du magnésium au nombre de leurs éléments : le talc ($H_2Mg_3Si_4O_{12}$), la magnésite ou écume de mer ($H_2Mg_2Si_3O_9 + H_2O$), l'asbeste ($MgCaSiO_3$), la serpentine, l'augite, le tourmaline etc.

Préparation. 1° Par l'électrolyse du chlorure de magnésium fondu.

Cette expérience se fait dans un creuset cloisonné, fig. 8, dans chacun des compartiments duquel viennent plonger les électrodes en charbon de cornue. Le chlore se dégage au pôle positif et se trouve écarté ainsi du magnésium qui se réunit au pôle négatif. Ce dernier est taillé en dents comme le montre la figure 9, pour retenir les globules métalliques et les empêcher de monter à la surface du sel fondu, où ils s'enflammeraient à l'air.

2° En décomposant par le sodium le chlorure de magnésium ou mieux le chlorure double de magnésium et de potassium.

L'expérience se fait en faisant fondre un mélange de 10 p. de carnallite pure avec 1 p. de sodium et 1 p. de fluorure de calcium.

Fig. 8.   Fig. 9.

Propriétés. Ce métal a la blancheur et l'éclat de l'argent, il est fusible vers 800° et paraît volatil au rouge blanc. Sa densité $= 1,743$. Il est inaltérable à l'air sec, altérable à l'air humide. Il décompose l'eau à une haute température et dégage à la température ordinaire l'hydrogène de tous les acides.

Le magnésium brûle au rouge en produisant un éclat incomparable. Sa lumière est utilisée par les photographes ; elle peut servir pour donner des signaux.

Son affinité pour l'oxygène est énorme $[Mg, O] = 145,8$ Cal. Un fil de magnésium enflammé continue à brûler quand on le plonge dans un ballon où se produit de la vapeur d'eau (fig. 10). On voit en même temps l'hydrogène mis en liberté prendre feu au dessus du goulot. Il brûle également dans l'anhydride

Fig. 10.

carbonique, en mettant du carbone en liberté.

Le magnésium étant un métal fort positif déplace plusieurs autres métaux de leurs sels. Cette propriété a été mise à profit pour l'analyse toxicologique : elle présente l'avantage de ne pas introduire un réactif vénéneux dans les substances à examiner.

CHLORURE DE MAGNÉSIUM. $MgCl_2$.

194. Ce sel, qui existe dans l'eau de mer et dans la carnallite, peut s'obtenir en dissolvant l'oxyde, le carbonate, ou l'hydrocarbonate dans l'acide chlorhydrique. De cette manière on obtient un chlorure hydraté $MgCl_2 + 6H_2O$, qui forme des aiguilles déliquescentes et qui se décompose par la chaleur § 400.

On ne saurait donc préparer par évaporation le chlorure anhydre. Pour l'obtenir, on se base sur ce fait que les sels de magnésium ont la propriété de se combiner aux sels correspondants d'ammonium pour former des sels doubles très stables. On ajoute donc à la solution de chlorure de magnésium une quantité équivalente de chlorhydrate d'ammoniaque : le sel double se laisse évaporer sans décomposition. En chauffant ensuite au rouge, le chlorure d'ammonium se volatilise, en laissant pour résidu du chlorure de magnésium lamellaire, nacré, incolore, fusible, soluble dans l'eau froide, décomposable par l'eau chaude et par l'air humide et chaud. Ce composé sert à la préparation du magnésium.

Quand on délaie de la magnésie calcinée (MgO) dans une solution concentrée de chlorure de magnésium, on obtient une pâte qui se prend au bout de quelques heures et qui durcit au point de se laisser polir. Ce phénomène est dû à la formation d'un sel basique.

195. Le chlorure de magnésium forme avec le chlorure de potassium un sel double $MgCl_2 + KCl + 6H_2O$, la carnallite, qui forme des dépôts abondants dans les mines de Stassfurt. La carnallite est soluble sans altération dans une solution concentrée de chlorure de magnésium, et se dépose à l'état de cristaux lorsqu'on y introduit du chlorure de potassium ; mais elle se décompose au contact de l'eau pure, et surtout de la vapeur d'eau, en chlorure de potassium qui cristallise par le refroidissement et en chlorure de magnésium qui reste dissous.

On trouve également à Stassfurt un chlorure double de calcium et de magnésium $CaCl_2 + MgCl_2 + 12H_2O$, la tachydrite. Dans ce sel, de même que dans la carnallite, une partie du chlorure de magnésium est parfois remplacée par du brômure. Des quantités notables de brôme sont retirées annuellement de ces composés; il suffit de les chauffer et d'y diriger en même temps une quantité équivalente de chlore.

Le chlorure de magnésium est employé dans les industries textiles. Mélangé à l'apprêt des tissus, il leur conserve un certain degré de souplesse due à son hygroscopicité.

OXYDE DE MAGNÉSIUM; MAGNÉSIE. MgO.

196. Par l'action de la chaleur sur la magnésie blanche du commerce on obtient la magnésie calcinée, c'est à dire l'oxyde de magnésium pulvérulent, blanc, très léger, insipide, infusible. L'oxyde de magnésium compacte se prépare par la calcination de l'azotate. L'eau le transforme en hydroxyde MgO_2H_2. Celui-ci absorbe lentement l'anhydride carbonique; à l'air il se transforme en hydrocarbonate de magnésium. C'est une base puissante.

La magnésie blanche est employée en médecine. L'oxyde compacte remplace avantageusement la chaux ou le marbre dans la production de la lumière Drummond à l'aide du chalumeau oxyhydrique.

SULFATE DE MAGNÉSIUM. $MgSO_4$.

197. État naturel. Ce corps, que l'on désigne vulgairement sous le nom de sel d'Epsom ou de sel anglais, se rencontre dans les eaux de Pullna et de Sedlitz, en Bohême, et d'Epsom en Angleterre. On l'en retire par évaporation. Il existe aussi dans l'eau de mer. Dans les dépôts salins de Stassfurt, on rencontre la kiesérite $MgSO_4 + H_2O$, la kaïnite $K_2SO_4 + MgSO_4 + MgCl_2 + 6H_2O$ et la polyhalite $K_2SO_4 + MgSO_4 + 2CaSO_4 + 2H_2O$.

Préparation. Le sulfate de magnésium commercial résulte de l'hydratation lente de la kiesérite. On l'obtient aussi comme produit secondaire dans la fabrication des eaux gazeuses par l'action de l'acide sulfurique étendu sur le carbonate de magnésium naturel.

Propriétés. Le sulfate de magnésium anhydre forme une masse blanche, amorphe, fusible au rouge, indécomposable par la chaleur, et se dissolvant peu à peu dans l'eau. La kiesérite cristallise en prismes rhomboïdaux droits, et se présente généralement en masses cristallines grenues. Elle est très peu soluble dans l'eau, mais s'hydrate peu à peu, surtout à chaud, au contact de ce liquide.

Le sulfate commercial, ou sel d'Epsom, cristallise en prismes rhomboïdaux droits, incolores, transparents, efflorescents, très solubles dans l'eau, d'une saveur désagréable, amère et salée à la fois, et contenant $7H_2O$. A $0°$ il cristallise avec $12H_2O$; le sel effleuri contient $6H_2O$.

Usages. Il est employé comme purgatif, et pour l'apprêt des tissus[1].

---

[1] Les mélanges de sels magnésiens et de composés potassiques qu'on rencontre dans les mines d'Anhalt et de Stassfurt ont acquis une importance industrielle considérable. Ce dépôt salin est résulté de l'assèchement d'un lac salé, d'une mer intérieure. La partie inférieure du gisement consiste en un banc de sel gemme; il est recouvert d'une assise importante de sels de déblai (Abraumsalze) formée surtout de carnallite, de kiesérite, de kaïnite, de sylvine, de polyhalite et de tachhydrite, dans lesquelles on rencontre de l'anhydrite et de la boracite.

On extrait de la mine un mélange contenant environ 65 % de carnallite, 20 % de sel gemme et 15 % de kiesérite, mélangés à des matières insolubles (anhydrite, boracite etc.). Ce mélange est introduit dans une solution concentrée et chaude de chlorure de magnésium, qui ne dissout que la carnallite, qu'on obtient ainsi pure et cristallisée par le refroidissement. On la décompose par la vapeur d'eau (§ 195) pour en extraire le chlorure de potassium. Ce dernier est lavé à l'eau froide et livré au commerce.

La portion insoluble dans le chlorure de magnésium contient, outre les composés insolubles dans l'eau (anhydrite, boracite, sable etc.) environ 30 % de sulfate de magnésium (kiesérite), 55 % de sel gemme, 45 % de chlorure de potassium et autant de chlorure de magnésium. Un lessivage à l'eau froide permet d'isoler la kiesérite qu'on peut transformer ultérieurement en sel d'Epsom. Mais on reprend quelquefois le mélange par l'eau chaude, et on le refroidit ensuite fortement, ce qui produit une cristallisation de sulfate de sodium.

Les eaux mères des opérations précédentes, et contenant encore des quantités notables de chlorures et de sulfates de potassium et de magnésium, sont amenées par évaporation à un degré de concentration convenable et additionnées de kaïnite. Il se produit alors par refroidissement des cristaux de sulfate double de magnésium et de potassium. Ces cristaux sont repris par l'eau chaude à laquelle on ajoute ensuite soit de la sylvine, soit de la carnallite : le chlorure de potassium contenu dans ces sels transforme le sulfate de magnésium du sulfate double en chlorure de

198. Le sulfate de magnésium est le type d'une série de sulfates isomorphes connus sous le nom de *vitriols* ou sulfates de la série magnésienne. Ils sont caractérisés par la propriété de cristalliser avec sept molécules d'eau, d'en perdre facilement six par l'action de la chaleur, et de retenir la septième avec plus d'énergie.

On attribue à ces sels la formule $HO - SO_2 - O - Mg'' - OH + 6H_2O$, qui les fait considérer comme de sels moitié acides, moitié basiques. Cette formule rend compte de la difficulté avec laquelle la septième molécule d'eau se dégage : ce n'est plus de l'eau de cristallisation, mais de l'eau de constitution qui doit se former aux dépens de deux hydroxyles.

Ils se combinent aussi avec une molécule de sulfate de métal mono-valent, pour donner des sels doubles de la formule $MgSO_4 + K_2SO_4 + 6H_2O$, qui à leur tour sont isomorphes entre eux. On connaît des sels de la dernière formule pour les métaux suivants Zn, Cd, Mn, Fe, Co, Ni, Cu.

La formule de ces sels doubles est

$$K - O - SO_2 - O - Mg - O - SO_2 - O - K + 6H_2O.$$

Les sulfates simples ne sont pas toujours isomorphes entre eux, ce qui tient à ce qu'à des températures différentes ils prennent des quantités différentes d'eau de cristallisation. C'est ainsi que le sulfate de cuivre a généralement pour composition $CuSO_4 + 5H_2O$; mais quand on le fait cristalliser avec du sulfate de fer, il forme des cristaux mixtes contenant $7H_2O$. Le sulfate de manganèse cristallise à $20°$ en clinoèdres $MnSO_4 + 5H_2O$ isomorphes avec ceux du sulfate de cuivre : à $0°$ ses cristaux prennent la forme et la composition d'un vitriol $MnSO_4 + 7H_2O$.

On a reconnu que les vitriols présentent le phénomène du dimor-

---

magnésium et en sulfate de potassium. Ce dernier, peu soluble dans l'eau froide, cristallise par le refroidissement.

Les produits des cristallisations ultérieures sont trop impurs pour se prêter encore à un traitement industriel ; on les emploie, ainsi que les kaïnites brutes, comme engrais potassiques.

Les dernières eaux mères sont surtout formées de chlorure de magnésium. On les fait rentrer dans la fabrication après en avoir extrait le brôme § 198.

phisme : tantôt ils cristallisent en prismes rhomboïdaux droits, tantôt en prismes rectangulaires obliques.

CARBONATES DE MAGNÉSIUM.

199. Le carbonate neutre naturel (giobertite) cristallise en rhomboèdres isomorphes avec le spath d'Islande : combiné avec le carbonate de calcium il forme la dolomie. Il est insoluble dans l'eau, mais soluble dans l'eau chargée d'anhydride carbonique. Par l'évaporation spontanée cette solution dépose du carbonate hydraté $MgCO_3 + 5H_2O$.

Le carbonate hydraté se combine à l'hydroxyde de magnésium pour former un carbonate basique. Cette combinaison porte le nom de *magnésie blanche*. On l'obtient en précipitant une solution bouillante de sulfate de magnésium par un excès de carbonate de sodium ; il se dégage de l'anhydride carbonique et il se forme une poudre blanche très légère qui, après avoir été bien lavée à l'eau et séchée, se compose de $Mg''H_2O_2, 3Mg''CO_3, 5H_2O$. On la prépare aussi en dissolvant de la giobertite ou de la dolomie dans l'acide carbonique sous pression, et en dirigeant ensuite un courant de vapeur dans la solution. Sa formule de constitution est

$$HO - Mg - CO_3 - Mg - CO_3 - Mg - CO_3 - Mg - OH.$$

La magnésie blanche sert pour la préparation de l'oxyde et des composés solubles de magnésium ; elle est également employée dans l'art de guérir.

CARACTÈRES DES COMPOSÉS DU MAGNÉSIUM.

Ces composés sont incolores et ont une saveur amère et désagréable.

Les hydroxydes alcalins, de même que l'eau de baryte et l'eau de chaux, en précipitent de la magnésie $Mg(OH)_2$, surtout à l'ébullition.

Les carbonates monométalliques ou bicarbonates n'y produisent point de précipité ; les carbonates neutres solubles en précipitent de la magnésie blanche.

L'ammoniaque provoque également la formation de l'hydroxyde de magnésium dans les solutions magnésiennes, mais n'en précipite que la moitié du magnésium. Cela tient à la tendance que présentent les composés du magnésium de former avec les sels ammoniacaux des combinaisons doubles très stables. Aussi les solutions du magnésium contenant une quantité suffisante de composés d'ammonium ne sont point précipitées par l'ammoniaque. Il en est de même quand la liqueur est acide.

L'hydrogène sulfuré est sans action sur les sels magnésiens. Le sulfure d'ammonium en précipite partiellement la magnésie. Ce précipité ne se produit pas quand la liqueur contient déjà des sels ammoniacaux.

L'orthophosphate d'ammonium précipite toutes les solutions de magnésium à l'état d'orthophosphate de magnésium et d'ammonium, complètement insoluble dans les solutions des composés d'ammonium. La précipitation doit se faire dans une liqueur contenant de l'ammoniaque et un sel ammoniacal. Le précipité est cristallin et s'attache aux inégalités du verre.

Au chalumeau, les composés de magnésium chauffés seuls ou avec la soude donnent une scorie blanche qui se colore en rose quand on la calcine après l'avoir humectée d'azotate de cobalt.

ZINC.

Symbole Zn″; poids atomique 65,00.

200. État naturel. Ce métal existe dans la nature à l'état de sulfure (blende) et de carbonate (smithsonite) que les mineurs désignent sous le nom de calamine. La calamine est un silicate de zinc.

Extraction. Dans l'industrie on le retire du sulfure ou de la calamine grillés. L'oxyde provenant du grillage est mêlé avec du charbon et ce mélange est soumis dans une vaste cornue à l'action de la chaleur. Le zinc distille et est recueilli dans des récipients dont la forme varie d'après les localités.

Une partie des vapeurs se condense brusquement à l'état d'une poudre impalpable, analogue à la fleur de soufre et qu'on emploie dans les laboratoires comme corps réducteur sous le nom de poussière de zinc (Zinkstaub).

Le zinc du commerce n'est point pur, il renferme du fer, du plomb, du cuivre, du charbon, du cadmium, du manganèse et de l'arsenic. Par une nouvelle distillation on parvient à éliminer la majeure partie des corps étrangers, sauf toutefois le cadmium et l'arsenic qui distillent toujours avec lui.

Le seul moyen d'obtenir le zinc pur consiste à réduire l'oxyde de zinc pur par du charbon ou bien à faire l'électrolyse du sulfate de zinc pur, en prenant des électrodes de platine.

Propriétés. Le zinc est un métal d'un blanc bleuâtre, facilement cristallisable en lamelles très-brillantes. Il est dur et cassant à la température ordinaire, mais devient mou et malléable entre 100 et 200°. Au dessus de 200° il devient de nouveau cassant. Il fond vers 430° et bout vers 1040°. Sa densité varie de 6,86 à 7,20. Au rouge, il brûle avec beaucoup d'éclat dans l'air en répandant des fumées blanches d'oxyde de zinc.

Au-dessus de 100°, il décompose l'eau ; à la température ordinaire, il élimine l'hydrogène basique de tous les acides. Il déplace également la plupart des métaux de leurs solutions.

À chaud, il élimine l'hydrogène des hydroxydes alcalins ; si cette réaction se passe en présence d'un azotate, il se forme de l'ammoniaque.

Usages. Le zinc est surtout employé dans les constructions, grâce à sa propriété de se recouvrir à l'air d'une couche mince d'oxyde, qui le garantit contre une oxydation plus profonde. Il sert aussi à recouvrir le fer d'une couche protectrice (fer galvanisé) et à préparer plusieurs alliages.

201. Le *chlorure de zinc* $ZnCl_2$ anhydre s'obtient en chauffant le métal dans un courant de chlore, ou en distillant dans une cornue de grès un mélange de sulfate de zinc et de chlorure de calcium secs. Il se présente à l'état d'une masse grise, de consistence cireuse, fusible à 250°, volatile au rouge et très-soluble dans l'eau et dans l'alcool.

Le chlorure hydraté $ZnCl_2 + H_2O$ se prépare en dissolvant le zinc, l'oxyde ou le carbonate de zinc dans l'acide chlorhydrique concentré.

Il se prend par l'évaporation en une masse cristalline ; mais il est difficile d'éviter que l'eau chaude ne le décompose en partie en chlorure basique et en acide chlorhydrique. Il est très avide d'humidité et fort soluble dans l'eau. Sa solution concentrée à 1,7 de densité et mêlée d'oxyde de zinc en excès se prend en une masse compacte d'oxychlorure, qui peut servir de lut dans les laboratoires. Si la proportion d'oxyde de zinc n'est pas trop forte, on obtient un liquide capable de dissoudre la soie, à l'exclusion des autres fibres textiles.

Celles-ci se dissolvent dans les solutions concentrées de chlorure de zinc pur.

Le chlorure de zinc est usité comme agent de déshydratation en chimie organique. On l'emploie aussi comme caustique en médecine.

202. L'*oxyde de zinc* ZnO, se prépare dans l'industrie en vaporisant le zinc dans de grandes cornues semblables à celles des usines à gaz, et en oxydant la vapeur de zinc par l'oxygène de l'air. On l'obtient pur en calcinant à 300° l'hydrocarbonate de zinc, préparé en versant peu à peu du sulfate de zinc pur dans une solution bouillante de carbonate de sodium.

L'oxyde de zinc, connu dans les arts sous le nom de blanc de zinc, est une poudre blanche assez légère. Chauffé au rouge vif, il devient jaune. Il est infusible et fixe.

Il est insoluble dans l'eau; il se dissout dans l'ammoniaque, dans le carbonate d'ammonium et dans une solution d'hydroxyde de potassium, en formant un oxyde mixte soluble nommé zincate de potassium.

$$2HKO + ZnO = H_2O + K_2ZnO_2.$$

Calciné avec l'azotate de cobalt il se transforme en une masse d'une magnifique couleur verte, qui est un oxyde mixte de zinc et de cobalt : on l'emploie en peinture sous le nom de vert de Rinmann.

Il sert dans la peinture à l'huile en remplacement de la céruse.

203. L'hydroxyde de zinc s'obtient à l'état de précipité gélatineux quand on ajoute un alcali à la solution d'un sel de zinc. De même que l'oxyde, il se dissout dans un excès d'alcali. On peut l'obtenir cristallisé en mettant une lame de zinc et une lame de fer ou de cuivre en contact au sein de l'ammoniaque aqueuse.

204. Le *sulfure de zinc* existe cristallisé en rhombododécaèdres dans le règne minéral : on le connaît sous le nom de blende. On l'obtient à l'état de précipité blanc gélatineux par l'action des sulfures solubles sur les sels de zinc. Même l'hydrogène sulfuré produit cette réaction, quoique très incomplètement, si les solutions sont neutres. Il décompose toutefois entièrement l'acétate de zinc ou, ce qui revient au même, un mélange de sel de zinc et d'acétate de sodium. Ces faits sont mis à profit dans l'analyse.

205. Le *sulfate de zinc* $ZnSO_4$, désigné parfois sous le nom de vitriol blanc, se prépare en grand par le grillage modéré de la blende. Dans les laboratoires on le prépare par la dissolution du zinc dans l'acide sulfurique dilué. Pour l'obtenir à l'état pur on maintient pendant 24 heures la solution en contact avec des lames de zinc qui précipitent les métaux étrangers, on filtre, on ajoute quelques gouttes d'acide sulfurique pur, et on évapore jusqu'à ce que la liqueur marque 45° Beaumé. On purifie au besoin les cristaux en les redissolvant dans l'eau distillée.

Le sulfate de zinc se décompose au rouge vif en oxygène, anhydride sulfureux et oxyde de zinc.

Il est très soluble dans l'eau; une solution saturée à la température ordinaire dépose par l'évaporation spontanée des prismes rhomboïdaux de sulfate hydraté, isomorphes avec le sulfate de magnésium et appartenant à la série des vitriols, dont il possède toutes les propriétés. A 35° il cristallise avec 6 molécules d'eau : maintenu à l'ébullition, il laisse déposer une poudre cristalline $ZnSO_4 + H_2O$ qui ne se redissout que difficilement. Il est employé en médecine et en teinture.

CARBONATE DE ZINC. $ZnCO_3$.

206. Ce corps se rencontre dans la nature à l'état cristallisé et à l'état amorphe, souvent mêlé avec des carbonates d'autres métaux, tels que le fer, le manganèse, le plomb. Les minéralogistes le connaissent sous le nom de smithsonite : mais dans le langage des mineurs on l'apelle calamine. Il est blanc, cristallin, isomorphe avec le spath calcaire. La chaleur le décompose en oxyde et en anhydride carbonique.

Lorsqu'on précipite un composé soluble de zinc par un carbonate alcalin, il se dégage de l'anhydride carbonique et il se produit une combinaison d'hydroxyde et de carbonate de zinc, analogue à la magnésie blanche. Le carbonate neutre ne peut s'obtenir qu'en précipitant le sulfate de zinc par une solution de carbonate acide de potassium.

CARACTÈRES DES SELS DE ZINC.

Les composés solubles de zinc sont incolores. Ils ont une saveur métallique très désagréable, et sont vénéneux.

L'ammoniaque et les hydroxydes de potassium et de sodium les précipitent en blanc ($Zn(OH)_2$); un excès de ces corps redissout ce précipité.

Le carbonate de potassium ou de sodium les précipite également en produisant un hydrocarbonate blanc : un excès de carbonate alcalin ne redissout pas le précipité.

Le carbonate d'ammonium les précipite; un excès de réactif redissout intégralement le précipité. Le précipité ne se produit pas quand la solution contient déjà un sel ammoniacal.

Les sulfures solubles les précipitent en blanc légèrement jaunâtre (ZnS).

L'acide sulfhydrique ne les précipite pas, quand la liqueur est acidulée par un acide inorganique. Il donne lieu à une précipitation incomplète, quand la solution est parfaitement neutre. La formation du sulfure de zinc est complète, quand ce métal se trouve combiné à un acide organique, ce qu'on réalise p. ex. en ajoutant une quantité suffisante d'acétate de sodium à la liqueur.

Le zinc se reconnaît facilement au chalumeau. La réaction avec le nitrate de cobalt indiquée au § 202 est particulièrement nette.

CADMIUM.

Symbole Cd''; poids atomique 112;

201. Ce métal assez rare se rencontre dans plusieurs minerais de zinc et notamment dans les blendes de la Silésie; on le rencontre également dans certaines calamines notamment à la Nouvelle Montagne, près de Verviers. Comme il est beaucoup plus volatil que le zinc, on le retire des premières portions qui se condensent dans la distillation de ce dernier. On l'obtient pur 1° par l'action du charbon sur l'oxyde de cadmium; 2° par l'électrolyse du sulfate de cadmium. Il est solide, blanc, très ductile et malléable; cristallisable en octaèdres. Sa densité = 8,7. Il fond à 320° et bout à 860°. Sa densité de vapeur = 56 ($H = 1$).

Chauffé à l'air, il s'enflamme et brûle en produisant une fumée d'un jaune brunâtre, due à la formation du protoxyde.

Il s'altère peu à l'air, mais d'autant plus qu'il est plus pur.

Il sert à la fabrication de certains alliages très-fusibles, et à la préparation du sulfure employé comme couleur.

208. *L'iodure de cadmium* CdI, doit à sa solubilité dans l'éther, d'être employé par les photographes pour la préparation du collodion. On l'obtient par l'action directe de l'iode sur la limaille de cadmium en présence de l'eau. Il cristallise en tables hexagonales.

209. *Le sulfate de cadmium* s'obtient en dissolvant le métal dans l'acide sulfurique étendu. Il est bon de faciliter la réaction par l'addition d'un peu d'acide azotique.

Les cristaux qui se déposent à la température ordinaire ont la composition $3CdSO_4 + 8H_2O$. La quantité d'eau de cristallisation varie avec la température à laquelle il est cristallisé.

On l'emploie dans le traitement des maladies des yeux.

210. *Le sulfure de cadmium* CdS se rencontre dans la nature en beaux cristaux jaunes, connus des minéralogistes sous le nom de greenokite. Il se forme lorsqu'on fait passer un courant d'acide sulfhydrique à travers les solutions diluées des composés de cadmium. Il est jaune ou orange suivant la température à laquelle on l'a préparé, inaltérable à l'air, insoluble dans l'eau et dans les acides étendus, décomposable par les acides concentrés.

Il est employé dans la peinture artistique.

CARACTÈRES DES COMPOSÉS SOLUBLES DU CADMIUM.

Ces composés sont incolores, et possèdent une saveur métallique désagréable. Ils sont tous vénéneux.

Les hydroxydes alcalins en précipitent de l'hydroxyde blanc de cadmium insoluble dans un excès de réactif. L'ammoniaque produit le même précipité ; un excès de réactif le redissout. La présence de sels ammoniacaux peut empêcher le précipité de se montrer.

L'acide sulfhydrique et les sulfures solubles le précipitent en jaune (CdS). Ce précipité est insoluble dans les sulfures alcalins, mais se dissout facilement dans les acides un peu concentrés.

Le zinc en précipite du cadmium métallique, reconnaissable à la propriété qu'il possède de brûler en produisant un oxyde brun quand on le chauffe au chalumeau sur le charbon.

SECOND GROUPE.

(Famille des cuprides.)

211. Cette famille est formée par l'argent, le cuivre et le mercure. Les deux premiers se trouvent réunis dans la classification périodique et séparés du troisième, qui fait suite aux métaux bivalents précédemment étudiés. Comme nous l'avons déjà dit aux § 26 et 27, ces trois métaux sont bivalents, et présentent les plus grandes analogies dans leurs combinaisons correspondantes. Le cuivre et le mercure forment deux catégories de composés des sels au maximum tels que $CuCl_2$, $HgCl_2$, et des composés au minimum, comme Cu_2Cl_2 ou $Cl-Cu-Cu-Cl$ et Hg_2Cl_2 : pour l'argent on ne connaît jusqu'ici que des dérivés de ce dernier type. Cependant l'usage a prévalu de noter le chlorure d'argent $AgCl$, et de traiter ce métal comme s'il était univalent.

CUIVRE.

Symbole Cu''; poids atomique 65,1.

212. Ce métal se rencontre dans la nature à l'état natif. Ses principaux minerais sont l'oxyde cuivreux (zigueline), le sulfure cuivreux (chalcosine), le sulfure cuproso-ferrique (chalcopyrite philipsite), les hydrocarbonates (malachite, azurite), l'oxychlorure, (atacamite) etc. C'est d'ailleurs un élément fort répandu. La plupart des pyrites renferment des traces de cuivre. On trouve aussi des traces de ce métal dans les cendres de beaucoup de plantes et dans les organes de maints animaux.

Extraction. L'extraction du cuivre est des plus simples, quand le minerai est un oxyde ou un hydrocarbonate. Il suffit de le réduire par le carbone pour obtenir le métal. Il en est de même quand on a affaire à des sulfures de cuivre purs. Il suffit alors d'un grillage suivi d'une chauffe dans lesquels se produisent les réactions suivantes :

$$Cu_2S + O_4 = 2CuO + SO_2.$$
$$Cu_2S + 2CuO = 2Cu_2 + SO_2.$$

L'opération se fait dans un four à cuve. On ajoute généralement un peu de silice pour transformer en silicates fusibles les traces de métaux étrangers que peut contenir le minerai, attendu que les oxydes de ces métaux sont pour la plupart moins faciles à réduire que l'oxyde de cuivre.

Mais le minerai de cuivre le plus abondant, la chalcopyrite, c'est-à-dire le sulfure double de cuprosum et de ferricum exige un traitement plus compliqué. On se base sur ce fait, que le fer a une tendance considérable à s'oxyder, tandis que le cuivre se transforme de préférence en sulfure. On grille donc le minerai : les deux sulfures se transforment partiellement en oxydes; ensuite on intercepte l'arrivée de l'air et on chauffe vivement. L'oxyde de cuivre réagit sur le sulfure de fer non transformé, et produit de l'oxyde de fer et du sulfure cuivreux. Ce dernier fond et tombe au fond du fourneau : quant à l'oxyde de fer, on le transforme en silicate très fusible en introduisant dans la masse de l'anhydride silicique. Après l'élimination de cette scorie ferrique, on recommence le traitement sur le sulfure cuivreux brut (matte cuivreuse) obtenu dans la première opération, et on le répète jusqu'à élimination totale du fer, ce qui comporte parfois sept ou huit opérations et exige une quantité énorme de combustible. Le produit restant est du sulfure cuivreux pur, dont on extrait le métal par le grillage, ainsi qu'il a été indiqué plus haut.

Une simplification importante a été introduite récemment dans le traitement de la chalcopyrite. Dans ce nouveau procédé, connu sous le nom de procédé Manhes, on fond simplement le minerai dans un four à cuve et on le fait couler dans un appareil analogue à celui que nous décrirons à propos de la métallurgie de l'acier sous le nom de convertisseur Bessemer. C'est un cylindre en fer, revêtu intérieurement de terre réfractaire, et dans les parois latérales duquel on a ménagé une série de tubes permettant de lancer un courant d'air forcé dans le bain de minerai incandescent. L'oxygène de l'air se combine de préférence au soufre et aux métaux étrangers : les oxydes de ces derniers s'unissent à du quartz qu'on introduit dans l'appareil, ou aux matières siliceuses qui en garnissent les parois, et forment des silicates fusibles, tandis que du cuivre à peu près pur s'accumule dans le fond du convertisseur. On maintient le courant d'air tant que des vapeurs sulfureuses se dégagent : on coule ensuite séparément le métal dans des lingotières en fonte, et les scories sur le sol de l'usine.

Si le minerai est pauvre, on fractionne l'opération pour se débarrasser d'abord des scories ferreuses : quand par un premier soufflage la matte est enrichie, on la coule avec les scories dans une lingotière conique en fonte où les deux substances se séparent par ordre de densité. Après refroidissement, la matte cuivreuse est refondue et retraitée comme précédemment.

Quand les pyrites qui ont servi à la fabrication de l'acide sulfurique contiennent du cuivre, on broie avec du sel marin l'oxyde ferrique (purple ore) provenant du grillage et on chauffe ce mélange au rouge. Il se forme du chlorure de cuivre qu'on extrait par l'eau, et on en précipite le cuivre par le fer métallique.

A Rio Tinto on traite le sulfure de cuivre par une solution de chlorure ferrique. On obtient ainsi un mélange de chlorure de cuivre et de chlorure ferreux qui restent dissous, et du soufre qui se précipite. Le chlorure de cuivre est décomposé ensuite par le fer métallique.

On soumet à un traitement analogue les minerais oxydés ou carbonatés, après les avoir attaqués par l'acide chlorhydrique.

Le cuivre pur s'obtient en réduisant l'oxyde pur par l'hydrogène, ou en traitant l'oxyde cuivreux par l'acide sulfurique étendu, et en fondant le métal ainsi produit sous une couche de verre ou de borax.

Propriétés. Le cuivre est rouge, cristallisable en cubes, très ductile, très malléable et très tenace. Il peut être réduit en feuilles tellement minces, qu'elles sont transparentes et laissent passer une lumière verte. Sa densité est comprise entre 8,8 et 8,95. Il fond vers 780°. Il se conserve dans l'air sec et froid, mais à chaud, il s'oxyde rapidement. A l'air humide contenant de l'anhydride carbonique il se couvre d'une couche verte d'hydrocarbonate, qui porte communément le nom de vert de gris (le vert de gris proprement dit est un acétate basique).

A l'état de masse, il n'élimine l'hydrogène d'aucun acide. A l'état de poussière impalpable il dégage de l'hydrogène de l'acide chlorhydrique et iodhydrique, se transformant ainsi à la longue en chlorure et en iodure cuivreux.

A chaud, il se dissout dans l'acide sulfurique concentré, avec dégagement d'anhydride sulfureux, de vapeur d'eau, et formation de sulfate de cuivre.

Il se dissout à froid dans l'acide azotique, avec production d'azotate de cuivre et dégagement d'oxyde azotique ou d'hypoazotide, suivant la concentration de l'acide employé.

En présence de l'air, il s'oxyde et se dissout lentement dans tous les acides et dans l'ammoniaque; avec les acides il forme des sels et de l'eau; avec l'ammoniaque il se produit une solution ammoniacale d'azotite de cuivre et d'oxyde cuivrique.

Ce dernier est réduit par l'excès de cuivre à l'état d'oxyde cuivreux, qui absorbe une nouvelle quantité d'oxygène atmosphérique, etc. On peut donc facilement préparer l'azote en maintenant l'air au contact d'un mélange d'ammoniaque et de limaille de cuivre.

Usages. La facilité avec laquelle le cuivre se laisse laminer, étirer et travailler au marteau en fait l'un des métaux les plus utiles. Il ne se prête pas au moulage : non seulement il absorbe l'oxygène pendant la coulée, ce qui le rend cassant, mais comme il occlut certains gaz, tels que l'hydrogène ou l'oxyde de carbone, il acquiert aisément des soufflures pendant la solidification. On obvie à cet inconvénient en l'alliant au zinc ou à l'étain, ce qui produit le laiton ou le bronze.

Le cuivre phosphoreux et le bronze phosphoreux contiennent quelques millièmes de phosphure de cuivre, et sont remarquables par leur dureté, leur ténacité et la facilité avec laquelle ils se laissent couler et travailler.

CHLORURE CUIVRIQUE. $CuCl_2$.

213. Ce corps s'obtient par l'action de l'acide chlorhydrique sur l'oxyde, ou par l'action de l'eau régale sur le cuivre. A l'état anhydre il est brun, fusible, décomposable par la chaleur en chlorure de cuprosum Cu_2Cl_2 et en chlore. Il est très soluble dans l'eau; la solution, concentrée, dépose des aiguilles vertes de chlorure hydraté $CuCl_2 + 2aq$, qui se déshydrate à 110°.

Le chlorure de cuivre se combine à l'hydroxyde de cuivre; il se forme ainsi plusieurs composés basiques verts ou vert bleuâtre qui sont employés comme couleurs. On les prépare en ajoutant à la solution du chlorure cuivrique une quantité de potasse insuffisante pour amener la précipitation complète de l'hydroxyde. — L'un de ces oxychlorures existe dans la nature : c'est un minerai important connu sous le nom d'atacamite.

OXYDE CUIVRIQUE. CuO.

214. Ce composé se rencontre dans la nature : il constitue la mélaconite des minéralogistes. On l'obtient : 1° En chauffant au rouge sombre le cuivre au contact de l'air; 2° en décomposant l'azotate par la chaleur; 3° en chauffant au-dessus de 60° l'hydroxyde de cuivre. On obtient celui-ci par l'action d'un sel de cuivre sur un excès de solution froide d'hydroxyde de potassium.

L'oxyde de cuivre est noir; chauffé au blanc, il fond et se décompose en oxygène et oxyde cuivreux.

L'hydroxyde de cuivre est bleu, gélatineux; abandonné à l'air il perd de l'eau et devient oxyde noir. Il se transforme en oxyde, même sous l'eau, à la température de 60°(1).

L'hydroxyde est soluble dans l'ammoniaque aqueuse en produisant un liquide bleu foncé légèrement pourpré. La solution ammoniacale en réagissant en vase clos sur du cuivre divisé, dissout ce métal en se décolorant complètement; il se produit de cette manière une

---

(1) Comme le cuivre ne déplace pas l'hydrogène des acides étendus, la chaleur de formation de son oxyde $[Cu,O] = 37,16$ Cal. a dû être déterminée indirectement. On a fait agir du fer métallique sur une solution de sulfate de cuivre placée dans un calorimètre. La chaleur dégagée dans ce phénomène de précipitation métallique est $= 37,24$ cal. Elle est égale à la différence entre les chaleurs de formation des deux sulfates.

$$[Fe, O, SO_3 Aq] - [Cu, O, SO_3 Aq] = 37,24 \text{ Cal.}$$

mais

$$[Fe, O, SO_3 Aq] = 93,2 \text{ Cal.}, \quad \text{d'où} \quad [Cu, O, SO_3 Aq] = 55,96 \text{ Cal.}$$

Si de ce dernier nombre on retranche la chaleur de neutralisation de l'oxyde de cuivre par l'acide sulfurique étendu, ou 18,8 Cal. on trouve pour $[Cu, O] = 37,16$ Cal.

solution ammoniacale incolore d'oxyde cuivreux qui bleuit par son contact avec l'air en passant de nouveau à l'état d'oxyde cuivrique.

Il existe un autre hydroxyde de cuivre qui est d'une belle couleur bleu turquoise. Il prend naissance lorsqu'on verse de l'hydroxyde de potassium dans une solution ammoniacale d'hydroxyde de cuivre. Il est stable à la température ordinaire et sert comme matière colorante pour la fabrication des papiers.peints.

La solution ammoniacale de l'hydroxyde de cuivre dissout la cellulose ou fibre végétale.

AZOTATE DE CUIVRE. CuN_2O_6.

215. L'azotate se produit lorsqu'on dissout le cuivre dans l'acide azotique. Il forme de volumineuses tables rhomboïdales ou des prismes suivant que sa cristallisation s'accomplit à froid ou à chaud. Ces azotates hydratés contiennent $Cu''N_2O_6, 6H_2O$ ou $Cu''N_2O_6, 3H_2O$; ils sont d'un bleu pur et déliquescents. Soumis à l'action de la chaleur (65°), ce sel perd de l'eau, puis des vapeurs nitreuses et se transforme en une poudre verte d'azotate basique. Chauffé plus fort il laisse de l'oxyde noir de cuivre pur qu'il sert à préparer.

SULFATE DE CUIVRE. $CuSO_4$.

216. Ce sel, connu par les minéralogistes sous le nom de cyanose, se rencontre parfois dans la nature. Il existe en solution dans l'eau des mines de cuivre, et provient de l'oxydation des sulfures.

Il se forme lorqu'on chauffe modérement le sulfure à l'air, ou bien lorsqu'on attaque l'acide sulfurique par le cuivre. On en obtient de grandes quantités dans les arts par la décomposition du sulfate d'argent par le cuivre.

A l'état sec il est blanc légèrement bleuâtre. La chaleur le décompose en oxyde, en anhydride sulfureux et en oxygène. Au contact de l'eau il devient bleu en s'hydratant. Le sulfate hydraté $CuSO_4 + 5H_2O$ porte le nom de couperose bleue.

Il est soluble dans l'eau; sa solution est d'un beau bleu. Chauffé au rouge sombre, il se convertit en sulfate basique. Des sulfates basiques se forment encore lorsqu'on précipite incomplètement une solution de sulfate neutre par de l'hydroxyde de potassium. On obtient ainsi un précipité vert.

Quoiqu'on ne connaisse pas de combinaison de la formule $CuSO_4 + 7H_2O$, on range cependant le sulfate de cuivre parmi les vitriols, à cause de sa propriété de former avec le sulfate de potassium un sel double de la formule $CuSO_4 + K_2SO_4 + 6H_2O$, isomorphe avec ceux que produisent les vitriols. On peut aussi le faire cristalliser avec du sulfate de fer : on obtient alors des cristaux mixtes dont la forme et la composition correspondent à celles des sulfates magnésiens.

Le sulfate de cuivre est employé dans les arts et notamment en teinture.

217. Quand on verse de l'ammoniaque dans une solution de sulfate de cuivre, il se produit d'abord un précipité bleuâtre formé probablement par un sel basique. Un excès d'ammoniaque redissout ce précipité et produit une liqueur d'un bleu superbe. Il suffit de verser prudemment de l'alcool à la surface de ce liquide, pour obtenir au bout de quelques jours de beaux cristaux bleus de *sulfate de cuivre ammoniacal*. Ce composé est un sel de cuprammonium complexe; sa composition peut être exprimée par la formule brute $CuSO_4 + 4NH_3 + H_2O$. Il est employé en médecine et en pyrotechnie.

Des composés analogues ont été obtenus par l'action de l'ammoniaque sur les autres sels cuivriques.

CARBONATES DE CUIVRE.

218. On ne connaît point de carbonate neutre $CuCO_3$, mais il existe dans la nature un sel basique d'un beau vert, formé de $CuCO_3.CuO_2H_2$, qui porte le nom de malachite; on peut l'obtenir artificiellement en versant une solution de sulfate ou d'azotate de cuivre dans une solution d'un carbonate bimétallique soluble. On connaît un autre composé renfermant $2(CuCO_3), CuO_2H_2$; il est désigné sous le nom de bleu de montagne ou azurite. Il est d'un bleu superbe. On n'est pas parvenu jusqu'ici à le produire artificiellement.

COMPOSÉS CUIVREUX.

210. Le *chlorure cuivreux* Cu_2Cl_2 s'obtient 1° par l'action de la chaleur sur le chlorure cuivrique ; 2° par l'action du cuivre sur une solution de ce chlorure dans l'acide chlorhydrique :

$$CuCl_2 + Cu = Cu_2Cl_2.$$

3° En réduisant le chlorure cuivrique par une quantité limitée de poussière de zinc ou par l'anhydride sulfureux.

Il est blanc, cristallin, fusible et volatil au rouge. La lumière le colore d'abord en jaune, et puis en violet. Il produit des vapeurs suffocantes et colore la flamme en bleu. Il est à peine soluble dans l'eau, mais soluble dans l'acide chlorhydrique et dans l'ammoniaque; cette solution est incolore. La solution chlorhydrique se colore en vert en présence de l'air; la solution ammoniacale se colore en bleu foncé(1).

---

(1) L'action de l'acide chlorhydrique étendu sur l'oxyde de cuivre donne :

$$[CuO : 2HClAq] = 15,27 \text{ Cal.}$$

Ce phénomène thermique peut se ramener à :

$$[Cu, Cl_2, Aq] + [H_2, O] — [Cu, O] — 2[H, Cl, Aq] = 15,27 \text{ Cal.}$$
$$x \quad + 68,30 \quad — 37,16 \quad — 78,64 \quad = 15,27 \text{ Cal.}$$

d'où
$$x = 62.71$$

Le chlorure cuivrique sec, en se dissolvant dans l'eau dégage 11,08 Cal. = [$CuCl_2$, Aq]. En introduisant cette valeur dans l'équation précédente, on obtient pour [Cu, Cl_2] = 51,63 cal.

Le cuivre ne décomposera pas l'acide chlorhydrique dissous, attendu que $2[H, Cl, Aq] > [Cu, Cl_2, Aq]$. Mais il pourra attaquer l'acide gazeux, dont la chaleur de formation [H_2, Cl_2] = 44 Cal., est inférieure à [Cu, Cl_2] = 51,63 Cal. En fait il se produit du chlorure cuivreux Cu_2Cl_2, parce que le cuivre est en excès et que la chaleur de formation de ce composé est encore plus grande que celle du chlorure cuivrique. Le principe du travail maximum trouve ici son entière application.

L'action de l'acide chlorhydrique étendu sur l'oxyde cuivreux conduit au résultat suivant :

$$[Cu_2O : 2HClAq] = 14,66 \text{ cal.}$$

220. *L'iodure cuivreux* Cu_2I_2 paraît être la seule combinaison que le cuivre contracte avec l'iode. Quand on verse de l'iodure de potassium dans la solution d'un sel cuivrique, on obtient un précipité blanc d'iodure cuivreux et de l'iode devient libre

$$Cu\,Cl_2 + 2KI = Cu\,I_2 + 2K\,Cl$$
$$2\,Cu\,I_2 \quad\quad = Cu_2I_2 + I_2$$

Mais si l'on fait intervenir en même temps un corps réducteur, tel que le sulfate ferreux ou l'acide sulfureux, l'iodure cuivreux se précipite à l'état pur. Cette réaction peut être mise à profit pour extraire l'iode des eaux mères des marais salants.

L'iodure cuivreux se forme aussi par l'action de l'iode ou de l'acide iodhydrique sur le cuivre réduit en poudre fine.

C'est une poudre blanche, cristalline, insoluble dans l'eau et dans les acides étendus, soluble dans l'iodure de potassium. Chauffé avec du bioxyde de manganèse ou d'autres corps oxydants, il se convertit en iode et en oxyde cuivreux.

221. *L'oxyde cuivreux* Cu_2O existe en grandes quantités dans la nature, au Chili et au Pérou : on le connaît sous le nom de zigueline ou de cuprite.

On l'obtient en chauffant ensemble, à l'abri du contact de l'air, un

---

L'action de l'acide sulfurique étendu donne un mélange de cuivre et de sulfate cuivrique. On peut représenter cette réaction par

$$[CuO : SO_3Aq] - [Cu, CuO] = 15,16 \text{ cal.}$$
$$18,80 \quad - \quad y \quad = 15,16$$

d'où $y = [Cu, CuO] = 5,64$. Ce résultat permet de calculer la chaleur de formation de l'oxyde cuivreux.

$$[Cu_2, O] = [Cu, O] + [Cu, CuO] = 40,8 \text{ cal.}$$

et celle du chlorure cuivreux, car

$$[Cu_2, Cl_2] = [Cu_2, O] + 2[H, Cl, Aq] + [Cu_2O : 2HClAq] - [H_2, O]$$
$$40,81 + 78,64 + 14,06 - 68,56.$$

On trouve ainsi $[Cu_2, Cl_2] = 65,75$ cal.

En comparant ce chiffre à ceux qui précèdent, on voit que la chaleur de formation des composés cuivreux est supérieure à celle des composés cuivriques correspondants, et peuvent conséquemment se produire par l'union directe du cuivre à ces derniers.

mélange de cuivre très divisé et d'oxyde noir. On le produit encore en versant une solution chlorhydrique de chlorure cuivreux dans une solution bouillante d'hydroxyde de sodium. En opérant à froid on obtient un précipité jaune d'un hydroxyde, dont la composition n'est pas définie.

On l'obtient enfin par l'action du sucre de raisin sur une solution alcaline de tartrate cuivrique.

Il est solide, rouge, cristallisable en octaèdres. Sous l'influence de la chaleur, et de l'oxygène de l'air il passe à l'état d'oxyde noir.

L'hydroxyde est jaune orangé. Il s'altère au contact de l'air. L'ammoniaque le dissout sans se colorer; la solution bleuit à l'air. L'acide chlorhydrique le transforme en chlorure cuivreux.

L'acide sulfurique et la plupart des acides le décomposent en sel de cupricum et en cuivre métallique.

222. Le *sulfure cuivreux* Cu_2S connu en minéralogie sous le nom de chalcosine, est l'un des principaux minerais de cuivre. Il forme des prismes orthorhombiques gris noir, isomorphes avec ceux du sulfure d'argent. On peut l'obtenir directement en fondant le cuivre avec le soufre.

223. L'*hydrure de cuivre* CuH s'obtient à l'état d'un précipité brun quand on chauffe une solution de sulfate de cuivre avec l'acide hypophosphoreux. A 60° il se décompose en ses éléments. L'acide chlorhydrique le décompose en donnant du chlorure cuivreux et de l'hydrogène.

CARACTÈRES DES COMPOSÉS DE CUIVRE.

SELS CUIVRIQUES. — Leurs solutions sont colorées en bleu ou en bleu verdâtre. Elles précipitent en vert puis en bleu par l'ammoniaque; un excès d'ammoniaque redissout le précipité ou colorant la liqueur en bleu pourpré.

Un excès d'hydroxyde de potassium les précipite en bleu $(Cu(OH)_2)$; ce précipité devient noir quand on le chauffe (CuO).

L'acide sulfhydrique et les sulfures solubles les précipitent en noir (CuS). Le sulfure de cuivre est légèrement soluble dans $(NH_4)_2S$.

Le ferrocyanure de potassium les précipite en brun marron. Cette réaction ne se produit pas quand la liqueur contient beaucoup d'acide nitrique.

Les sels cuivriques, traités par le bisulfite de sodium et le sulfocyanate de potassium, donnent un précipité blanc de sulfocyanate cuivreux. Cette réaction permet de séparer le cuivre du cadmium.

Le fer et le zinc en précipitent du cuivre métallique.

Sels cuivreux. — La plupart des composés cuivreux sont insolubles dans l'eau, mais solubles dans l'ammoniaque ou l'acide chlorhydrique concentré. Ces solutions sont incolores ; elles bleuissent ou verdissent au contact de l'air.

La potasse les précipite en jaune : ce précipité devient rouge (Cu_2O) au dessus de 60°. L'acide sulfhydrique et les sulfures solubles les précipitent en noir (Cu_2S).

Tous les composés de cuivre sont vénéneux. Humectés d'acide chlorhydrique, ils communiquent à la flamme une couleur bleue ou verte.

MERCURE.

Symbole Hg'' ; poids atomique 200.

224. État naturel. Le mercure se rencontre rarement à l'état métallique, ou à l'état d'amalgame d'argent ; son principal minerai est le sulfure ou cinabre.

Préparation. 1° Par le grillage du sulfure ; il se produit ainsi du métal et de l'anhydride sulfureux ; 2° par l'action de l'oxyde de calcium sur le sulfure : il se forme du mercure qui se volatilise et un mélange de sulfure et de sulfate de calcium ; 3° par l'action du fer sur le sulfure.

Propriétés. Liquide à la température ordinaire, solide à — 39° et gazeux à + 350° du thermomètre à air. Sa densité à 0° est 13,596 et à — 39°, elle est 14,4. Vers 40 à 45° la volatilisation de ce métal est déjà assez sensible ; à 100°, la tension de sa vapeur atteint $\frac{1}{4}$ millimètre. Cette tension est telle à la température ordinaire, que la vapeur de mercure peut provoquer des phénomènes d'intoxication ; elle précipite l'or et le platine de leurs solutions appliquées sur une feuille de papier. Le soufre condense à sa surface, à l'état de sulfure, les vapeurs mercurielles répandues dans un milieu, et paralyse ainsi leurs propriétés délétères.

La vapeur de mercure est anomale : elle paraît formée par des atomes isolés. Sa densité $= 200, (H_2 = 2)$.

Le mercure est d'un blanc bleuâtre. Il absorbe quelques gaz en très petite quantité, et les perd de nouveau par l'ébullition. L'oxygène l'oxyde à la longue à la température ordinaire ; à 150° l'absorption est assez active et le mercure se couvre alors de cristaux rouges d'oxyde mercurique (T. I, p. 526).

Ce métal ne dégage l'hydrogène d'aucun acide, à part l'acide

iodhydrique ; il décompose à la température ordinaire, l'acide azotique dilué ou concentré en s'y dissolvant ; il se forme ainsi de
l'azotate mercureux ou mercurique. Vers 200°, il décompose l'acide
sulfurique avec dégagement d'anhydride sulfureux et production de
sulfate mercureux ou mercurique, suivant qu'on a pris un excès de
mercure ou d'acide.

CHLORURE MERCURIQUE : SUBLIMÉ CORROSIF. $HgCl_2$.

225. Ce sel se forme par l'action du chlore sur le mercure
chauffé, ou par l'action de l'oxyde de mercure sur l'acide chlorhydrique. On le produit industriellement par double décomposition,
à chaud, entre le sulfate mercurique et le sel marin. On opère par
sublimation, en chauffant au bain de sable un ballon à moitié
rempli d'un mélange d'une partie de chlorure de sodium et de deux
parties de sulfate mercurique. On ajoute souvent un peu de bioxyde
de manganèse pour empêcher la production de traces de chlorure
mercureux.

Propriétés. Ce sel peut cristalliser en aiguilles incolores ou en
octaèdres à base rectangulaire ; il est très fusible, très volatil et soluble dans l'eau, dans l'alcool et dans l'éther. Sa solution offre une
saveur âcre, styptique, très désagréable ; elle dégage à l'ébullition
des vapeurs de chlorure mercurique.

Il s'unit à l'oxyde mercurique en trois rapports différents en donnant des oxychlorures tels que Cl - Hg - O - Hg - Cl. Ces composés
sont généralement brunâtres ; on les obtient en versant dans le
chlorure mercurique une solution de potasse en quantité insuffisante
pour amener une transformation complète en oxyde. Il se combine
également aux chlorures alcalins et au chlorure d'ammonium pour
former des sels doubles (chloromercurates) très solubles et cristallisables.

Ces sels dérivent de l'acide chloromercurique $HgCl_2$, 2HCl. Ils sont
remarquables par leur stabilité. C'est ainsi que le chlorure double
de mercure et de sodium ne donne qu'à la longue un précipité
d'oxyde mercurique par la potasse caustique.

Les agents réducteurs transforment le chlorure mercurique en
calomel et puis en mercure métallique. L'hydrogène sulfuré le

convertit d'abord en sulfochlorures Cl-Hg-S-Hg-S-Hg-Cl, de composition et de complication variables et dont la couleur varie du jaune au jaune brun : si l'acide sulfhydrique est en excès, il se produit finalement du sulfure mercurique.

Le bichlorure de mercure et tous les composés qui en contiennent sont très vénéneux.

226. Quand on verse de l'ammoniaque dans une solution de chlorure mercurique, il se produit une substance blanche, insoluble, infusible, et qu'on peut envisager comme du chlorure d'ammonium où deux atomes d'hydrogène sont remplacés par du mercure : $NH_2Hg''Cl$. Ce chloramidure de mercure ou chlorure de mercure-ammonium est connu en pharmacie sous le nom de *précipité blanc*. Les halogènes le décomposent avec explosion, par suite d'une production de chlorure, de bromure ou d'iodure d'azote.

On obtient un composé du même genre en versant du carbonate de sodium dans un mélange de chlorure d'ammonium et de chlorure mercurique. Le précipité blanc ainsi obtenu est fusible : contrairement au précédent, il offre une composition variable, et semble résulter de la combinaison intermoléculaire du chlorure de mercure-ammonium précédent avec une ou plusieurs molécules de chlorure mercurique.

Usages. Le chlorure mercurique est employé dans l'art de guérir et pour la conservation des bois.

Il sert dans les laboratoires à la préparation de divers chlorures (Sn,Sb) : on le chauffe alors avec le métal à chlorurer.

IODURE MERCURIQUE. HgI_2.

227. Préparation. 1° On fait agir directement sur le mercure l'iode pulvérisé et délayé dans un peu d'alcool; 2° on décompose une solution d'iodure de potassium par une solution de chlorure mercurique.

Propriétés. Ce corps est dimorphe : on en connaît une modification rouge cristallisée en octaèdres aigus à base carrée, et une variété jaune, cristallisée en prismes rhomboïdaux droits. La transformation de l'iodure rouge en iodure jaune s'accomplit par la chaleur (150°); le retour de la modification jaune à la modification rouge s'effectue par le simple frottement.

Sous sa modification jaune, il est fusible à 253° et volatil. Sa vapeur est incolore. Il se dissocie vers 400°. Il est à peine soluble dans l'eau; il se dissout dans l'alcool et l'éther. Ces solutions sont incolores ou teintées de jaune. Elles abandonnent par l'évaporation spontanée, soit de l'iodure rouge, soit de l'iodure jaune. Il est également soluble dans l'acide chlorhydrique concentré et chaud, et s'en sépare par refroidissement en beaux cristaux rouges.

Il se dissout abondamment dans une solution d'iodure de potassium en s'y combinant. Ce composé additionné d'hydroxyde de potassium constitue le réactif de Nessler, qui sert à reconnaître les sels ammoniacaux, avec lesquels il donne un précipité brun, l'iodure de mercure-ammonium Hg''_2NI.

On a obtenu un chloro-iodure de mercure $HgICl$, en chauffant en vases clos, à 150°, un mélange de chlorure et d'iodure mercuriques humectés d'eau. C'est une poudre cristalline d'un jaune rougâtre, fusible à 153° et que l'eau décompose. Il se dissout dans l'acide chlorhydrique étendu. L'hydrogène sulfuré produit dans cette solution un précipité jaune $IHg-S-HgCl$.

OXYDE MERCURIQUE. HgO.

228. Préparation. 1° Par l'action de l'air sur le mercure chauffé au voisinage de son point d'ébullition; 2° par l'action de la chaleur sur l'azotate mercurique ou mercureux; 3° par l'action d'un excès d'hydroxyde de potassium sur le chlorure mercurique dissous. L'hydroxyde mercurique est inconnu.

Propriétés. L'oxyde mercurique préparé par voie sèche est cristallin, rouge violacé lorsqu'il provient de l'oxydation directe du mercure, rouge vif lorsqu'il résulte de l'action de la chaleur sur les azotates de mercure. Il est jaune, amorphe, lorsqu'il a été obtenu par précipitation.

L'oxyde mercurique se fonce sous l'action de la chaleur, et paraît presque noir : il reprend sa couleur primitive par le refroidissement. Vers 400° il se dissocie en mercure et en oxygène. Les corps réducteurs et spécialement les substances organiques le réduisent à l'état métallique : la lumière lui fait subir une altération analogue. Ces phénomènes sont beaucoup plus accentués avec l'oxyde jaune, qui possède d'ailleurs une activité chimique bien plus forte que celle de l'oxyde rouge.

L'oxyde mercurique est très faiblement soluble dans l'eau. Cette solution est alcaline, très vénéneuse et possède une saveur métallique désagréable.

L'oxyde mercurique mélangé d'eau agit à l'instar d'une base sur plusieurs sels métalliques : il décompose les sels de magnésium avec mise en liberté d'hydroxyde ; il agit de la même manière sur les chlorures alcalins en solution concentrée. Il se produit alors du chlorure mercurique qui s'unit à l'oxyde employé en excès pour former un oxychlorure insoluble. Le chlore transforme l'oxyde jaune de mercure en oxychlorure mercurique insoluble et anhydride hypochloreux.

En présence de l'ammoniaque sèche, il devient blanc, et se transforme en mercuramine Hg_3N_2, corps éminemment explosif.

SULFURE MERCURIQUE. HgS.

229. Ce corps existe sous trois états différents : à l'état divisé et noir ; à l'état de masse, colorée en rouge pourpre ; à l'état très divisé, d'un rouge vif très éclatant.

On l'obtient noir en broyant ensemble 200 parties de mercure et 32 de soufre, jusqu'à ce que mercure et soufre aient disparu et se soient transformés en une matière d'un noir velouté, et qui était employée jadis en pharmacie sous le nom d'éthiops minéral. Soumise à l'action d'une chaleur capable de la volatiliser, elle se transforme en une vapeur jaunâtre qui se dépose sous la forme de masses fibro-compactes d'un rouge foncé violacé, et identiques à celles qu'on trouve à Almaden et à Idria, et que les minéralogistes désignent sous le nom de cinabre. Quand le refroidissement de la vapeur est brusque, le produit prend une coloration noire.

Le sulfure noir maintenu pendant deux à trois jours à la température de 40 à 45° au contact d'une solution alcaline de polysulfure de potassium ou de sodium, passe à l'état de sulfure d'un rouge vif éclatant, qui est le vermillon.

On prépare aussi le vermillon en faisant bouillir du cinabre en poudre fine avec une solution étendue de potasse.

Le sulfure mercurique peut s'obtenir par voie humide en traitant une solution de chlorure mercurique par l'hydrogène sulfuré. Il se produit d'abord un précipité brun jaunâtre de sulfochlorure qui devient finalement noir en passant à l'état de sulfure. Ce dernier est inattaquable par les acides étendus, mais se laisse décomposer par les acides concentrés et chauds. Il se dissout aisément dans l'eau régale. L'acide azotique le transforme en un sel mixte, blanc, insoluble, de la composition $NO_3 - Hg - S - Hg - NO_3$.

Le sulfure de mercure se dissout dans les solutions très concentrées et fortement alcalines de sulfure de potassium ou de sodium : il se produit ainsi un liquide orangé, qui dépose des cristaux ayant pour composition $HgS + K_2S + 5H_2O$. L'eau décompose ce produit en ses constituants.

Toutes les variétés de sulfure de mercure chauffées à l'air brûlent avec production de mercure et d'anhydride sulfureux.

AZOTATE MERCURIQUE.

230. On connaît un azotate mercurique neutre $2HgN_2O_6, + H_2O$ et des azotates basiques. Ils prennent naissance par l'action du mercure sur l'acide azotique concentré et en excès. L'azotate mercurique neutre est solide, incolore ; l'eau le transforme en azotates basiques insolubles. Il est corrosif et colore la peau en rouge.

SULFATE MERCURIQUE. $HgSO_4$.

231. On obtient ce sel par l'action du mercure sur une fois et demie son poids d'acide sulfurique concentré et bouillant ; il se produit en même temps de l'anhydride sulfureux.

Il est solide, blanc, pulvérulent. Il supporte une chaleur rouge sans se décomposer. L'eau le décompose et le convertit en un sulfate basique jaune, insoluble, nommé turbith minéral.

Il sert à la préparation du chlorure; il est également employé pour le fonctionnement de certaines piles à courant constant.

CHLORURE MERCUREUX; CALOMEL. Hg_2Cl_2.

232. Ce composé se rencontre, quoiqu'assez rarement, dans les mines de cinabre. Il prend naissance 1° par l'action du mercure sur le chlorure mercurique; 2° par l'action d'une solution d'azotate mercureux sur une solution diluée de sel marin; 3° par l'action de la chaleur sur un mélange de sulfate mercureux et de sel marin secs. Il se sublime ainsi en masses compactes fibro-cristallines. Sublimé en présence de la vapeur d'eau, il se condense en une poudre impalpable nommée calomel à la vapeur.

Le calomel est blanc, transparent, cristallisable en prismes à base carrée, infusible et volatil. La lumière le rend gris en mettant du mercure en liberté; il se forme en même temps du chlorure mercurique.

La densité de vapeur du chlorure mercureux est anomale, § 26.

Il est insoluble dans l'eau; l'acide chlorhydrique ou les chlorures alcalins en solution bouillante l'attaquent; du mercure devient libre et il se produit du chlorure mercurique qui se dissout

$$Hg_2Cl_2 + 2NaCl = HgCl_2, 2NaCl + Hg.$$

L'ammoniaque le noircit en le transformant en un chlorure de mercurosammonium $NH_2(Hg_2)Cl$.

Usages. Il est employé dans l'art de guérir; il est incomparablement moins vénéneux que le chlorure mercurique.

IODURE MERCUREUX. Hg_2I_2.

233. Ce corps se forme quand on triture ensemble 8 p. de mercure avec 5 p. d'iode et un peu d'alcool. On l'obtient à l'état de précipité verdâtre par l'action de l'iodure de potassium sur un excès de solution étendue d'azotate de mercurosum. La lumière et la chaleur l'altèrent et le transforment en mercure et iodure mercurique.

L'iodure de potassium le dissout en précipitant du mercure; il se produit en même temps une combinaison d'iodure mercurique et d'iodure de potassium .

$$KI + Hg_2I_2 = HgKI_3 + Hg.$$

Il sert dans l'art de guérir.

OXYDE MERCUREUX. Hg_2O.

234. Par l'action de l'hydroxyde de potassium sur le chlorure mercureux suspendu dans l'eau glacée ou sur une solution étendue et froide d'azotate mercureux, on obtient une poudre noire que la lumière même diffuse transforme en mercure et en oxyde mercurique. Une chaleur de 100° ou l'insolation directe détermine presque instantanément cette décomposition.

Il se dissout dans le mercure. Le métal qui en contient des traces prend une surface plane et terne, et mouille le verre, tandis que la surface du mercure pur est convexe et brillante.

AZOTATES MERCUREUX.

235. L'azotate mercureux $Hg_2(NO_3)_2$, se produit en dissolvant à froid du mercure dans un excès d'acide azotique très étendu d'eau. Il cristallise en volumineux cristaux incolores, solubles sans altération dans l'acide azotique étendu.

On connaît un grand nombre de variétés de ce sel; elles ne diffèrent les unes des autres que par leur forme cristalline et leur teneur en eau de cristallisation.

On connaît également un nombre considérable d'azotates mercureux basiques, qui se précipitent à l'état de poudres cristallines blanches quand on traite le sel neutre par une grande quantité d'eau. L'acide nitrique mis en liberté par cette décomposition oxyde parfois une partie de l'azotate mercureux et le convertit en azotate mercurique. Ce dernier peut s'unir au précédent en un sel basique mixte, tel que $NO_3 - Hg''_2 - O - Hg - NO_3$. Les sels de cette espèce ont généralement une teinte jaune.

Les azotates mercureux basiques se distinguent de l'azotate neutre à l'aide d'une solution de sel marin; ils produisent ainsi un mélange gris noirâtre de chlorure et d'oxyde, tandis que l'azotate neutre forme du chlorure mercureux blanc.

Par calcination l'azotate mercureux produit de l'oxyde mercurique.

Quand dans la solution du nitrate mercureux on verse de l'ammoniaque, il se produit un précipité noir, d'une composition fort complexe, connu sous le nom de mercure soluble de Hahnemann. Il est probable que cette substance est le nitrate d'un ammonium où le mercurosum remplace partiellement l'hydrogène.

SULFATE MERCUREUX. Hg_2SO_4.

236. Ce composé se prépare en dissolvant à chaud un excès de mercure dans de l'acide sulfurique. Il est blanc, cristallin, très peu soluble dans l'eau, soluble dans l'acide azotique étendu, d'où l'on peut le précipiter par l'acide sulfurique. Il est fusible sans altération.

CARACTÈRES DES COMPOSÉS SOLUBLES DE MERCURE.

COMPOSÉS MERCUREUX. — La plupart des composés mercureux sont insolubles dans l'eau. L'azotate mercureux seul se prête à la dissolution. La solution de ce sel est incolore. La potasse ou la soude caustique y produit un précipité noir (Hg_2O).

L'ammoniaque le précipite en noir gris ($NH_2Hg_2NO_3$).

L'acide sulfhydrique le précipite en noir (Hg_2S).

L'iodure de potassium le précipite en vert (Hg_2I_2); un excès d'iodure décompose le précipité et met du mercure en liberté. Le liquide contient de l'iodure mercurique.

L'acide chlorhydrique dilué ou les chlorures solubles le précipitent en blanc (Hg_2Cl_2). Ce précipité noircit par l'ammoniaque.

SELS MERCURIQUES. — Leurs solutions sont incolores.

L'hydroxyde de potassium les précipite en jaune (HgO).

L'ammoniaque les précipite en blanc ($NH_2Hg.Cl$).

L'acide sulfhydrique les précipite en noir (HgS). En présence de l'acide chlorhydrique le précipité est d'abord formé d'un chloro-sulfure dont la couleur varie du jaune au brun, qui devient finalement noir. Il est insoluble dans le sulfure d'ammonium, mais se dissout aisément dans le sulfure de potassium, surtout si ce réactif est concentré et contient un excès de potasse.

L'iodure de potassium les précipite en rouge ; un excès d'iodure redissout le précipité en donnant un liquide incolore.

Le chlorure stanneux (Sn_2Cl_4) réduit les sels mercuriques en donnant d'abord un précipité blanc de calomel (Hg_2Cl_2) qui se réduit ultérieurement en une poudre grise de mercure métallique.

Tous les composés mercuriels, appliqués sur une lame de cuivre, y produisent un dépôt blanc de mercure.

Chauffés au rouge avec de l'oxyde de calcium ou avec du carbonate de sodium dans un tube de verre, tous les composés de mercure produisent une vapeur incolore qui se condense en petites gouttelettes de mercure métallique.

ARGENT.

Symbole Ag. Poids atomique 107,94.

237. État naturel. L'argent se trouve à l'état libre dans la nature ; mais on le rencontre le plus souvent à l'état de chlorure, de bromure, d'iodure, de sulfure (argyrose), de sulfarsénite (argyrithrose), de sulfantimonite (myargyrite), etc. Il en existe également de petites quantités dans certaines blendes, dans la plupart des galènes et dans les pyrites cuivreuses.

Extraction. Dans le travail métallurgique du plomb ou du cuivre, les composés argentifères contenus ou incorporés dans les minerais sont décomposés, probablement par substitution métallique, et l'argent passe dans les métaux isolés. Beaucoup de minerais d'argent proprement dits peuvent être exploités en les fondant avec du plomb ou des galènes argentifères.

Pour extraire du plomb d'œuvre l'argent qu'il renferme on le soumet à la coupellation. Cette opération consiste à maintenir le métal au rouge sur la sole d'un four à réverbère creusée en capsule ou coupelle, et à diriger un fort courant d'air à sa surface. Le plomb se convertit en oxyde ou litharge qui s'écoule par une rigole latérale, entraînant avec elle les oxydes des métaux étrangers contenus dans l'alliage. Quand la majeure partie du plomb a été ainsi éliminée, l'oxyde de plomb ne coule plus, mais il est absorbé par le mélange de chaux et de cendre d'os qui forme la sole. Au moment où la dernière trace de plomb a disparu, la surface de l'argent, qui jusque là était couverte de bandes irisées, se montre tout à coup blanche et brillante : il fait l'éclair.

La coupellation n'est avantageuse que si le plomb contient environ 1 %. d'argent, et qu'on a le placement facile des litharges. Quand la teneur en argent n'est que de quelques grammes à la tonne, il faut enrichir le plomb par le *pattinsonage*.

Cette opération est basée sur ce fait que l'alliage de plomb et d'argent est plus fusible que le plomb pur. On soumet à la fusion le plomb d'œuvre, préalablement débarrassé du zinc, de l'arsenic et de l'antimoine par un affinage ou une oxydation partielle, et on le laisse refroidir lentement. Le plomb pauvre cristallise le premier ; on l'enlève avec des écumoires de fonte : le plomb argentifère reste liquide. En soumettant ces deux produits à une série méthodique de fusions et de cristallisations fractionnées, on finit par obtenir un plomb riche contenant environ 1,5 %. d'argent, et susceptible d'être coupellé avantageusement.

Dans beaucoup d'usines on remplace le pattinsonage par le zincage. Cette opération consiste à incorporer dans le plomb fondu environ 1 % de zinc, et à brasser le mélange. Il se forme un alliage de plomb et de zinc, contenant tout l'argent que renfermait le plomb d'œuvre. Cet alliage ne se mêle pas au plomb fondu : il vient former à sa surface une écume qu'on enlève successivement. L'écume argentifère est fortement chauffée dans une chaudière en fonte, et soumise à l'action d'un courant de vapeur d'eau surchauffée. Il se produit ainsi de l'oxyde de zinc qu'on peut utiliser dans les arts, et du plomb riche, qu'on passe à la coupelle.

Dans le traitement métallurgique des pyrites cuivreuses, l'argent qu'elles contiennent se concentre dans la matte. On l'en extrait en pulvérisant celle-ci et en la soumettant à un grillage modéré. Il se produit alors du sulfate d'argent, mêlé d'une certaine quantité de sulfate de cuivre, et qu'on enlève à l'eau bouillante. Dans cette solution on plonge des lames de cuivre, qui précipitent l'argent à l'état métallique.

On peut aussi par un procédé analogue au pattinsonage retirer l'argent du cuivre brut provenant des pyrites argentifères. On allie le cuivre à un peu de plomb, on le coule en rondelles qu'on place de champ dans un four modérément chauffé. L'alliage de plomb et d'argent se sépare des disques de cuivre par liquation : on le soumet à la coupellation.

L'argent s'extrait de ses minerais proprement dits par des procédés métallurgiques très compliqués, et qu'il est impossible de décrire ici en détail.

En principe, on transforme le minerai en chlorure, à moins qu'il ne soit déjà chloruré. Cette opération se fait à chaud dans la méthode dite de Freiberg; elle se fait par voie humide dans la méthode mexicaine. À Freiberg on grille pour transformer d'abord les sulfures en sulfates : on donne ensuite un coup de feu pour décomposer ces derniers sauf le sulfate d'argent qui est le plus stable. On brasse alors le minerai grillé après y avoir incorporé 5 % de sel, ce qui fait passer l'argent à l'état de chlorure. Après refroidissement on délaie la masse dans l'eau et l'on agite avec du fer, qui précipite l'argent à l'état métallique. On l'extrait du mélange pâteux en agitant celui-ci avec du mercure, et on isole l'argent métallique en soumettant à la distillation l'amalgame obtenu.

Au Mexique, on mélange le minerai pulvérisé avec 5 % de sel marin et 2 % de pyrite cuivreuse grillée (magistral); on y ajoute ensuite de l'eau pour en faire une boue qu'on fait piétiner par des mulets. Le sulfate de cuivre contenu dans le magistral est transformé par le sel marin en chlorure cuivrique. Ce dernier, en agissant sur le sulfure d'argent, le convertit en chlorure

$$2CuCl_2 + Ag_2S = Cu_2Cl_2 + 2AgCl + S.$$

Si le minerai contient de l'argent métallique, celui-ci est également chloruré

$$2CuCl_2 + Ag_2 = 2AgCl + Cu_2Cl_2.$$

Le chlorure cuivreux se dissout dans la solution de chlorure de sodium, et décompose à son tour le sulfure d'argent

$$Cu_2Cl_2 + Ag_2S = Cu_2S + 2AgCl.$$

Quand après quelques semaines ces réactions ont eu le temps de s'accomplir, on incorpore du mercure au mélange. Le chlorure d'argent, qui est un peu soluble dans la solution de sel marin, est réduit par le mercure, et l'argent provenant de cette réduction se dissout dans l'excès de ce métal.

L'amalgame, convenablement concentré par filtration du mercure en excès, est soumis à la distillation, qui laisse pour résidu de l'argent métallique.

L'argent obtenu par les procédés industriels n'est jamais pur. Dans les laboratoires on le purifie en le dissolvant dans l'acide azotique, transformant l'azotate impur en chlorure insoluble et réduisant celui-ci à l'état métallique. A cet effet, on le lave soigneusement, on le dessèche, et on le fond avec du carbonate de sodium. L'argent métallique se rassemble au fond du creuset.

On peut encore réduire le chlorure en le chauffant à 70° avec une solution de potasse et de sucre de lait.

Le mélange d'azotates d'argent et de cuivre, obtenu en dissolvant la monnaie dans l'acide nitrique, donne aisément de l'argent pur quand on le dilue à 2 %, qu'on le sursature par l'ammoniaque et qu'on le réduit par le sulfite d'ammonium, en le chauffant à 60°. Le sulfite cuivreux reste en solution, l'argent pur se précipite.

Propriétés. L'argent est le plus blanc de tous les métaux. Après l'or, il en est le plus malléable et le plus ductile. Densité = 10,53. Il fond vers 1000°; à l'état liquide il est plus dense qu'à l'état solide.

A une température très élevée, il dissout jusqu'à 20 fois son volume d'oxygène, qu'il abandonne brusquement en se refroidissant. Le gaz qui s'échappe déchire alors la couche superficielle déjà solidifiée et produit le phénomène connu sous le nom de rochage. La vapeur de phosphore se comporte d'une manière analogue. Chauffé vers 2000°, il entre en ébullition et peut être distillé en produisant une vapeur bleue.

Il est inaltérable à l'air, et n'a ni odeur ni saveur.

Il décompose à chaud l'acide azotique et l'acide sulfurique.

238. Le *chlorure d'argent* AgCl se rencontre dans plusieurs mines d'argent, notamment en Saxe, au Mexique et au Chili, cristallisé en cubes ou en octaèdres réguliers incolores, de consistance cornée.

On peut l'obtenir 1° par l'action du chlore sur l'argent chauffé au rouge ; 2° par l'action de l'acide chlorhydrique ou d'un chlorure soluble sur une solution d'un sel d'argent. Il se produit ainsi un précipité blanc, laiteux, qui ne tarde pas à se réunir en grumeaux caséeux ou caillebotés. En cet état il est légèrement soluble dans l'eau ; sa solution se trouble aussi bien par l'addition d'un chlorure que par celle du nitrate d'argent. Par l'agitation il devient pulvérulent, et pour ainsi dire tout à fait insoluble.

Exposé à la lumière, il devient rapidement violet. Les rayons jaunes et rouges ne l'altèrent point.

Le chlorure d'argent blanc est insoluble dans l'acide chlorhydrique, azotique ou sulfurique dilué, mais il est très soluble dans l'ammoniaque dissoute et dans une solution de thiosulfate de sodium ou de cyanure de potassium. Le chlorure devenu violet à la lumière laisse toujours une quantité variable d'argent métallique non dissous lorsqu'on le traite par ces dissolvants. Il est légèrement soluble dans les solutions concentrées d'acide chlorhydrique ou de chlorure de sodium.

L'acide bromhydrique et les bromures alcalins, l'acide iodhydrique et les iodures alcalins le transforment en bromure ou en iodure d'argent.

En présence de l'acide chlorhydrique ou sulfurique étendu, le zinc et le fer le réduisent à l'état métallique.

Le zinc précipite l'argent à l'état pur de la solution ammoniacale du chlorure argentique.

C'est à l'état de chlorure qu'on dose habituellement l'argent.

239. Le *bromure d'argent* AgBr accompagne le chlorure dans les mines d'argent du Mexique et du Chili. On peut l'obtenir par l'action de l'acide bromhydrique ou d'un bromure alcalin sur une solution d'un sel d'argent.

Il est blanc, lorsqu'il est précipité par l'acide bromhydrique d'une solution argentique diluée. Il devient jaune verdâtre par son contact avec les bromures alcalins, ou sous l'influence d'une température de 100°. Il est fusible sans altération.

Tous les dissolvants du chlorure dissolvent le bromure d'argent, mais l'ammoniaque le dissout en moins grande quantité que le chlorure.

La lumière blanche noircit instantanément le bromure blanc et plus lentement le bromure jaune verdâtre. Le bromure fondu est inaltérable par la lumière solaire directe.

L'iodure de potassium le transforme en iodure argentique.

Il est employé dans la photographie.

240. L'*iodure d'argent* AgI qu'on trouve également au Chili et au Mexique peut s'obtenir par l'action de l'acide iodhydrique ou d'un iodure soluble sur un sel d'argent. Il constitue un précipité cailleboté d'un jaune serin; il est indécomposable par la lumière blanche, qui lui communique une teinte verdâtre en présence d'un excès d'azotate d'argent, et qui ne l'altère que sous l'influence de l'acide sulfureux ou des corps réducteurs.

Il est fusible sans altération.

Les dissolvants du chlorure et du bromure d'argent le dissolvent. L'ammoniaque le rend tout à fait blanc et n'en dissout que $\frac{1}{1800}$.

241. *Oxyde d'argent* Ag_2O. Quand on verse une solution de potasse dans la solution d'un sel d'argent, on obtient un précipité floconneux, d'un gris brun qui se comporte dans la plupart des réactions chimiques comme de l'*hydroxyde* d'argent AgOH. Mais quand on essaye de dessécher cette substance elle devient noire, et se transforme en oxyde Ag_2O. Il est donc fort probable qu'il existe un hydroxyde d'argent, mais que ce corps se décompose toutes les fois qu'on essaye de le dessécher pour lui enlever l'eau qui le mouille. Et en effet, quand la préparation a lieu en solution alcoolique à — 40° on obtient un précipité blanc, dont la couleur se fonce à mesure que la température s'élève, et qui est très probablement l'hydroxyde d'argent pur.

La chaleur (250°) le décompose en ses éléments.

L'eau le dissout en petite quantité; la solution est alcaline au papier de tournesol.

L'ammoniaque le dissout avec facilité en produisant une solution incolore. Abandonnée à l'évaporation spontanée, elle fournit une matière d'aspect métallique, fulminante, qui est une argentamine, mais dont la composition exacte est inconnue.

Il existe aussi un *bioxyde* Ag_2O_2, qui est solide, noir et cristallisable en octaèdres. On l'obtient par l'action de l'ozone sur l'argent métallique, ou par l'électrolyse d'une solution de nitrate d'argent.

241. *L'azotate d'argent* $AgNO_3$ se prépare par l'action de l'acide azotique sur l'argent pur ou sur l'argent allié au cuivre. Pour obtenir par ce dernier moyen l'azotate d'argent pur, on évapore la solution jusqu'à siccité, on fond le résidu, et on le maintient en fusion tant qu'il se dégage des vapeurs nitreuses. Le nitrate de cuivre se décompose; après le refroidissement, on reprend le résidu par de l'eau froide, qui dissout l'azotate d'argent en laissant de l'oxyde de cuivre.

Ce sel cristallise en tables incolores, inaltérables à l'air, fusibles sans altération. Une chaleur intense le détruit.

Il est isomorphe avec le nitrate de potassium et cristallise en toutes proportions avec le nitrate de sodium. Il est donc isomorphe avec ces deux sels.

Exposé à l'air il noircit par la réduction que les matières organiques qui y sont répandues lui font éprouver. Il noircit également les matières végétales et animales. Ces taches disparaissent sous l'influence de l'iodure de potassium, du thiosulfate de sodium et des cyanures alcalins.

Il est très soluble dans l'eau; cette solution est neutre au tournesol et possède une saveur métallique des plus désagréables.

L'azotate d'argent est journellement employé dans les laboratoires pour la recherche des chlorures, bromures et iodures solubles. La photographie en consomme des quantités considérables. Dans l'art de guérir il est connu sous le nom de pierre infernale, et sert à cautériser.

242. Le *sulfate d'argent* Ag_2SO_4 est peu soluble dans l'eau

(1 : 200) : on peut le préparer à l'état de précipité cristallin en versant du sulfate de sodium dissous dans une solution concentrée d'azotate d'argent. On peut le faire cristalliser de l'eau bouillante : ses cristaux sont isomorphes avec ceux du sulfate de sodium anhydre. L'acide sulfurique concentré le transforme en un sel acide $AgHSO_4$, qui cristallise en prismes jaunes. Avec le sulfate d'aluminium il fournit un alun $Al_2(SO_4)_3 + Ag_2SO_4 + 24H_2O$. Ces faits établissent l'analogie de l'argent avec le sodium.

CARACTÈRES DES SELS SOLUBLES D'ARGENT.

Les solutions d'argent sont incolores et possèdent une saveur métallique désagréable.

L'acide chlorhydrique et les chlorures solubles en précipitent du chlorure d'argent blanc qui devient violet par la lumière. L'ammoniaque, les cyanures solubles et les thiosulfates alcalins le dissolvent aisément.

Les hydroxydes alcalins en précipitent de l'hydroxyde d'argent brun soluble dans l'ammoniaque.

Le cuivre en précipite de l'argent métallique.

L'hydrogène sulfuré y produit un précipité noir (Ag_2S).

Les composés d'argent se laissent facilement réduire au chalumeau par la soude sur le charbon en un bouton blanc, ductile, d'argent métallique, assez difficilement fusible.

TROISIÈME GROUPE.

(*Métaux trivalents*).

244. Le troisième groupe de la classification périodique de Mendelejeff comprend outre l'aluminium, quelques métaux très rares, n'offrant qu'un intérêt de curiosité, et dont l'étude sortirait du cadre que nous nous sommes tracé.

ALUMINIUM.

Symbole Al; poids atomique 27,5.

245. Presque tous les composés d'aluminium jusqu'ici connus, renferment deux atomes de métal Al ayant le poids atomique 27,5, déduit de la chaleur spécifique. Ces composés sont isomorphes avec les composés ferriques, tels que $Cl_3 = Fe^{iv} - Fe^{iv} = Cl_3$. A ne considérer que cet isomorphisme, on serait tenté d'attribuer aux composés aluminiques une constitution analogue à celle des composés ferriques et à y admettre l'existence d'un noyau atomique hexavalent $= Al^{iv} - Al^{iv} =$ ou Al^{vi} formé par l'union de deux atomes quadrivalents. Cette manière de voir est adoptée par beaucoup de chimistes. Mais la place que ce métal occupe dans le système périodique, et la densité de vapeur de l'aluminium-méthyle $Al(CH_3)_3$ portent à croire que l'aluminium est en réalité trivalent (voir §§ 41 et 58). On pourrait donc dire que ce ne sont pas les composés aluminiques qui sont isomorphes avec ceux du fer ou du manganèse, mais que ce sont *certaines* combinaisons de ces deux métaux qui sont isomorphes avec les composés aluminiques.

État naturel. L'aluminium est très répandu dans la nature. On le rencontre surtout à l'état d'oxyde (corindons), de silicate d'aluminium (argiles, kaolin), de silicates d'aluminium et de potassium, de sodium ou de calcium (feldspaths), d'alun (sulfate d'aluminium et de potassium), de cryolithe (fluorure d'aluminium et de sodium).

Préparation. Par l'action du sodium (55 p.) sur le chlorure double d'aluminium et de sodium (100 p.) auquel on ajoute 40 p. de cryolithe, faisant office de fondant. On chauffe ce mélange sur la sole d'un four à réverbère.

Propriétés. L'aluminium est un métal d'un blanc bleuâtre sonore, ductile, malléable et très tenace. Sa densité = 2,56; il fond vers 700°.

Il est inaltérable à l'air humide. A l'état de grande division, il décompose lentement l'eau chauffée à 100°.

L'acide chlorhydrique et les oxydes de potassium et de sodium le dissolvent rapidement, mais il résiste parfaitement à l'acide azotique. L'acide sulfurique l'attaque lentement à chaud.

Usages. On a employé l'aluminium à la confection de bijoux et d'objets de fantaisie. Sa grande légèreté jointe à son extrême solidité le rendent précieux pour la fabrication de certains appareils de physique. Le bronze d'aluminium est un alliage formé de 9 parties de cuivre et d'une partie d'aluminium. Cet alliage constitue un métal splendide, ayant la couleur et l'éclat de l'or et se laissant travailler parfaitement. Il possède une ténacité et une malléabilité plus grandes que celles du fer. On en fait des coussinets de tour, des casques, des fourreaux de sabre et des objets de luxe.

CHLORURE D'ALUMINIUM. Al_2Cl_6.

246. Préparation. Par l'action du chlore sec sur un mélange d'oxyde d'aluminium et de charbon chauffé au rouge.

$$Al_2'''O_3 + 3C + 6Cl = Al_2'''Cl_6 + 3CO.$$

Propriétés. Solide, blanc, cristallin, fusible et volatil à 180°. L'air humide l'altère avec dégagement d'acide chlorhydrique et formation d'oxyde d'aluminium. On ne saurait donc le préparer par voie humide. La densité de vapeur du chlorure d'aluminium lui fait assigner la formule Al_2Cl_6. Si l'aluminium est trivalent, on doit admettre que la vapeur de ce corps est formée par la juxtaposition de deux molécules $AlCl_3$, que la chaleur n'a pas séparées encore à la température à laquelle la densité de vapeur a été déterminée.

Ce composé est surtout employé dans les recherches de chimie organique.

247. Le chlorure d'aluminium se combine aux chlorures alcalins pour former des composés volatils beaucoup plus stables que lui. Le chlorure double de sodium et d'aluminium sert à la préparation de l'aluminium métallique. On l'obtient en incorporant du sel marin dans le mélange qui doit servir à la préparation du chlorure aluminique. C'est un composé blanc, cristallin, fusible à 185° et qui ne se volatilise qu'au rouge. L'eau l'altère beaucoup moins que le chlorure d'aluminium.

FLUORURE D'ALUMINIUM. Al_2Fl_6.

248. État naturel. Cette combinaison se rencontre dans le règne minéral unie au fluorure de sodium dans la cryolithe, et à des silicates d'aluminium dans la pycnite et la topaze.

Préparation. 1° On dissout l'alumine hydratée dans l'acide fluorhydrique ; le produit évaporé à sec, est sublimé dans un courant d'hydrogène. On opère dans un tube de charbon de cornue.

2° On chauffe au rouge la cryolithe avec du sulfate d'ammonium :

$$Al_2Fl_6, (NaFl)_6 + 3(NH_4)_2SO_4 = Al_2Fl_6 + 3Na_2SO_4 + 6NH_4Fl.$$

Le fluorure d'ammonium se volatilise; le sulfate de sodium est épuisé par l'eau bouillante. Le résidu est sublimé ensuite dans un courant d'hydrogène.

Propriétés. Solide, blanc, cristallisant en rhomboèdres inaltérables à l'air, insolubles dans l'eau. Il s'unit aisément à d'autres fluorures. La *cryolithe* $Al_2Fl_6 + 6NaFl$, qu'on rencontre abondamment au Groenland, est un de ces composés. Elle forme des cristaux clinoédriques blancs, insolubles. Elle sert à la préparation de l'acide fluorhydrique et de la soude, §§ 139 et 151. La chodneffite $Al_2Fl_6 + 4NaFl$ est plus rare. Ces deux composés sont les types de deux séries de fluorures doubles, dans lesquels Al_2 et Na peuvent être remplacés par les métaux qui forment les aluns, § 251.

OXYDE D'ALUMINIUM, ALUMINE. Al_2O_3.

249. État naturel. L'oxyde naturel porte le nom de corindon, pierre précieuse remarquable par sa grande dureté. On le nomme rubis oriental lorsqu'il est coloré en rouge, et saphir lorsqu'il est bleu. L'émeri est du corindon opaque et granulaire. La nature le présente aussi à l'état d'hydroxydes : l'hydrargillite $Al_2O_6H_6$, la gibbsite $Al_2H_4O_5$ et le diaspore $Al_2H_2O_4$. La bauxite est une hydragillite ferrugineuse.

Préparation. On l'obtient en grand en calcinant l'alun ammoniacal (sulfate d'ammonium et d'aluminium). L'hydroxyde d'aluminium se produit lorsqu'on précipite un composé soluble d'aluminium par l'ammoniaque, par le sulfhydrate ou le carbonate d'ammonium.

De grandes quantités d'hydroxyde d'aluminium s'obtiennent dans la fabrication de la soude par la cryolithe.

Toutes ces méthodes donnent généralement des produits souillés de sels basiques. Pour avoir des produits purs, on dissout l'hydroxyde dans la soude, et on décompose l'aluminate par le chlorure d'ammonium. L'hydroxyde se sépare à l'état pur. L'oxyde pur se prépare en chauffant le produit de calcination de l'alun ammoniacal avec le quart de son poids de carbonate de sodium; on enlève ensuite par l'eau bouillante le sulfate de sodium formé.

On peut obtenir l'oxyde d'aluminium cristallisé en rhomboèdres identiques à ceux du corindon en chauffant au rouge vif, dans un creuset de Hesse, un mélange d'alumine amorphe et d'oxyde de plomb. Il se produit d'abord un aluminate de plomb qui est décomposé par la matière du creuset avec laquelle l'oxyde de plomb forme un silicate fusible. L'addition d'un peu de dichromate de potassium colore les cristaux en rouge rubis; l'oxyde de cobalt produit des saphirs artificiels.

Propriétés. L'oxyde est blanc, pulvérulent, dur, rude au toucher, infusible au feu de forge, mais fusible à la chaleur produite par le gaz oxhydrique.

Il est insoluble dans l'eau. Le corindon, de même que l'oxyde artificiel fortement rougi est insoluble dans les acides, mais se dissout au rouge dans les hydroxydes de potassium et de sodium, en éliminant de la vapeur d'eau et en formant un oxyde mixte $K_2Al_2O_4$. On peut également le rendre soluble en le fondant avec du sulfate acide de potassium.

L'hydroxyde d'aluminium (alumine précipitée) est blanc, gélatineux; il se dissout à la température ordinaire dans les acides[1] et dans les solutions des hydroxydes alcalins pour former des aluminates solubles. Si dans l'hydroxyde $Al_2H_2O_4$, on remplace H_2 par M'', on a des aluminates ou oxydes mixtes, qui se rencontrent dans la nature et dont le plus intéressant est le rubis spinelle ou Al_2MgO_4.

L'alumine est une base extrêmement faible : elle ne sature les acides qu'imparfaitement, et a une grande tendance à former des sels basiques. Ses sels rougissent tous le papier de tournesol.

Ceux qui dérivent des oxacides volatils se décomposent tous par la chaleur en laissant l'oxyde pour résidu.

Avec les acides faibles, tels que l'acide sulfhydrique ou carbonique, l'aluminium ne forme pas de sels. Aussi, quand on verse un sulfure ou un carbonate soluble dans la solution d'un sel d'alu-

---

[1] L'alumine gélatineuse est comparable à la silice gélatineuse et peut présenter comme elle divers degrés de complication, § 67. Les hydrates naturels ne se laissent attaquer par les acides qu'après avoir été légèrement calcinés. Il en est de même de l'alumine en gelée lorsqu'elle a été maintenue pendant quelques heures en ébullition avec de l'eau. Même l'alumine gélatineuse préparée à froid devient de moins en moins facilement soluble dans les acides lorsqu'on la conserve pendant quelque temps sous l'eau.

minium, y a-t-il précipitation d'hydroxyde et dégagement d'acide sulfhydrique ou d'anhydride carbonique.

L'hydroxyde d'aluminium possède la propriété curieuse de fixer à sa surface les matières colorantes, lorsqu'on le produit au sein d'une solution colorée. Il forme ainsi des *laques* fréquemment employés en teinture, et joue le rôle de *mordant*. Il peut servir à purifier l'eau, à l'instar du noir animal. Bien des liquides louches ou troubles se laissent clarifier par filtration après qu'on les a agités avec de l'alumine.

On connaît une modification soluble et colloïde de l'alumine. On l'obtient en soumettant un composé soluble d'aluminium à la dialyse, § 76, ou en chauffant en vases clos une solution d'acétate d'aluminium. L'eau chaude décompose ce sel, et l'acide acétique produit peut être éliminé par évaporation. Il se produit ainsi un liquide incolore, insipide, qui se coagule en donnant de l'hydroxyde ordinaire gélatineux dès qu'on y ajoute une trace d'un acide, d'une base ou d'un sel solubles.

SULFATE D'ALUMINIUM. $Al_2(SO_4)_3$.

250. Ce sel se rencontre dans le voisinage des volcans et sur les schistes pyriteux. On l'obtient dans les arts en chauffant avec de l'acide sulfurique concentré des argiles bien blanches et faiblement calcinées. De la silice prend naissance en même temps : on la sépare par décantation. En Angleterre, on emploie pour cette préparation le produit qu'on obtient en grillant le schiste houiller, qui n'est qu'un silicate d'aluminium ferrugineux imprégné de charbon.

On le prépare aussi en dissolvant dans l'acide sulfurique la bauxite ou l'alumine extraite de la cryolithe. On obtient ainsi de fines aiguilles ou des lames nacrées, très solubles dans l'eau froide et contenant $16H_2O$. Leur solution est acide et très astringente. La chaleur le décompose en laissant de l'oxyde d'aluminium pour résidu.

Ce sel se combine à l'hydroxyde d'aluminium en donnant naissance à des sels basiques.

Il sert en teinture, pour la préparation de l'acétate d'aluminium, et pour la fabrication de l'alun, § 251. Comme ce dernier est à peine soluble dans le sulfate aluminique, on emploie quelquefois une solution concentrée de ce sel pour reconnaître les composés du potassium, avec lesquels il donne un précipité blanc, cristallin, d'alun.

SULFATE D'ALUMINIUM ET DE POTASSIUM; ALUN POTASSIQUE.

251. Ce sel est le type de toute une catégorie de sels isomorphes connus sous le nom d'*aluns*. Les aluns sont formés par la réunion d'une molécule de sulfate d'un groupement métallique hexavalent, d'une molécule de sulfate de métal monoatomique et de $24H_2O$. Ils sont représentés par

$$Mm''(SO_4)_3 + M'_2SO_4 + 24H_2O.$$

Mm'' peut être All, Ffe, Mmn ou Crr; SO_4 peut être remplacé par SeO_4. M' peut être K, Na, Rb, NH_4, Tl et même Ag(1).

Préparation. L'alun potassique s'obtient 1° en combinant directement le sulfate d'aluminium brut avec le sulfate de potassium (alun de Paris); 2° en grillant les schistes argileux et pyriteux et en ajoutant ensuite du sulfate de potassium au liquide provenant du lessivage de ces schistes grillés (alun de Liége); 3° en calcinant l'alunite et en reprenant le produit par l'eau bouillante (alun de Rome).

Le grillage du schiste pyriteux transforme le sulfure de fer en sulfate de fer et en acide sulfurique

$$FeS_2 + O_7 + H_2O = FeSO_4 + H_2SO_4$$

qui réagissent sur le silicate d'aluminium, et le convertissent en sulfate. On épuise par l'eau chaude, qui dissout les sulfates solubles; on concentre la liqueur, pour laisser cristalliser d'abord le sulfate ferreux inaltéré; on ajoute ensuite aux eaux mères du sulfate de potassium brut, ce qui détermine la formation d'une poudre cristalline d'alun qu'on purifie par cristallisation.

Propriétés. L'alun ordinaire cristallise en octaèdres réguliers, transparents et incolores. L'alun dit de Rome cristallise en cubes;

---

(1) Quelques chimistes regardent l'alun comme un vrai sel double, et le notent $(SO_4) = Al''' \cdot (SO_4) \cdot K + 12H_2O$; d'autres n'y voient qu'une juxtaposition de molécules réunies en une particule cristalline, et lui donnent la formule $Al_2(SO_4)_3 + K_2SO_4 + 24H_2O$. A l'appui de cette manière de voir on invoque le fait que l'alun en poudre, abandonné pendant quelques mois dans un exsiccateur, peut perdre 19 molécules d'eau de cristallisation.

cette forme est due à la présence d'une forte quantité d'hydroxyde d'aluminium libre qu'il contient. L'alun est soluble dans l'eau : 100 p. d'eau en dissolvent 10 p. à 10° et 350 p. à 100°. Cette solution est acide et très astringente. Chauffé, il fond, se boursoufle et se transforme en sel anhydre blanc et opaque (alun calciné) qui n'est soluble dans l'eau que sous l'influence d'une ébullition prolongée avec ce liquide. Une chaleur plus forte le décompose en sulfate de potassium et en alumine.

Usages. L'alun sert en médecine comme astringent. On l'emploie en teinture comme mordant; il sert aussi au collage du papier. Les tanneurs et les mégissiers l'emploient comme antiseptique pour éviter la putréfaction des peaux.

252. *L'alunite* est un minéral résultant de l'union du sulfate de potassium avec un sulfate d'aluminium basique. Il a pour formule $K_2SO_4 + 3(Al_2O_4.SO_4) + 6$ aq. On le rencontre en Toscane et dans les provinces romaines en masses blanches, opaques, formées de cristaux rhomboédriques nacrés. Quand on le calcine modérément, il se dédouble en alumine et en alun ordinaire, qu'on peut extraire par l'eau. Comme les composés ferriques qui pourraient se trouver dans le minéral sont détruits par la calcination, cet alun, connu sous le nom d'alun de Rome, est recherché par les teinturiers pour les bains où la présence du fer serait nuisible. Il est ordinairement coloré en rose par des traces mécaniquement adhérentes d'oxyde ferrique produites pendant la calcination.

SULFATE D'ALUMINIUM ET D'AMMONIUM, ALUN AMMONIACAL.

253. Ce sel s'obtient en combinant directement le sulfate d'ammonium avec le sulfate d'aluminium. Il cristallise en octaèdres réguliers comme l'alun potassique; il en possède toutes les propriétés. Chauffé au rouge, il laisse de l'oxyde d'aluminium pour résidu.

Il remplace dans les arts l'alun à base de potassium.

SILICATE D'ALUMINIUM ET DE POTASSIUM; FELDSPATH.

254. Ce minéral constitue une partie considérable de la croûte terrestre : on le connaît sous le nom de feldspath orthose. C'est un silicate $K_2Al_2Si_6O_{16}$ dérivant d'un acide trisilicique, et auquel on peut assigner la formule

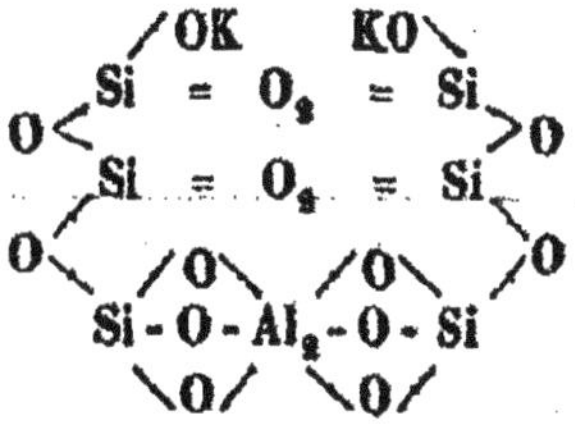

$$
\begin{array}{ccccc}
 & \diagup OK & & KO \diagdown & \\
O < Si & = & O_2 & = & Si > O \\
Si & = & O_2 & = & Si \\
O \diagdown & \diagup O \diagdown & & \diagup O \diagdown & \diagup O \\
Si - O - Al_2 - O - Si \\
\diagdown O \diagup & & \diagdown O \diagup
\end{array}
$$

Il cristallise en prismes rectangulaires obliques peu fusibles, ne s'altérant qu'à la longue par l'eau et les acides. L'eau et l'anhydride carbonique en agissant lentement sur lui le dédoublent et le transforment en silicate d'aluminium (argile, kaolin).

Quand on le chauffe au rouge avec un mélange d'oxyde et de fluorure de calcium, le potassium qu'il renferme passe à l'état d'oxyde que l'eau pure est capable de dissoudre.

Le feldspath fond à une température très élevée et se transforme en une masse vitreuse. L'émail de la porcelaine est formé de feldspath fondu.

255. Le silicate d'aluminium et de sodium offre toutes les propriétés du feldspath : il est connu sous le nom d'albite. Il cristallise en clinoèdres blancs, laiteux. La labradorite, l'oligoclase et l'andésine sont des feldspaths analogues à l'albite, mais où une partie du sodium est remplacée par une quantité équivalente de calcium. L'anorthite est le feldspath calcique.

ARGILES.

256. Les argiles sont des polysilicates basiques d'aluminium, résultant de la décomposition des feldspaths par les agents atmosphériques.

L'argile pure, terre à porcelaine ou kaolin, est une substance blanche, compacte, onctueuse au toucher, happant à la langue, et formant pâte plastique avec l'eau. Par l'insufflation de l'haleine, elle développe une odeur particulière, dite odeur argileuse. Sa composition est représentée par la formule $Si_2O_{14}Al_4H_4$. On peut la considérer comme un sel d'aluminium basique, dérivant d'un acide trisilicique :

$$
O{<}{\begin{array}{l} Si \equiv (OH)_3 \\ \\ \end{array}} \qquad
O{<}{\begin{array}{l} Si - O - Al_2'' = (OH)_2 \\ \quad \backslash O / \\ Si \equiv O_2 \end{array}}
$$

$$
O{<}{\begin{array}{l} Si = (OH)_2 \\ \\ Si \equiv (OH)_3 \end{array}} \qquad
O{<}{\begin{array}{l} /O\backslash \\ Si - O - Al_2'' = (OH)_2. \\ \backslash O / \end{array}}
$$

Par l'action de la chaleur, l'argile se décompose, perd les éléments de l'eau, et se transforme en une masse dure, compacte et infusible, qui est la base des porcelaines et des poteries.

Les argiles sont souvent mélangées dans la nature avec d'autres minéraux, tels que du sable, des silicates, de l'oxyde de fer, etc. Elles sont alors colorées, forment avec l'eau des pâtes moins liantes et moins plastiques, et donnent par la cuisson des produits colorés et parfois fusibles. Ces argiles impures servent à la confection des briques et des poteries communes.

Un mélange de kaolin avec du feldspath finement pulvérisé fournit par la cuisson une poterie blanche, très fine, plus ou moins translucide, à cassure brillante, connue sous le nom de porcelaine. Lorsque le kaolin ou terre à pipe est mélangé à des quantités variables de sable et coloré en brun par de l'oxyde de fer, il prend le nom de glaise, d'argile figuline ou de terre à potier. Moins elle contient de matières étrangères, plus la pâte qu'elle forme avec l'eau est grasse et collante. Elle rougit par la cuisson et fond à une température élevée. L'argile mélangée à de petites quantités de calcaire s'appelle marne. Lorsqu'elle contient une forte quantité d'oxyde ferrique elle prend le nom de craie rouge; quand elle renferme une proportion notable d'hydroxyde de fer, on l'emploie en peinture sous le nom de terre d'ombre, terre de Sienne, terre de Cologne, etc.

L'argile joue un rôle important dans la constitution de la terre arable, où elle se trouve mélangée. La terre arable est essentiellement formée d'un mélange de sable et d'argile. Le sable donne au sol de la perméabilité : il permet à l'air et à l'eau d'arriver jusqu'aux racines des plantes. Une couche d'argile pure serait absolument imperméable à l'eau. Le rôle de l'argile est de retenir les matériaux utiles à l'agriculture, et d'obvier aux inconvénients qui résulteraient de la trop grande perméabilité du sable pur. L'argile arrête l'humidité du sol et empêche l'eau de filtrer trop vite vers le sous-sol. Elle prévient de la sorte un dessèchement trop rapide par l'effet du soleil et du vent. L'argile n'abandonne l'eau qu'elle a absorbée que si on la chauffe fortement au rouge : cette quantité d'eau absorbée peut aller jusqu'à 70 %.

C'est aussi à l'argile que le sol arable doit sa précieuse propriété de retenir les substances nutritives destinées aux plantes. De même que le noir animal fixe à sa surface les matières colorantes, de même l'argile retient les matières fertilisantes, enlève à l'eau les engrais, et ne les cède qu'aux racines des végétaux. Dans un terrain sablonneux, les substances nutritives du fumier sont littéralement entraînées par l'eau que le sable absorbe avidement. Un terrain argileux, au contraire, arrête ces matières et laisse filtrer une eau presque pure.

257. L'*outremer* est un composé aluminique de constitution inconnue, qui forme le splendide minéral bleu connu sous le nom de lapis lazuli. On peut l'obtenir artificiellement en chauffant un mélange de kaolin, de sulfate de sodium, de soufre et de charbon. Il paraît formé par l'union d'un silicate double d'aluminium et de sodium avec un polysulfure de sodium. Les acides le décomposent avec dégagement d'hydrogène sulfuré et mise en liberté de soufre.

258. Poteries. Les poteries sont formées par le silicate d'aluminium qui résulte de la cuisson de l'argile. Leurs propriétés dépendent de la composition et de la pureté plus ou moins grande des argiles employées. La confection des poteries consiste en une série d'opérations mécaniques, moulage, dessiccation et cuisson, dont l'exposé ne rentre pas dans le cadre de cet ouvrage : nous n'aurons donc qu'à dire un mot de leur composition.

L'argile plastique ou kaolin pur fournit des pâtes qui à la cuisson deviennent dures, cohérentes, infusibles, mais qui ont une grande tendance à se déformer et à se fendiller. Pour combattre ces inconvénients, on y incorpore des substances dégraissantes, c'est-à-dire qui ne font pas pâte avec l'eau, telles sont la poudre de quartz, de craie, de sulfate de baryum, de phosphate de calcium, de feldspath, ou de terre cuite. Tantôt ces mélanges se font artificiellement; d'autres fois on se sert des argiles marneuses, talqueuses ou ferrugineuses qu'on trouve dans la nature.

En incorporant à l'argile du quartz ou de la poudre d'argile cuite, on obtient par la cuisson une matière infusible et poreuse, dont on fait les creusets et les briques réfractaires.

Quand on la mélange avec du feldspath ou d'autres silicates fusibles, ceux-ci se vitrifient sous l'influence de la chaleur, et produisent une poterie demi-transparente et imperméable qui forme les grès et les porcelaines.

La faïence est une poterie poreuse, opaque, à pâte tendre, ordinairement formée d'argile, de marne et de sable, et qu'on rend imperméable en la couvrant d'un émail opaque à base d'étain.

L'émail ou couverte s'applique en plongeant la poterie dans de l'eau où l'on a mis en suspension un silicate fusible finement broyé, et en repassant au four la pièce préalablement desséchée.

259. Verres. Le verre est un silicate double amorphe, vitreux fusible, transparent et insoluble. On ne parvient à réunir toutes ces qualités qu'en associant les silicates alcalins aux silicates alcalinoterreux. Les premiers sont amorphes, transparents et très fusibles, mais ils sont aisément attaqués par l'eau et par les acides. Le silicate de calcium au contraire est opaque et cristallin : mais quand on associe ces deux corps en proportions convenables et qu'on les soumet à la fusion, on obtient le verre avec les qualités que nous lui connaissons.

On prépare le verre en fondant ensemble du sable quartzeux, du marbre ou du calcaire blanc et du carbonate ou du sulfate de sodium. On emploie à cet effet des matériaux aussi purs que possible.

Le verre de Bohême est un silicate de potassium et de calcium. Il est moins dur, moins fusible et moins attaquable par les réactifs chimiques que le verre ordinaire.

Le cristal est un silicate double de plomb et de potassium.

Le verre à bouteilles est un silicate complexe contenant à la fois de la soude, de la chaux, de la magnésie et de l'alumine. Sa couleur verte est due à de minimes quantités de silicate de fer qu'il contient et qui proviennent de l'emploi de matériaux impurs.

Un verre est d'autant moins fusible et d'autant moins attaquable par les acides que, proportion gardée, il contient plus de silice. Les verres ordinaires à base de soude laissent souvent beaucoup à désirer à cet égard et fournissent une solution alcaline d'hydroxyde ou de silicate de sodium quand on y fait bouillir de l'eau pendant quelques minutes.

On colore les verres en y incorporant divers oxydes métalliques. L'oxyde de cobalt colore le verre en bleu, l'oxyde cuivreux en rouge, l'oxyde chrômique en vert pur, l'oxyde ferreux en vert bouteille, l'oxyde ferrique en jaune ou en brun, le bioxyde de manganèse en violet. On ajoute même d'ordinaire un peu de ce dernier au verre ordinaire pour corriger la teinte légèrement verdâtre que possède toujours le verre à base de soude.

SULFURE D'ALUMINIUM.

260. Ce composé ne peut s'obtenir que par voie sèche, en fondant l'aluminium avec du soufre : on obtient ainsi une masse grise douée de l'éclat métallique. L'eau le décompose en acide sulfhydrique et en hydroxyde d'aluminium. On obtient les mêmes produits de décomposition quand on essaie de le préparer par voie humide en versant du sulfure d'ammonium dans la solution d'un sel d'alumine.

CARACTÈRES DES COMPOSÉS ALUMINIQUES.

Les composés solubles d'aluminium sont incolores; ils présentent une saveur acide et astringente. Ils sont précipités par les hydroxydes alcalins $(Al_2O_6H_6)$, mais le précipité se redissout dans un excès de réactif et reparaît par l'ébullition avec du chlorure d'ammonium.

L'ammoniaque et les carbonates solubles y produisent également un précipité gélatineux d'alumine, mais ce précipité est à peine soluble dans un excès de ces réactifs.

L'hydrogène sulfuré est sans action sur eux. Les sulfures solubles en précipitent de l'hydroxyde d'aluminium, avec dégagement d'hydrogène sulfuré.

Les composés aluminiques sont caractérisés par la coloration bleue qu'ils prennent lorsqu'on les chauffe au chalumeau avec du nitrate de cobalt.

INDIUM. — GALLIUM.

261. L'indium est un métal très rare, que l'analyse spectrale a fait découvrir dans certaines blendes du Hartz, et surtout dans le zinc de Freiberg. Son spectre consiste en une raie bleu indigo très brillante.

L'indium présente la plus grande analogie avec l'aluminium : les composés correspondants de ces deux métaux se ressemblent parfaitement. Les seules différences qu'on ait pu signaler sont 1° que l'oxyde d'indium est jaune; 2° que la solution d'hydroxyde d'indium dans la potasse caustique se trouble à l'ébullition; 3° que le sulfure d'indium, qui est jaune, est plus stable que le sulfure d'aluminium et peut s'obtenir par voie humide en précipitant un sel d'indium par l'acide sulfhydrique.

La densité de vapeur du chlorure d'indium répond à la formule $InCl_3$. Les analogies si parfaites qui rattachent l'aluminium à l'indium permettent de supposer que le chlorure d'aluminium Al_2Cl_6 prendrait une densité de vapeur en rapport avec la formule $AlCl_3$, si on pouvait le chauffer sans décomposition à une température suffisamment élevée.

262. Le gallium est un métal encore plus rare que l'indium; et qui a été trouvé par l'analyse spectrale, dans la blende de Pierrefitte. Il est aussi analogue à l'aluminium, forme également des aluns et possède un chlorure dont la formule est $GaCl_3$. Il est caractérisé par un spectre formé de deux belles lignes violettes.

THALLIUM.

Symbole Tl'''; poids atomique 204.

263. Ce métal se rencontre en petites quantités dans la plupart des pyrites et se condense dans les boues des chambres de plomb où l'on prépare l'acide sulfurique. On épuise ces boues par l'eau bouillante, et on en précipite le chlorure de thallium par l'acide chlorhydrique. Le chlorure de thallium brut est chauffé avec de l'acide sulfurique et retransformé en sulfate, et celui-ci est purifié successivement par un traitement à l'hydrogène sulfuré et à l'ammoniaque qui éliminent les métaux étrangers. On plonge ensuite dans la solution de sulfate thalleux une lame de zinc qui en élimine le thallium.

Ce métal forme deux séries de composés : les composés thalliques, tels que $Tl'''Cl_3$, où il joue le rôle d'élément trivalent et les composés thalleux, tels que $\chi = TlCl$, où il semble être monoatomique. Cette dernière formule est confirmée par la densité de vapeur du chlorure thalleux.

Le thallium est blanc, mou, très malléable, ressemblant entièrement au plomb. Sa densité $= 11,9$. Il fond à $290°$ et se volatilise au rouge. Exposé à l'air, il se ternit en se transformant en hydroxyde et ensuite en carbonate.

Il se dissout aisément dans l'acide azotique ou sulfurique.

L'oxyde et l'hydroxyde thalleux sont solubles dans l'eau, et possèdent une réaction alcaline. On range donc parfois ce métal parmi les métaux alcalins. Mais son sulfure est insoluble, ce qui le rapproche des métaux pesants. Par ses caractères physiques et l'insolubilité de son chlorure, il ressemble au plomb.

L'ozone transforme l'hydroxyde thalleux incolore en hydroxyde thallique $O = Tl - OH$ brun. Cette réaction très sensible est l'un des moyens les plus sûrs de reconnaître la présence de l'ozone. Ce même composé s'obtient par l'action du chlorure de chaux sur l'hydroxyde de thallium. Il est insoluble dans l'eau.

Le chlorure de thallium $TlCl$ se combine au chlore pour former un trichlorure qui se décompose par l'action de la chaleur. Il se combine aussi au chlorure de platine, en donnant naissance à un chloroplatinate isomorphe avec le chloroplatinate de potassium.

Le sulfate thalleux est isomorphe avec le sulfate de potassium, et forme, comme lui, des sels doubles avec les sulfates magnésiens et les sulfates aluminiques §§ 197 et 251.

Les sels thalliques sont peu stables et se décomposent au contact de l'eau.

Les solutions des composés du thallium sont incolores, vénéneuses. Elles précipitent en blanc par l'acide chlorhydrique et les chlorures de potassium et de sodium (ce précipité est soluble dans une grande quantité d'eau); en jaune par l'iodure de potassium; en jaune par le bichlorure de platine. L'hydrogène sulfuré est sans action sur les sels de thallium; une solution de sulfure d'ammonium les précipite en noir.

Une lame de zinc y produit un dépôt formé par des lamelles brillantes de thallium métallique.

Tous les composés de thallium colorent la flamme en vert. Le spectre de cette flamme est caractérisé par une seule raie brillante d'un vert superbe.

QUATRIÈME GROUPE.

(*Métaux quadrivalents*).

264. Le quatrième groupe du système périodique contient plusieurs métaux. Mais parmi ces derniers il n'en est que deux qui soient assez répandus et assez importants pour entrer dans le cadre de cet ouvrage. L'étain est un métalloïde quadrivalent, faisant transition aux métaux, et que plusieurs chimistes rangent encore au nombre des premiers. C'est un vrai carbonide : la transition entre le silicium et l'étain se fait très naturellement par deux éléments rares, le titane et le zirconium. Si dans les composés stanniques, tels que $SnCl_4$, SnO_2, l'étain se comporte comme un métalloïde, dans les composés stanneux, il prend plutôt le caractère métallique.

Le plomb est un vrai métal, quadrivalent dans quelques composés, comme PbO_2, qui est un véritable anhydride acide, mais le plus souvent bivalent, comme dans le chlorure $=PbCl_2$. Nous avons déjà dit p. 29 que beaucoup de composés du plomb sont analogues aux combinaisons similaires du baryum.

PLOMB.

Symbole Pb; poids atomique 206,9.

265. **Etat naturel**. Le plomb est un métal très répandu dans le règne minéral. Ses principaux minerais sont le sulfure (galène) et le carbonate (cérusite).

On le rencontre aussi, quoiqu'en moindre quantité, à l'état de sulfate (anglésite), de phosphate (pyromorphite), d'arséniate (mimétèse) et de chromate (crocoïse).

Préparation. On obtient le métal pur en réduisant l'oxyde par le charbon, ou en chauffant un mélange de sulfate de plomb, de carbonate de sodium et de charbon.

Dans les arts on le produit par différentes méthodes : 1° en décomposant la galène ou sulfure de plomb par le fer (méthode par réduction). Ce procédé est surtout applicable aux minerais impurs. On les chauffe dans un four à cuve, après les avoir mélangés d'une quantité suffisante de grenaille de fonte. Le plomb, plus dense que le sulfure de fer, se rassemble au fond du fourneau.

2° Par la méthode dite de réaction. Elle consiste dans la transformation partielle du sulfure de plomb en oxyde et en sulfate par le grillage, et dans la réaction de ces deux corps au rouge sur l'excès de sulfure employé :

$$
\begin{array}{l}
\text{Grillage} \left\{ \begin{array}{l} PbS + 4O = PbSO_4. \\ 2PbS + 6O = 2PbO + 2SO_2. \end{array} \right. \\
\text{Réduction} \left\{ \begin{array}{l} PbS + PbSO_4 = 2Pb + 2SO_2. \\ PbS + 2PbO = 3Pb + SO_2. \end{array} \right.
\end{array}
$$

Cette méthode n'est applicable qu'aux galènes pures. On chauffe le minerai sur la sole d'un four à réverbère; on y incorpore de la chaux pour éviter la fusion de la masse. Le plomb s'écoule peu à peu par un canal ménagé à la partie inférieure de la sole.

3° Par la réduction de l'oxyde ou du carbonate par le charbon. On les fond dans un four à cuve. On extrait ainsi le plomb des cérusites naturelles et des litharges provenant du traitement du plomb d'œuvre, p. 179.

Propriétés. Le plomb est un métal d'un gris bleuâtre, très brillant lorsqu'il est fraîchement coupé, mais se ternissant rapidement à l'air. Il est mou et tache le papier. Sa densité est 11,445. Il est ductile et malléable, mais peu tenace. Il fond à 334°, et bout vers 1700°. Il se laisse entraîner quand on le chauffe au blanc dans un courant de gaz inerte. Il peut dissoudre des traces de protoxyde et de sulfure de plomb : il devient ainsi dur et cassant.

Exposé à l'air il se couvre d'une pellicule bleue de sous-oxyde Pb_2O qui le garantit contre une oxydation ultérieure; sous l'eau aérée et contenant de l'anhydride carbonique, il passe à la longue à l'état d'hydrocarbonate de plomb. Certains sels de calcium et notamment le sulfate et le carbonate arrêtent sensiblement l'hydratation et la carbonatation du plomb. L'eau pure et les eaux douces deviennent rapidement saturnines au contact du plomb : il n'en est pas de même des eaux calcareuses.

Au contact de l'air les acides faibles, tels que l'acide acétique attaquent le plomb, et le transforment en composés toxiques. On doit donc soigneusement éviter l'emploi de ce métal dans la confection des ustensiles employés pour la préparation des aliments.

Le plomb déplace, quoique difficilement, l'hydrogène de l'acide chlorhydrique concentré et chaud. Avec l'acide sulfurique dilué, il dégage suivant la température et le degré de concentration, soit de l'hydrogène, soit de l'acide sulfhydrique. A la température de l'ébullition, il le décompose avec dégagement d'anhydride sulfureux et de vapeur d'eau ; il se transforme ainsi en sulfate.

Il décompose l'acide azotique avec production de vapeurs rutilantes et formation d'azotate de plomb.

Ce métal ne forme qu'un seul genre de sels solubles : ils correspondent à (z = Pb)''.

CHLORURE DE PLOMB. $PbCl_2$.

266. Ce composé se prépare par voie humide, en faisant agir de l'acide chlorhydrique sur un sel soluble de plomb. Il cristallise en longues aiguilles brillantes, fusibles et volatiles, à peine solubles dans l'eau froide, légèrement solubles dans l'eau bouillante. Il est presqu'insoluble dans l'acide chlorhydrique étendu, mais il est assez soluble dans l'acide concentré, de même que dans les solutions des thiosulfates ou des acétates alcalins.

Ce corps s'unit à l'oxyde et à l'hydroxyde de plomb pour former des oxychlorures. La combinaison avec l'oxyde se produit lorsqu'on chauffe l'oxyde de plomb avec du chlorure d'ammonium. Ce composé est d'un beau jaune ; il sert comme couleur sous le nom de jaune de Cassel.

La combinaison de chlorure avec l'hydroxyde de plomb s'obtient lorsqu'on abandonne pendant quelques jours une solution concentrée de chlorure de sodium avec de l'oxyde de plomb. Il se forme ainsi de l'hydroxyde de sodium et de l'oxychlorure hydraté HO - Pb - Cl qui est blanc et insoluble.

On le connaît dans les arts sous le nom de *blanc de Pattinson*; il se prépare industriellement en versant de l'eau de chaux dans une solution bouillante de chlorure de plomb, et peut avantageusement remplacer la céruse. Soumis à l'action de la chaleur il devient d'un beau jaune en produisant un oxychlorure connu sous le nom de jaune de Turner.

267. Quand dans de l'eau contenant du chlorure de plomb et du chlorure de sodium ou de calcium on fait arriver un courant de chlore, on obtient des chlorures doubles de la composition $PbCl_4 + 9NaCl$ et $PbCl_4 + 16CaCl_2$. Le bioxyde de plomb PbO_2 se dissout dans l'acide chlorhydrique froid, sans dégagement de chlore, en produisant un liquide jaune contenant le tétrachlorure $PbCl_4$. On arrive au même résultat en délayant du chlorure de plomb dans l'acide chlorhydrique concentré, et en faisant arriver un courant de chlore dans ce liquide. En ajoutant de l'eau à cette solution on obtient un précipité de bioxyde PbO_2.

IODURE DE PLOMB PbI_2.

268. Ce composé se forme par l'action de l'iodure de potassium sur une solution d'azotate de plomb. C'est un précipité jaune, soluble dans l'eau bouillante, d'où il cristallise en aiguilles brillantes d'un jaune d'or. Il se dissout dans les solutions concentrées des iodures alcalins. Il fond en se colorant en rouge brun.

SOUS-OXYDE DE PLOMB. Pb_2O.

269. Le mince enduit d'oxyde dont le plomb se recouvre à l'air paraît formé par ce sous-oxyde. On l'obtient également en chauffant l'oxalate de plomb. C'est une poudre noire qui se comporte avec les réactifs comme un mélange de plomb et d'oxyde plombique PbO. Ce n'est toutefois pas un mélange, car il ne donne pas d'amalgame de plomb au contact du mercure.

OXYDE DE PLOMB. PbO.

270. Préparation. 1° En maintenant le plomb en fusion au contact de l'air; 2° en calcinant le carbonate ou l'azotate de plomb. Dans les arts, c'est le premier moyen qui est employé.

Propriétés. Quand dans la préparation de l'oxyde de plomb on n'a pas atteint sa température de fusion, il est pulvérulent et jaune (massicot) ; il cristallise en lamelles rosées (litharge) quand il a été fondu. Il est fusible en un liquide jaune qui attaque les creusets d'argile, de silice ou de porcelaine avec une facilité extraordinaire, en se transformant en silicate. Les creusets de chaux peuvent seuls servir sans être attaqués.

Chauffé assez fortement, il bout et se volatilise.

Maintenu au dessous de son point de fusion au contact de l'air, il en absorbe l'oxygène en se transformant en minium.

Il est à peine soluble dans l'eau pure, mais il se dissout aisément dans l'eau sucrée.

Il se dissout également dans les solutions d'hydroxyde de potassium ou de sodium. Ces solutions peuvent cristalliser. Le composé produit peut être envisagé comme un oxyde mixte ou comme un sel de l'hydroxyde de plomb envisagé comme acide.

L'hydroxyde normal PbH_2O_2 n'existe pas. Lorsqu'on verse une solution d'un sel de plomb dans de l'ammoniaque en excès, ou mieux, lorsqu'on verse un sel de plomb dans une solution d'oxyde de plomb dans l'hydroxyde de potassium, on obtient un hydroxyde blanc $Pb_2H_2O_3 = 2PbH_2O_2 - H_2O$.

L'oxyde et l'hydroxyde absorbent l'anhydride carbonique de l'air, et sont aisément réductibles par l'hydrogène ou le charbon.

ANHYDRIDE PLOMBIQUE. PbO_2.

271. Cette substance, que l'on nomme aussi bioxyde de plomb ou oxyde puce, à cause de sa couleur, se rencontre dans le règne minéral à l'état de prismes hexagonaux connus sous le nom de plattnerite.

Elle se forme par l'action des agents oxydants sur l'oxyde de plomb, et notamment par l'action du chlore sur les solutions alcalines d'oxyde plombique. Elle se produit encore en fondant la litharge ou le minium avec le quart de son poids de chlorate de potassium et deux fois son poids de nitre. On l'obtient ainsi à l'état de lames hexagonales. On la prépare ordinairement en faisant digérer pendant un jour au bain marie 10 p. de minium avec 15 p. d'acide nitrique ordinaire et 25 p. d'eau. On obtient ainsi une poudre brune, très dense, insoluble dans l'eau et dans l'acide azotique, qu'on purifie en la lavant sur un filtre

$$2PbO,PbO_2 + 4HNO_3 = 2PbN_2O_6 + PbO_2 + 2H_2O;$$

La chaleur le décompose en protoxyde et en oxygène. C'est un véritable anhydride acide dérivant de l'acide métaplombique inconnu $O = Pb = (OH)_4$. Chauffé avec une solution très concentrée d'hydroxyde de potassium, il produit du plombate K_2PbO_3, $3H_2O$.

Ce sel s'obtient plus facilement en dissolvant dans une petite quantité d'eau le produit que l'on obtient en fondant l'oxyde puce dans un creuset d'argent avec de la potasse caustique. L'évaporation dans le vide permet de l'obtenir à l'état d'octaèdres quadratiques incolores et transparents.

Une grande quantité d'eau dédouble ce sel en $PbO_2 + 2KOH$. Quand on verse dans le plombate de potassium dissous une solution d'hydroxyde de plomb dans la potasse, on obtient un précipité jaune de sesquioxyde de plomb, qui est du métaplombate de plomb.

Le minium est un métaplombate basique. La constitution de ces deux composés est représentée par les formules

$$O = Pb'' \diagup\!\!\!\!\!\overset{\displaystyle O}{\underset{\displaystyle O}{}}\!\!\!\!\!\diagdown Pb'' \quad \text{et} \quad O = Pl'' \diagup\!\!\!\!\!\overset{\displaystyle O\text{-}Pb''}{\underset{\displaystyle O\text{-}Pb''}{}}\!\!\!\!\!\diagdown O.$$

Le bioxyde de plomb est un oxydant très énergique. Chauffé avec de l'acide chlorhydrique, il en dégage du chlore et se convertit en chlorure de plomb. Il transforme à la température ordinaire l'anhydride sulfureux en sulfate de plomb; on met cette propriété à profit dans l'analyse. Il absorbe aussi l'hypoazotide, avec lequel il produit de l'azotate de plomb. Il brûle vivement quand on le broie avec un sixième de son poids de soufre.

272. Le *sesquioxyde* ou *métaplombate de plomb* Pb_2O_3 dont il vient d'être parlé peut s'obtenir aussi en versant du chlorure de soude dans une solution d'oxyde de plomb dans la soude caustique, ou en ajoutant peu à peu de l'ammoniaque à la solution du minium dans l'acide acétique. Les acides le dédoublent en produisant des sels de plomb et en laissant du bioxyde comme résidu.

OXYDE INTERMÉDIAIRE DE PLOMB OU MINIUM.

273. On prépare le minium en chauffant le massicot ou la céruse à 300° au contact de l'air. Le minium est une poudre rouge ou rouge orangé qui se fonce quand on la chauffe. Elle se décompose au rouge en oxygène et protoxyde de plomb.

Les acides oxygénés qui produisent des sels solubles de plomb le décomposent en sels de plomb correspondants et en anhydride plombique. On a vu, en effet, plus haut que le minium Pb_3O_4 n'est qu'un plombate basique de plomb.

La composition du minium est sujette à varier : il existe en effet un nombre considérable de ces plombates basiques, c'est-à-dire des combinaisons de plusieurs molécules d'oxyde avec une molécule d'anhydride plombique. Les miniums sont d'autant plus jaunâtres, que cette quantité d'oxyde est plus considérable.

Il sert pour la fabrication du cristal, comme couleur et comme siccatif.

AZOTATE DE PLOMB. PbN_2O_6.

274. Ce sel prend naissance lorsqu'on dissout le plomb ou l'oxyde de ce métal dans de l'acide azotique. Par évaporation spontanée il cristallise en octaèdres réguliers, incolores et transparents ; si la cristallisation a lieu par refroidissement ils sont opaques et blancs. Il est très soluble dans l'eau bouillante ; cette solution dissout à l'ébullition de l'oxyde de plomb et se transforme ainsi en un sel basique à peine soluble dans l'eau froide, cristallisable en écailles blanches brillantes qui sont représentées par la formule

$$H_2Pb_2N_2O_8 = PbO + PbN_2O_6 + H_2O.$$

Une solution de nitrate de plomb, maintenue pendant quelques heures à 70° avec du plomb métallique, laisse déposer par le refroidissement des aiguilles jaunes de la composition $HO - Pb - NO_3 + HO - Pb - NO_2$.

L'azotate de plomb sert en teinture comme mordant.

SULFATE DE PLOMB. $PbSO_4$.

275. Ce sel se rencontre en cristaux isomorphes avec ceux du sulfate de baryum. Les minéralogistes le désignent sous le nom d'anglésite. On le prépare par l'action de l'acide sulfurique ou d'un sulfate soluble sur une solution d'un sel de plomb. On l'obtient en grande quantité comme produit secondaire dans la préparation de l'acétate d'aluminium, en faisant réagir le sulfate d'aluminium sur l'acétate de plomb.

Le sulfate de plomb est blanc, pulvérulent, insoluble dans l'eau, faiblement soluble dans l'acide sulfurique bouillant.

Suspendu dans l'eau, il est décomposé par l'acide sulfhydrique ou chlorhydrique avec formation de chlorure ou de sulfure de plomb. Les solutions bouillantes des carbonates solubles le transforment en carbonate de plomb, en passant à l'état de sulfates solubles. Il se dissout abondamment dans le tartrate et dans l'acétate d'ammoniaque. Il est également soluble dans les solutions chaudes de potasse et d'ammoniaque.

CARBONATES DE PLOMB.

276. Le carbonate neutre $PbCO_3$ est la cérusite des minéralogistes. On prépare dans les arts des combinaisons de ce sel avec l'hydroxyde de plomb dans lesquelles le rapport du carbonate à l'hydroxyde est :: 1 : 1; :: 2 : 1; :: 3 : 1. Ces dernières combinaisons forment le produit industriel désigné sous le nom de blanc de plomb ou de *céruse*.

Fig. 11.

Le carbonate $PbCO_3$ se forme par double décomposition à l'aide d'un carbonate soluble et d'un sel de plomb soluble. Il est solide, blanc, cristallisable ; il se présente habituellement sous forme pulvérulente. Il est très peu soluble dans l'eau.

Les hydro-carbonates de plomb, se produisent par l'action de l'anhydride carbonique sur les sels basiques de plomb et spécialement sur l'acétate basique.

Dans la méthode de Clichy, on dissout de la litharge dans l'acétate de plomb pour former le sel basique, et on décompose cette solution par un courant d'anhydride carbonique qui précipite la céruse.

Dans la méthode hollandaise on introduit des lames de plomb dans des pots de forme spéciale, fig. 11, contenant de l'acide acétique, dont les vapeurs transforment le plomb en acétate basique, grâce au contact de l'air. Ces pots sont placés dans des tas de fumier : l'anhydride carbonique qui s'en dégage transforme l'acétate basique en céruse.

La méthode anglaise de Milner consiste à broyer de la litharge finement pulvérisée avec une solution de sel marin, et à diriger de l'anhydride carbonique dans ce mélange jusqu'à neutralisation. Il se forme d'abord de la soude caustique et de l'oxy-chlorure (§ 206) que l'anhydride carbonique transforme en céruse et en chlorure neutre. Ce dernier agit alors de nouveau sur l'oxyde, avec lequel il régénère le chlorure basique, qui à son tour rentre dans la réaction.

La céruse est une poudre blanche, amorphe, absolument opaque, ce qui lui donne la propriété de bien couvrir, et la fait employer dans la peinture à l'huile. La céruse ordinaire a pour formule $HO - Pb - CO_2 - Pb - CO_3 - Pb - OH$.

CARACTÈRES DES COMPOSÉS DE PLOMB.

Les composés solubles de plomb sont incolores, et possèdent une saveur sucrée.

Les hydroxydes de potassium et de sodium les précipitent en blanc ($Pb(OH)_2$); un excès de réactif redissout le précipité.

L'acide chlorhydrique les précipite également en blanc ($PbCl_2$); le précipité se dissout à chaud dans une grande quantité d'eau, et se dépose en aiguilles cristallines par le refroidissement du liquide.

L'acide sulfhydrique les précipite en noir (PbS).

L'acide sulfurique et les sulfates solubles les précipitent en blanc ($PbSO_4$); le précipité est insoluble dans l'eau et dans un excès d'acide sulfurique, mais se dissout dans le tartrate ou dans l'acétate d'ammonium. La présence d'un peu d'ammoniaque libre facilite cette dissolution.

Les chromates les précipitent en jaune ($PbCrO_4$).

Les carbonates alcalins les précipitent en blanc ($PbCO_3$).

Les composés du plomb se laissent très facilement réduire et reconnaître au chalumeau. Chauffés avec de la soude sur le charbon, ils produisent un bouton métallique blanc, ductile; le charbon se recouvre en même temps d'un enduit brun à chaud, jaune à froid, d'oxyde de plomb.

ÉTAIN.

Symbole Sn^{IV}; poids atomique 118.

277. L'étain donne naissance à deux genres de composés. Dans les uns, connus sous le nom de composés stanniques ou de stannicum, tels que Sn$''$Cl$_4$, il met en jeu ses quatre centres d'attraction, et se comporte comme un élément quadrivalent. Dans les autres, sa valence paraît réduite à 2; il forme des composés non saturés, comme $:=$Sn$=$Cl$_2$, ou Cl$_2$Sn$=$SnCl$_2$, connus sous le nom de composés stanneux ou de stannosum.

État naturel. L'étain natif est rare. Ce métal se trouve principalement à l'état d'anhydride stannique ou cassitérite mêlé de sulfure et d'arsénio-sulfure d'étain et de fer.

Préparation. On l'obtient dans les arts en réduisant par le charbon l'anhydride stannique naturel ou l'anhydride provenant du grillage du sulfure et de l'arsénio-sulfure. La réduction se fait au four à réverbère. L'étain produit ainsi n'est jamais pur; il contient presque toujours des traces de fer, de cuivre et d'arsenic.

On l'obtient pur, en réduisant par le charbon l'anhydride stannique artificiel.

Propriétés. L'étain est un métal d'un blanc légèrement jaunâtre, mou, ductile et malléable; il devient cassant à 200°. Il cristallise aisément. On entend un craquement particulier, lorsqu'on courbe une tige de ce métal. Ce cri de l'étain dépend de sa nature cristalline. La structure cristalline de l'étain peut se mettre en évidence en attaquant par l'acide chlorhydrique étendu un lingot de ce métal ou une feuille de fer blanc : il se produit ainsi un dessin résultant de la mise à nu des cristaux enchevêtrés et connu sous le nom de *moiré métallique*.

Il possède une odeur et une saveur caractéristiques; cette odeur se développe surtout par le frottement.

Il fond à 228°; peu au delà de cette température, il s'oxyde; au blanc, il brûle avec flamme en se transformant en anhydride stannique.

Chauffé, il brûle dans le chlore en produisant du chlorure de stannicum ou de stannosum, suivant que le chlore ou l'étain est en excès. Il se dissout aisément dans l'acide chlorhydrique et dans l'eau régale. L'acide chlorhydrique le transforme en chlorure stanneux; l'eau régale le fait passer à l'état de chlorure stannique.

A la température ordinaire, il attaque l'acide azotique; si l'acide est très étendu, l'étain se dissout sans dégagement de gaz, et on obtient un liquide renfermant de l'azotate de stannosum et d'ammonium; si, au contraire, l'acide azotique est plus ou moins concentré, l'étain s'y transforme en une poudre cristalline blanche d'acide pentastannique, p. 242.

Usages. L'étain est surtout employé pour la fabrication de vases destinés à l'économie domestique, et pour la préparation de certains alliages, du bronze, du fer blanc, etc.

CHLORURE STANNIQUE. $SnCl_4$.

278. Ce composé s'obtient par l'action du chlore sec et en excès sur de la grenaille d'étain modérément chauffée. On opère dans

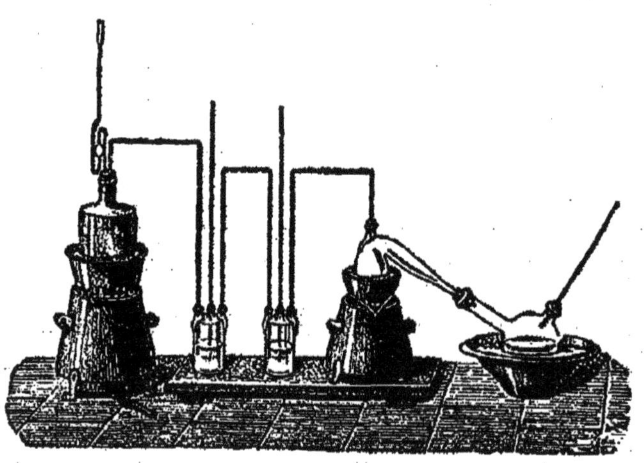

Fig. 12.

l'appareil représenté par la fig. 12. Il se forme aussi quand on chauffe de l'étain avec du chlorure mercurique.

C'est un liquide incolore, d'une densité de 2,28; bouillant à 120°.

A la température ordinaire, il fume au contact de l'air, aussi l'appelait-on jadis liqueur fumante de Libavius. En présence de l'eau, il fait entendre un bruit analogue à celui d'un fer rouge qu'on plonge dans ce liquide, et produit un hydrate $Sn^{IV}Cl_4 + 5H_2O$, soluble dans l'eau et cristallisable. Cet hydrate s'obtient aussi lorsqu'on dissout l'étain dans l'eau régale, contenant un excès d'acide chlorhydrique. Chauffé avec de l'acide sulfurique, il régénère le chlorure anhydre. La chaleur le détruit avec dégagement d'acide chlorhydrique.

En solution étendue il se décompose peu à peu même à la température ordinaire et dépose de l'acide stannique.

A chaud, l'étain transforme le chlorure stannique en chlorure stanneux.

Il se combine aux chlorures alcalins en donnant naissance à des chlorostannates M_2SnCl_6, cristallisables, incolores et solubles dans l'eau. Le chlorostannate d'ammonium ou *pincksalt* des Anglais, est employé par les teinturiers comme mordant.

On connaît plusieurs combinaisons du chlorure stannique avec les chlorures métalloïdiques, telles que $SnCl_4 \cdot 2SCl_4$, $SnCl_4 \cdot 2NOCl$, $SnCl_4 \cdot PCl_5$, $SnCl_4 \cdot POCl_3$. Il s'unit aussi à l'anhydride azoteux.

ANHYDRIDE STANNIQUE. SnO_2.

270. Ce corps est connu en minéralogie sous le nom de cassitérite : il constitue le principal minerai d'étain.

On peut l'obtenir par l'oxydation à l'air de l'étain fondu, ou par l'action de la chaleur sur les acides stanniques. On l'obtient cristallisé en faisant passer un mélange de vapeur d'eau et de chlorure stannique dans un tube chauffé au rouge. L'anhydride stannique artificiel est blanc ou jaune; la cassitérite est souvent brune ou noire; elle cristallise en octaèdres à base carrée. Ce corps est insoluble dans les acides, même à chaud. Chauffé avec les hydroxydes ou les carbonates alcalins, il se transforme en stannates solubles M_2SnO_3.

Il sert à l'extraction de l'étain. L'anhydride artificiel est employé sous le nom de potée d'étain pour polir les corps durs, tels que les glaces, le verre, les cristaux, pour la fabrication du verre blanc opaque, et de certains vernis blancs ou colorés sur faïence.

ACIDES STANNIQUES.

280. Quand on verse de l'ammoniaque dans la solution du chlorure stannique, ou quand on décompose par un acide la solution d'un stannate obtenu en fondant l'anhydride stannique avec une base, on obtient un précipité blanc, gélatineux, que quelques chimistes considèrent comme l'acide orthostannique H_4SnO_4, et qui se dessèche en une masse amorphe, vitreuse, ayant pour composition H_2SnO_3. Ce composé est évidemment analogue à l'acide métasilicique, et représente le premier dérivé par déshydratation de l'acide orthostannique. On devrait donc l'appeler acide métastannique. Mais ce nom a été donné à une autre substance dont nous parlerons plus loin. L'acide H_2SnO_3 est appelé par tous les chimistes acide stannique; ses sels sont les stannates.

L'acide stannique préparé comme nous venons de le dire se dissout dans les alcalis pour former des stannates, et dans les acides en engendrant des sels, peu stables, où le stannicum joue le rôle de métal. Un séjour prolongé sous l'eau, ainsi que l'action de la chaleur, le transforment en une modification insoluble dans les acides.

Les seuls stannates importants sont ceux de potassium et de sodium. Ils sont cristallisables, fusibles sans altération et solubles dans l'eau. On les obtient en calcinant l'étain avec les azotates correspondants, ou en fondant l'anhydride stannique avec les bases. Ils sont employés en teinture : l'acide stannique possède en effet la propriété de se combiner aux matières colorantes en formant avec elles des composés insolubles connus sous le nom de *laques*. Le stannate de sodium se prépare industriellement et forme de beaux cristaux efflorescents $Na_2SnO_3 + 3H_2O$. Les autres stannates sont insolubles, et s'obtiennent par double décomposition.

L'acide stannique gélatineux, conservé sous l'eau, se transforme en une modification insoluble. Cette dernière s'obtient plus facilement quand on attaque l'étain par l'acide azotique concentré. Elle forme une poudre blanche insoluble dans l'eau et dans les acides dilués : l'acide sulfurique concentré la dissout. L'acide chlorhydrique la transforme en une poudre blanche, soluble dans l'eau, mais insoluble dans l'excès d'acide et dont la solution aqueuse se trouble dès qu'on la chauffe.

La modification insoluble de l'acide stannique a pour formule H_2SnO_4. A 100° elle devient H_2SnO_3. Plusieurs chimistes, s'appuyant sur la composition (assez mal établie d'ailleurs) des sels formés par cet acide, estiment qu'il faut en quintupler la formule et les considérer comme des pentamétastannates $M_2H_8Sn_5O_{15}$, dérivant d'un acide bibasique $H_{10}Sn_5O_{15}$. Il est plus probable qu'il s'agit ici de sels suracides. Quoiqu'il en soit la cause de l'isomérie des acides stanniques est encore inconnue; il est à supposer que l'acide pentastannique est un de ces acides fortement condensés, analogues aux acides polysiliciques. Ce qui prouve qu'il en est ainsi, c'est que la dissolution de cet acide dans l'acide chlorhydrique produit, par l'addition de soude caustique, un précipité gélatineux ayant pour composition $Na_2Sn_9O_{19} + 8H_2O$.

L'acide pentastannique, traité par une solution d'hydroxyde de sodium, se transforme en un sel blanc, insoluble dans la soude caustique, mais soluble dans l'eau pure. La solution de ce sel, soumise à la dialyse laisse sur le dialyseur une solution d'acide stannique soluble dans l'eau. On obtient ainsi un liquide incolore, assez mobile, d'une saveur astringente métallique; la chaleur le transforme en acide pentastannique insoluble dans l'acide azotique. La moindre trace d'acide azotique produit instantanément la même transformation.

L'acide pentastannique forme avec l'acide phosphorique une combinaison qu'on peut regarder comme un anhydride mixte dérivé de ces deux acides. C'est une poudre blanche, insoluble dans l'eau et dans l'acide azotique, qui se produit quand on chauffe un phosphate avec de l'acide nitrique et qu'on introduit des feuilles d'étain dans ce mélange. Cette propriété de l'acide métastannique permet de séparer facilement d'avec l'acide phosphorique les métaux qui engendrent des phosphates insolubles dans l'eau mais solubles dans l'acide nitrique. Ces métaux sont ainsi transformés en azotates. Le phosphate métastannique est soluble dans l'eau régale : cette solution neutralisée par l'ammoniaque et additionnée de sulfure d'ammonium donne un précipité de phosphate ammoniaco magnésien quand on y ajoute de la mixture magnésienne. Ces propriétés sont mises à profit dans l'analyse minérale.

SULFURE STANNIQUE. SnS_2.

281. On obtient ce corps en chauffant dans un ballon un mélange d'amalgame d'étain, de chlorure d'ammonium et de soufre. Il se volatilise ainsi du chlorure d'ammonium, du chlorure mercureux et du sulfure mercurique ; le sulfure stannique reste au fond du vase sous forme de paillettes d'un jaune d'or, connues sous le nom d'or mussif. Chauffé au rouge il se transforme en soufre et en sulfure de stannosum.

On peut l'obtenir à l'état d'un précipité jaune sale par l'action de l'hydrogène sulfuré sur une solution de chlorure stannique. Il est insoluble dans l'eau, mais il se dissout dans les sulfures alcalins et forme avec eux des métasulfostannates solubles.

Le sulfostannate de sodium $Na_2SnS_3 + 2H_2O$ forme de beaux cristaux jaunes. On peut l'obtenir aussi en fondant l'étain avec du polysulfure de sodium. Les acides dilués décomposent ces sels avec production de sulfure stannique et dégagement d'acide sulfhydrique.

CHLORURE STANNEUX. $SnCl_2$.

282. Ce composé est connu dans le commerce sous le nom de sel d'étain, et se prépare industriellement en dissolvant de la grenaille d'étain dans l'acide chlorhydrique concentré.

On l'obtient anhydre par l'action de l'acide chlorhydrique gazeux sur l'étain :

$$Sn + 2HCl = SnCl_2 + H_2.$$

ou par l'action de l'étain sur le chlorure stannique :

$$SnCl_4 + Sn = 2SnCl_2$$

Le chlorure stanneux anhydre est blanc grisâtre, translucide, d'un aspect gras, fusible à 250°, et volatil au rouge. Sa densité de vapeur, déterminée à 700°, conduit à la formule Sn_2Cl_4 ; vers 1000° la molécule se dédouble et devient $SnCl_2$. Il se combine à l'eau et forme un hydrate cristallisable en longs prismes transparents $SnCl_2 + 2H_2O$ qui se dissout dans une petite quantité d'eau et dans l'eau acidulée par l'acide chlorhydrique. Une grande quantité d'eau le décompose en acide chlorhydrique et en oxychlorure blanc, insoluble, Cl-Sn-OH.

Le chlorure hydraté abandonné à l'air, absorbe rapidement l'oxygène en devenant opaque; sa solution aqueuse absorbe également l'oxygène et se trouble fortement. Il se produit ainsi un oxychlorure stannique $SnCl_2O$ ou $O = Sn \underset{OH}{\overset{Cl}{<}}$ insoluble.

Une solution chlorhydrique de chlorure stanneux réduit les composés ferriques, manganiques, cupriques, et mercuriques à l'état de composés au minimum; les composés mercureux sont même réduits à l'état de mercure métallique par un excès de chlorure stanneux : celui-ci se transforme en chlorure stannique. Il est un des agents réducteurs les plus puissants : on a même proposé de l'employer dans l'analyse volumétrique pour le dosage des corps oxydants. C'est ainsi qu'il peut servir à titrer une solution d'iode

$$SnCl_2 + 2HCl + I_2 = SnCl_4 + 2HI.$$

Il se combine aux chlorures alcalins en produisant des chlorostannites cristallins et solubles dans l'eau, dont la composition est $M_2Sn_2Cl_6$.

OXYDE ET HYDROXYDE STANNEUX.

283. Quand on verse de l'ammoniaque ou du carbonate de sodium dans une solution de chlorure stanneux, on obtient un précipité blanc, gélatineux d'hydroxyde H_2SnO_2.

Ce corps peut perdre les éléments de l'eau par l'action de la chaleur et se transformer en oxyde SnO. L'aspect de ce dernier varie suivant les conditions dans lesquelles cette déshydratation s'est produite. Si l'on fait bouillir l'hydroxyde en présence de l'ammoniaque on obtient une poudre cristalline olive. Si l'excès d'ammoniaque est considérable et qu'on évapore à sec, on obtient une poudre rouge. Si l'ébullition se fait dans un liquide contenant un peu de potasse caustique, il se produit des cristaux noirs. La modification olive est la plus stable, et s'obtient en chauffant les autres à 250°. On la prépare encore en chauffant l'oxalate stanneux. Toutes ces opérations doivent se faire à l'abri de l'air.

L'oxyde stanneux est tellement avide d'oxygène, qu'il prend feu par une étincelle, et brûle comme de l'amadou, en passant à l'état d'anhydride stannique.

L'hydroxyde stanneux est blanc, pulvérulent, très avide d'oxygène. Il se dissout aisément dans l'acide chlorhydrique, azotique ou sulfurique en se transformant en sels de stannosum. A cet égard il peut être envisagé comme un véritable hydroxyde métallique ou basique. Mais il se dissout également dans les alcalis, pour former des stannites de la forme M_2SnO_2. Cette réaction doit donc le faire envisager comme un acide bibasique, auquel on donnerait le nom d'acide stanneux. Seulement cet acide est très faible : il est comparable sous ce rapport à l'acide antimonieux; ses sels, comme ceux de ce dernier, se décomposent par l'ébullition avec l'eau en hydroxydes alcalins, et en hydroxyde stanneux, qui passe ensuite à l'état d'oxyde anhydre.

SULFURE STANNEUX. SnS.

284. On obtient ce corps en fondant l'étain avec du soufre ou par l'action de l'acide sulfhydrique sur une solution de chlorure stanneux. Il est gris noir, s'il provient de l'action du soufre sur l'étain; brun foncé, s'il a été obtenu par voie humide.

L'acide chlorhydrique dilué ne le décompose point à froid; l'acide concentré et chaud le transforme en chlorure stanneux et acide sulfhydrique. Il ne se dissout pas dans les sulfures alcalins purs, mais bien dans les polysulfures ou sulfures jaunes qui le transforment alors en sulfostannates.

CARACTÈRES DES COMPOSÉS SOLUBLES D'ÉTAIN.

COMPOSÉS STANNIQUES. — *Leurs solutions sont incolores.* L'acide sulfhydrique et les sulfures solubles les précipitent en jaune sale (SnS_2); ce précipité est soluble dans un excès de sulfure alcalin, insoluble dans le carbonate d'ammoniaque. Il se dissout aussi dans l'acide chlorhydrique concentré : cette solution contient alors du chlorure stanneux.

Les hydroxydes alcalins les précipitent en blanc (SnO_2H_2); un excès d'hydroxyde redissout le précipité; l'ammoniaque ne le dissout pas.

Ils sont sans action sur les solutions d'or ou de mercure.

Tous les composés solubles d'étain déposent de l'étain métallique, au contact d'une lame de fer ou de zinc.

composés stanneux. — La plupart des composés stanneux sont insolubles dans l'eau. Même le chlorure stanneux est décomposé par ce liquide avec formation d'oxychlorure (Sn_2OCl_2) insoluble. Mais il se dissout sans altération dans l'acide chlohydrique étendu et dans la solution des chlorures alcalins. Ces solutions sont incolores. L'acide sulfhydrique et les sulfures alcalins le précipitent en brun foncé SnS; le précipité est soluble dans un excès de sulfure alcalin, surtout si celui-ci contient du polysulfure, qui le colore en jaune. Le sulfure stanneux brun SnS est transformé en sulfure stannique jaune SnS_2, qui se précipite quand on ajoute un acide à sa solution dans le polysulfure d'ammonium.

Les hydroxydes alcalins les précipitent en blanc $Sn(OH)_2$, un excès d'hydroxyde redissout le précipité. Leurs solutions réduisent le chlorure mercurique d'abord à l'état de chlorure mercureux, qui passe ensuite à l'état de mercure métallique. Elles précipitent en pourpre le trichlorure d'or.

L'étain se laisse difficilement réduire au chalumeau. Le bouton métallique ne s'obtient aisément qu'en présence du cyanure de potassium ou du formiate de sodium.

CINQUIÈME GROUPE.

(*Métaux Quinquivalents.*)

BISMUTH.

Symbole Bi; poids atomique 210.

Le bismuth est parmi les métaux le seul représentant vraiment important de la famille des azotides. Plusieurs de ses combinaisons offrent la plus grande analogie avec les composés correspondants de l'antimoine, ce qui fait que bien des chimistes le rangent encore parmi les métalloïdes. Il est à remarquer toutefois que le caractère métallique du bismuth est bien plus prononcé que celui de l'antimoine.

285. État naturel. Il se rencontre dans la nature à l'état métallique (bismuth natif), à l'état d'oxyde (bismuthocre), de sulfure (bismuthine) et de sulfo-tellurure (tétradymite).

Préparation. Dans les arts, on l'obtient en fondant simplement le bismuth natif, qui se sépare alors mécaniquement de sa gangue, grâce à sa grande fusibilité. Il est plus avantageux de griller le minerai, et de le fondre ensuite avec du flux noir dans un creuset. Les matières étrangères (Fe, Co, Ni, As) qui accompagnaient le bismuth se solidifient les premières : le métal resté liquide se sépare par décantation.

Pour avoir le métal pur, on réduit l'azotate basique de bismuth par le flux noir.

Propriétés. Le bismuth est un métal blanc, tirant un peu sur le rose, dur et très cassant. Il fond à 267° et cristallise en rhomboèdres disposés en trémies.

Il est inaltérable à l'air. Chauffé au blanc, il brûle avec une petite flamme bleuâtre, en répandant des fumées jaunes.

Il a tous les caractères d'un métal : il attaque avec une violence extrême l'acide azotique en passant à l'état d'azotate. A chaud, il attaque également l'acide sulfurique concentré, en se transformant en sulfate de bismuth $Bi_2(SO_4)_3$. L'acide chlorhydrique est sans action sur lui; l'eau régale le convertit en chlorure $BiCl_3$.

Le bismuth se comporte en général comme un métal trivalent, qui engendre un chlorure $BiCl_3$, un oxyde Bi_2O_3, un azotate $Bi(NO_3)_3$ etc. On connaît quelques rares composés, tels que le chlorure bismutheux $Cl_2 = Bi - Bi = Cl_2$ et l'oxyde bismutheux Bi_2O_2, où il est bivalent en apparence.

CHLORURES DE BISMUTH.

286. Le trichlorure $BiCl_3$ est analogue au trichlorure d'antimoine : on l'obtient directement. Il est solide, blanc, fusible et volatil, déliquescent à l'air humide, soluble dans l'acide chlorhydrique et dans une très petite quantité d'eau. Une grande quantité d'eau le décompose en oxychlorure de bismuth $BiOCl$. L'oxychlorure est une poudre blanche presque insoluble dans l'eau, analogue en tout point à la poudre d'Algaroth. On l'emploie comme blanc de fard. Le *sous-chlorure* Bi_2Cl_4 est une masse noire, cristalline, qu'on prépare en chauffant le trichlorure avec du bismuth en poudre fine. Chauffé au contact de l'air il se convertit en un oxychlorure $Bi_4Cl_4O_3 = Bi_2Cl_4 + 3Bi_2O_3$.

COMBINAISONS OXYGÉNÉES DU BISMUTH.

287. *L'oxyde bismuthique* Bi_2O_3 joue le rôle d'un anhydride basique. C'est une poudre jaune qu'on obtient en oxydant le métal à l'air, ou en calcinant l'azotate.

288. *L'hydroxyde* BiH_3O_3 est inconnu à l'état libre; mais s'il existait, il aurait le caractère d'une base faible, qui changerait Bi''' contre H_3 des acides, ou, ce qui revient au même, qui laisserait remplacer ses trois atomes d'hydroxyle par des résidus halogéniques. Cet hydroxyde $Bi(OH)_3$ est donc une base triacide, pouvant former trois espèces de sels

$$Bi \begin{cases} (OH)_2 \\ R \end{cases}, \ Bi \begin{cases} OH \\ R_2 \end{cases}, \ \text{et } BiR_3,$$

R étant un résidu halogénique univalent quelconque.

A l'hydroxyde inconnu $Bi(OH)_3$ correspond un premier anhydride BiO_2H, qu'on obtient dans toutes les réactions qui devraient produire le véritable hydroxyde BiH_3O_3. Il est blanc, pulvérulent et se produit par l'action de l'ammoniaque ou de la potasse en excès sur le triazotate de bismuth dissout dans une petite quantité d'eau. Bouilli avec une solution de potasse caustique, il fournit de l'oxyde de bismuth jaune et cristallin.

289. *L'oxyde bismutheux* ou *sous-oxyde de bismuth* Bi_2O_2 est une poudre noire qui se forme quand on ajoute de la potasse caustique à un mélange de sel bismuthique et de chlorure stanneux.

290. Le seul sel de bismuth, qui offre quelqu'intérêt est l'azotate $Bi(NO_3)_3 + 5H_2O$, qu'on obtient en dissolvant dans 60 p. d'acide azotique ordinaire, dilué de 40 p. d'eau, 25 p. de métal pulvérisé. Il cristallise en gros prismes incolores à quatre pans. Il est soluble dans l'acide azotique dilué, mais l'eau le décompose en acide azotique et en un azotate basique de bismuth, poudre blanche, insipide, connue sous le nom de magistère de bismuth ou blanc de fard, et employée dans l'art de guérir. Sa composition varie avec le mode de préparation : elle est constituée par un mélange en propor-tions variables des deux azotates basiques $Bi \begin{cases} (OH)_2 \\ NO_3 \end{cases}$ et $Bi \begin{cases} OH \\ (NO_3)_2 \end{cases}$.

291. *Le pentoxyde* de bismuth, ou *anhydride métabismuthique*

Bi_2O_5 se produit par l'action d'une chaleur de 150° sur l'acide méta-bismuthique. Cet acide se forme lorsqu'on fait passer jusqu'à refus un courant de chlore au travers d'une solution d'hydroxyde de potassium tenant de l'hydroxyde de bismuth en suspension. Après l'action du chlore, l'acide bismuthique est laissé en digestion avec l'acide azotique étendu qui enlève l'hydroxyde non altéré.

Le pentoxyde est solide et brun; par une faible élévation de température, il dégage de l'oxygène et passe à l'état d'oxydes intermédiaires qui sont des combinaisons de trixyde et de pentoxyde analogues à celles que fournit l'antimoine.

L'acide méta-bismuthique est solide, d'un rouge de sang. A 150°, il devient brun en se transformant en pentoxyde. Il est monobasique, mais ne forme de sels qu'avec difficulté.

CARACTÈRES DES COMPOSÉS SOLUBLES DU BISMUTH.

Les composés solubles du bismuth dans lesquels ce corps joue le rôle de métal sont blancs; l'eau les décompose, de l'acide devient libre et il se produit des composés basiques, insolubles ($BiOCl$, $BiONO_3$). On ne peut donc les maintenir en dissolution qu'à la faveur d'un excès d'acide.

L'hydroxyde de potassium ou l'ammoniaque les précipite en blanc (BiO_2H); un excès de réactif ne redissout pas le précipité. L'hydroxyde de bismuth se dissout dans l'acide chlorhydrique concentré, cette solution donne un précipité blanc ($BiOCl$) quand on y ajoute beaucoup d'eau. Elle produit un précipité noir de sous-oxyde de bismuth quand on y ajoute du chlorure stanneux et puis un excès de soude caustique.

L'acide sulfhydrique et les sulfures solubles les précipitent à l'état de trisulfure noir; le précipité ne se dissout pas dans un excès de sulfure alcalin.

Tous les composés de bismuth, mélangés de carbonate sodique et chauffés au rouge vif dans le creux d'un charbon, produisent un globule cassant de bismuth métallique.

Chauffés sur le charbon avec un peu de soufre et un grain d'iodure de potassium, ils produisent une belle aréole rouge (BiI_3).

SIXIÈME GROUPE.

(Famille des chrômides.)

292. Le sixième groupe dans la classification périodique de Mendelejeff est formé par des éléments hexavalents connus sous le nom de sulfurides. Parmi ces éléments se rencontrent des métaux,

le chrôme, le molybdène, le tungstène et l'urane, qui de même que
le soufre possèdent des oxydes de la forme RO_3 jouant le rôle d'anhydrides acides, et offrant les plus grandes analogies dans leurs
dérivés avec l'anhydride sulfurique. Les chrômates sont analogues
aux sulfates et même isomorphes avec eux. On connaît également
des composés RO_2Cl_2 analogues au chlorure de sulfuryle, des sels
condensés comparables aux polysulfates, etc.

On peut donc dire que la famille des chrômides représente celle
des sulfurides dans la classe des métaux. Ces éléments sont incontestablement hexavalents : non seulement on connaît leurs trioxydes
MO_3, mais on a aussi obtenu un hexachlorure de tungstène et un
hexafluorure de chrôme. Il s'en faut cependant que cette atomicité
maxima se développe toujours : on connaît de nombreuses combinaisons dans lesquelles une valence inférieure se manifeste. C'est
ainsi que l'hexachlorure de molybdène n'a pu être obtenu, on ne
connaît que les chlorures $MoCl_2$, Mo_2Cl_6, $MoCl_4$ et $MoCl_5$. Dans
quelques combinaisons de l'urane et du chrôme le caractère
métallique est bien développé : le molybdène et le tungstène sont
bien plutôt des métalloïdes.

CHRÔME.

Symbole Cr; poids atomique 53,50

293. Le chrôme engendre trois séries de composés dans lesquels
il met en jeu 2, 4 ou 6 centres d'attraction. Les premiers portent le
nom de composés chrômeux ou de chrômosum $\frac{1}{2}\equiv Cr''$; ceux qui
renferment deux atomes de chrôme quadrivalent, unis en un
groupement hexatomique $\equiv Cr \cdot Cr \equiv$ sont appelés composés chrômiques ou de chrômicum $(Cr_2)''$ ou Ccr''. On connaît aussi l'anhydride
chrômique CrO_3 et ses sels, ainsi qu'un fluorure $Cr''Fl_{0,4}$ dans lesquels cet élément développe sa capacité de saturation maxima.

État naturel. Le principal minerai du chrôme est le fer chrômé,
combinaison d'oxyde chrômique avec l'oxyde ferreux $CcrFeO_4$. Le
chrômate de plomb naturel (crocoïse) est rare. Il en est de même de
l'oxyde chrômique naturel, connu sous le nom de chrômocre.
L'émeraude, la serpentine, les micas et les grenats verts doivent leur
coloration à des traces de ce métal.

Préparation. Le chrôme peut s'obtenir de diverses manières. 1° En chauffant au blanc dans un creuset de chaux l'oxyde chrômique avec une quantité insuffisante de charbon pour ramener tout l'oxygène à l'état d'oxyde carbonique. 2° En soumettant au rouge un mélange de 1 p. de chlorure chrômique, 2 p. de zinc pulvérisé, 1 p. de chlorure de potassium et 1 p. de chlorure de sodium, on obtient un culot de zinc qui contient le chrôme en paillettes qu'on peut isoler en dissolvant le zinc dans l'acide azotique étendu. 3° Quand on soumet à l'électrolyse une solution de chlorure chrômeux, le chrôme se dépose à l'électrode négatif en lamelles brillantes. 4° On obtient du chrôme en cristaux durs et brillants en décomposant, au sein d'une atmosphère d'hydrogène, la vapeur du chlorure chrômique par la vapeur de sodium.

Propriétés. Le chrôme n'a pas été obtenu jusqu'ici à l'état compacte. On ne le connaît qu'à l'état de poudre cristalline d'un gris blanc, dure comme le corindon, à peine fusible au chalumeau oxhydrique. Au rouge il s'oxyde lentement dans l'oxygène libre, mais violemment dans l'oxygène de l'azotate de potassium fondu; dans ce dernier cas il passe à l'état de chrômate de potassium.

Il brûle dans le chlore, en se transformant en cristaux violets de chlorure chrômique. Il dégage facilement l'hydrogène de l'acide chlorhydrique, mais n'attaque l'acide sulfurique étendu que pour autant qu'on le chauffe avec ce dernier. L'acide azotique est absolument sans action sur lui.

COMPOSÉS CHRÔMEUX.

294. Par l'action de l'acide chlorhydrique gazeux sur le chrôme chauffé au rouge, ou par l'action de l'hydrogène sur le chlorure chrômique chauffé au rouge sombre, on obtient des aiguilles soyeuses blanches, volatiles, solubles dans l'eau. C'est le *chlorure chrômeux* $CrCl_2$ qui sert de point de départ à la préparation des autres composés de chrômosum. Sa solution dans l'eau, privée entièrement d'oxygène, est bleue; elle est verte lorsque l'eau est aérée. Elle absorbe rapidement l'oxygène, le chlore, etc., en devenant verte, et passant à l'état de sel chrômique : elle est douée d'un pouvoir réducteur très énergique.

Le chlorure chrômeux s'obtient en solution aqueuse par l'action du zinc sur le chlorure chrômique dissous dans l'eau. On obtient un produit pur quand on attaque le chrôme métallique par l'acide chlorhydrique concentré. Cette solution, de même que celle des autres sels chrômeux, absorbe l'oxyde azotique en se colorant en brun.

On a préparé de la même manière le brômure chrômeux, qui jouit de propriétés analogues.

295. Par l'action de l'hydroxyde de potassium sur une solution de chlorure de chrômosum, on obtient un précipité brun, fort altérable à l'air, et décomposant l'eau avec dégagement d'hydrogène. C'est l'*hydroxyde chrômeux* $Cr(OH)_2$. Au contact de l'eau, ce composé s'altère et fonce de couleur; il se change en une combinaison d'hydroxyde de chrômicum et de chrômosum, analogue à l'hydrate d'oxyde de fer magnétique. L'oxyde chrômeux n'a pas été obtenu, car quand on chauffe l'hydroxyde il se décompose d'après l'équation

$$2Cr(OH)_2 = Cr_2O_3 + H_2O + H_2.$$

296. Le sulfate chrômeux n'est connu qu'à l'état de dissolution. Il se prépare en dissolvant le chrôme métallique dans l'acide sulfurique étendu et chaud. Il importe d'opérer à l'abri de l'air.

En faisant agir le sulfate de potassium sur une solution saturée de chlorure chrômeux, et en ajoutant avec précaution de l'alcool à la liqueur, il se dépose au bout de quelques semaines de beaux cristaux bleus, de la formule $CrSO_4 + K_2SO_4 + 6Aq$. Le sulfate chrômeux paraît donc rentrer dans le groupe des vitriols.

297. Les sels de chrômosum se produisent par double décomposition à l'aide du chlorure chrômeux. Ils sont colorés en bleu ou en rouge et lorsqu'ils sont solubles dans l'eau, ils produisent des solutions d'un rouge violacé. Ils sont tellement avides d'oxygène que quelques uns s'enflamment au contact de l'air.

COMBINAISONS DU CHRÔMICUM.

298. Les composés chrômiques existent sous plusieurs modifications : ils peuvent être verts, bleu-violet ou rouges.

Les composés violets se forment à froid. En les chauffant, ils deviennent verts et incristallisables. Ceux-ci se transforment souvent en sels rouges ou roses par l'action d'une température plus élevée : cette modification rouge est insoluble dans l'eau.

On ne connaît pas bien la cause de la transformation des sels bleus en verts. Quelques chimistes pensent qu'il ne s'agit là que d'une variation dans la teneur en eau de cristallisation ; d'autres admettent que sous l'influence de la chaleur les sels violets se dédoublent en sels basiques et en sels acides. La transformation s'effectue sans perte de poids au sein de l'eau : le plus souvent les sels verts se retransforment à la longue en sels violets cristallisables.

CHLORURE CHRÔMIQUE. Cr_2Cl_6.

200. Le chlorure chrômique anhydre se forme par la combustion du chrôme dans un courant de chlore. On le prépare par l'action du chlore sur un mélange de charbon et d'oxyde chrômique chauffé au rouge. Il appartient à la modification rouge des sels chrômiques. Il cristallise en écailles minces, transparentes, d'une belle couleur rouge fleur de pêcher. Il est légèrement volatil, et se laisse sublimer sans altération dans un courant de chlore. Chauffé au contact de l'air il se décompose et se convertit peu à peu en oxyde. L'eau pure est sans action sur lui : mais quand on le chauffe à 200° en vases clos avec ce liquide il se transforme en chlorure vert soluble.

Ce dernier se forme également quand on met le chlorure rouge en contact avec de l'eau contenant une trace de chlorure chrômeux, de chlorure cuivreux, de chlorure stanneux ou même d'un peu d'étain en feuilles. On obtient ainsi un liquide vert qui, soumis à l'évaporation spontanée, dépose des aiguilles vertes, déliquescentes, ayant pour composition $Cr_2Cl_6 + 12H_2O$. Quand on essaie d'évaporer cette solution à chaud, le sel se décompose avec formation de chlorures basiques et d'hydroxyde de chrôme.

Ces cristaux verts se laissent déshydrater quand on les chauffe à 250° dans un courant de chlore ou de gaz chlorhydrique. Ils se transforment alors en lames cristallines violettes, solubles dans l'eau, mais qu'une température plus élevée transforme en chlorure fleur de pêcher insoluble.

La densité de vapeur du chlorure chrômique n'a pu être déterminée. On donne à ce corps la formule Cr_2Cl_6 analogue à Al_2Cl_6 et à Fe_2Cl_6 à cause des nombreux rapprochements qu'on peut faire entre les composés chrômiques et les composés ferriques ou aluminiques ; mais il n'est pas impossible qu'on ne trouve un jour que sa vraie formule est $CrCl_3$.

OXYDE CHRÔMIQUE. Cr_2O_3.

300. Ce composé peut s'obtenir de plusieurs manières, et sa couleur varie d'après le procédé qui a été suivi pour sa préparation. On l'obtient à l'état de cristaux hexagonaux, très durs, d'un vert presque noir en chauffant au rouge la vapeur d'anhydride chlorochrômique § 514. On l'obtient à l'état de petites paillettes cristallines d'un vert d'herbe en soumettant à l'action d'une température très élevée le dichrômate de potassium pur ou mélangé de sel marin :

$$2K_2Cr_2O_7 = 2K_2CrO_4 + Cr_2O_3 + O_3.$$

Il se présente à l'état d'une poudre verte, amorphe, quand il a été préparé par l'action de la chaleur sur le chrômate ou le dichrômate de potassium mélangé d'un corps réducteur (soufre, charbon, amidon, sel ammoniac, etc.). On prend d'ordinaire 5 p. de dichrômate pour 4 p. de soufre. Un très bel oxyde de chrôme, recherché pour la peinture sur porcelaine, se produit par calcination du chrômate de mercure. En chauffant le dichrômate d'ammoniaque, on obtient un oxyde qui a l'aspect de feuilles de thé desséchées. Sa porosité le fait employer avantageusement pour faciliter les réactions entre substances gazeuses.

L'oxyde chrômique qui a été fortement calciné est inattaquable par les acides. On ne parvient à le rendre soluble qu'en le fondant avec du disulfate de potassium.

L'oxyde chrômique communique aux silicates fusibles une belle couleur verte ; de là son emploi dans la peinture sur porcelaine.

HYDROXYDES CHRÔMIQUES.

301. On connait trois hydroxydes chrômiques. L'hydroxyde normal $Cr_2(OH)_6$ prend naissance quand on verse de l'ammoniaque dans une solution de sel chrômique absolument exempte de tous métaux étrangers. On obtient ainsi un précipité bleu, mais dont la nuance devient verdâtre si la solution contenait des sels alcalins. Dans ce cas le précipité est un oxyde mixte, dans lequel une partie de l'hydrogène hydroxylique est remplacée par du potassium ou du sodium. Il se dissout dans un excès de potasse en produisant un oxyde mixte soluble, coloré en vert; l'ébullition le reprécipite de cette solution. Il se dissout aussi dans l'ammoniaque en la colorant en rouge violacé; cette solution contient un sel d'un ammonium complexe où le chrôme remplace partiellement l'hydrogène.

L'hydroxyde normal chauffé à 200° dans une atmosphère inerte perd de l'eau et se transforme en son second anhydride $Cr_2O_2(OH)_2$. Quand on opère en présence de l'oxygène de l'air, il se produit une poudre noire, qui est un chrômate de chrômicum. L'hydroxyde chrômique chauffé au rouge sombre se convertit en oxyde : il se produit en même temps un phénomène de condensation, de polymérisation § 75, qui donne lieu à une vive incandescence.

L'hydroxyde $Cr_2O(OH)_4$ s'obtient en décomposant par de l'eau bouillante le borate chrômique qui se produit lorsqu'on chauffe au rouge une partie de dichrômate de potassium avec trois parties d'acide borique. Il est coloré en vert émeraude superbe, et employé comme couleur sous le nom de vert Guignet.

La modification colloïde de l'hydroxyde chrômique s'obtient en dissolvant l'hydroxyde précipité dans une solution de chlorure chrômique et en soumettant ce liquide à la dialyse. On obtient ainsi une liqueur d'un vert foncé, inaltérable par la chaleur, mais qui se coagule dès qu'on y ajoute une trace d'un sel soluble.

302. L'hydroxyde chrômique a une grande tendance à former des oxydes mixtes par le remplacement de son hydrogène hydroxylique par d'autres métaux. Nous avons déjà vu qu'il se dissout dans les alcalis. Quand on verse de la potasse dans une liqueur qui contient à la fois un sel chrômique et un sel de zinc ou de magnésium, on obtient des précipités qui sont des oxydes mixtes Cr_2O_4Zn ou Cr_2O_4Mg, insolubles dans un excès de potasse. L'oxyde mixte de chrômicum et de ferrosum Cr_2O_4Fe ou fer chrômé est le minéral de chrôme le plus important. Il appartient au groupe des spinelles. Il cristallise en octaèdres réguliers, d'un brun noir, très durs.

L'oxyde chrômoso-chrômique Cr''_2O_4Cr, dont il a été question au § 295 s'obtient facilement quand on soumet à l'électrolyse une solution contenant à la fois du chlorure chrômeux et du chlorure chrômique, en employant un courant galvanique de faible intensité.

L'hydroxyde chrômique se laisse oxyder par le brôme en présence du carbonate de soude dissous et se transforme en chrômate de sodium.

SULFATES DE CHRÔMICUM. $Ccr(SO_4)_3$.

203. Le sulfate vert se produit lorsqu'on dissout l'hydroxyde de chrômicum à une température de 80 à 90° dans de l'acide sulfurique concentré.

Il est solide, vert, incristallisable, soluble dans l'eau en donnant naissance à des solutions d'un vert foncé. Il se dissout dans l'alcool en produisant une solution bleue.

Il s'unit au sulfate de potassium pour former un sel double vert et incristallisable.

Le sulfate violet s'obtient en abandonnant pendant quelques semaines dans un flacon mal bouché, 5 parties d'hydroxyde séché préalablement à 100° et 8 à 10 parties d'acide sulfurique pur. Le sulfate vert, qui se produit d'abord, bleuit successivement et au bout de quelque temps il se dépose en masse cristalline d'un bleu verdâtre. On dissout cette masse dans l'eau et on ajoute de l'alcool qui précipite du sulfate violet, insoluble dans l'alcool. Ce précipité violet est lavé à l'alcool et repris par de l'eau; à cette solution aqueuse on ajoute de l'alcool jusqu'à ce qu'un précipité commence à se former. On l'introduit alors dans une vessie. L'eau s'évapore peu à peu par la membrane, qui est imperméable à l'alcool, et au bout de quelques jours il se produit par évaporation spontanée des octaèdres réguliers colorés en violet. La solution de ce sulfate est violette; elle s'unit au sulfate de potassium et fournit des octaèdres réguliers violets, d'alun de chrôme $K_2SO_4 + Ccr''(SO_4)_3 + 24H_2O$.

Quand on neutralise l'acide sulfurique étendu par de l'hydroxyde chrômique gélatineux fraîchement précipité, on obtient un liquide vert, qui donne par évaporation une masse verte par réflexion et rouge par transparence. Elle est formée par un sel basique $Cr_2O(SO_4)_2$.

Le sulfate rouge prend naissance lorsqu'on maintient à 200° le sulfate vert ou le sulfate violet avec de l'acide sulfurique concentré et qu'on évapore ensuite ce dernier. Il est rouge ou rosé et paraît vert à la lumière artificielle. Il est complètement insoluble dans l'eau froide. Sous l'influence de l'eau bouillante, il finit par se dissoudre dans ce liquide en produisant du sulfate vert.

304. L'alun de chrôme s'obtient comme produit secondaire dans la préparation de l'alizarine artificielle, où l'on emploie un mélange oxydant de dichrômate de potassium et d'acide sulfurique.

Pour le préparer dans les laboratoires, on dissout 3 p. de dichrômate de potassium dans 10 p. d'eau, et on ajoute à ce mélange 1 p. d'acide sulfurique. On laisse refroidir la solution, on la place au besoin dans un mélange réfrigérant et on y laisse tomber lentement et goutte à goutte de l'alcool, en évitant que la température s'élève au dessus 45°. On cesse d'ajouter de l'alcool dès que le liquide a perdu toute teinte jaune ou brune. Au bout de 24 heures se déposent des cristaux violets, qu'on purifie en les redissolvant dans de l'eau à 45°.

Ce sel forme de beaux octaèdres violets si foncés qu'ils paraissent noirs. Il se dissout dans 7 p. d'eau froide et dans 5 p. d'eau à 45°. Au delà de cette température il devient vert et incristallisable. Il est employé en teinture et en tannerie.

Quand on fait fondre l'oxyde chrômique avec du disulfate de potassium, on obtient des aiguilles vertes de la composition $Cr_2(SO_4)_3 + 3K_2SO_4$. On connaît un sel de sodium analogue, et qui cristallise plus facilement.

L'alun de chrôme ammoniacal $Cr_2(SO_4)_3 + (NH_4)_2SO_4 + 24H_2O$ s'obtient en mélangeant les solutions des deux sulfates. Il est moins soluble que l'alun de chrôme potassique; sa couleur est aussi moins foncée.

ANHYDRIDE CHRÔMIQUE. CrO_3.

305. Le chrôme forme avec l'oxygène une combinaison CrO_3 analogue à l'anhydride sulfurique, et qui est le point de départ de toute une série de dérivés comparables à ceux de l'acide sulfurique.

CrO_3	correspond à	SO_3
M_2CrO_4	»	M_2SO_4
$M_2Cr_2O_7$	»	$M_2S_2O_7$
CrO_2Cl_2	»	SO_2Cl_2
CrO_3MCl	»	SO_3HCl.

806. L'anhydride chrômique s'obtient par l'action de l'acide sulfurique concentré et en excès sur une solution de dichrômate de potassium saturée à 60°.

On dissout 300 gr. de dichrômate de potassium dans 300 centimètres cubes d'eau, et à cette solution chaude on ajoute peu à peu 420 centimètres cubes d'acide sulfurique concentré. Quand tout est dissous on laisse refroidir, au bout de 12 heures il se produit une cristallisation de sulfate acide de potassium. On décante l'eau mère, on la chauffe à 90°, on y verse 150 centimètres cubes d'acide sulfurique, et une quantité d'eau exactement suffisante pour dissoudre l'anhydride chrômique qui s'est précipité, grâce à son insolubilité dans l'acide sulfurique. L'anhydride chrômique cristallise par le refroidissement : on peut en obtenir une nouvelle portion par la concentration des eaux-mères.

Pour purifier le produit on le fond dans une capsule en platine, en évitant de dépasser 200° et on coule la masse fondue sur une plaque de porcelaine froide. L'anhydride chrômique pur se solidifie, et se sépare ainsi d'avec l'acide sulfurique qui reste liquide.

L'anhydride chrômique cristallise en aiguilles rouges quand il a été obtenu à la température ordinaire, et noires quand il a cristallisé à une température élevée. Il est déliquescent à l'air; sa solution est jaune orangé. Il fond à 193° et se décompose à 250° en oxyde chrômique et en oxygène. C'est un oxydant très énergique.

Le pouvoir oxydant de l'anhydride chrômique se démontre en projetant quelques cristaux de cette substance sur la mèche d'une lampe à alcool, fig. 13. La chaleur produite par la réaction est si vive, que l'alcool s'enflamme. Il convient d'employer une mèche en amiante.

Fig. 13.

Un mélange d'acide sulfurique et de dichrômate de potassium (équivalent à de l'anhydride chrômique) est employé comme agent d'oxydation en chimie organique.

L'acide chrômique n'a pas été isolé jusqu'ici.

L'anhydride chrômique se dissout sans altération dans l'éther pur. Il est également soluble dans l'acide sulfurique pur, mais il ne se dissout pas dans l'acide contenant 16 % d'eau.

Quand à une solution aqueuse d'anhydride chrômique on ajoute de l'éther et puis de l'eau oxygénée, on voit que par l'agitation l'éther se colore en bleu : il s'est formé une combinaison additionnelle bleue d'anhydride chromique et de bioxyde d'hydrogène ; cette réaction est extrêmement sensible et peut servir à déceler des traces d'anhydride chromique ou d'eau oxygénée.

Indépendamment de son emploi comme oxydant dans les laboratoires et dans l'industrie, l'anhydride chromique est employé en médecine comme caustique et antiseptique.

CHROMATES.

307. La solution aqueuse de l'anhydride chromique contient un acide bibasique H_2CrO_4 analogue à l'acide sulfurique, mais qui se retransforme en anhydride chaque fois qu'on essaie de l'isoler.

L'acide chromique est représenté par un grand nombre de sels dont quelques-uns jouissent de la faculté de s'unir à l'anhydride chromique pour former des sels condensés analogues aux polysulfates.

Le plus important est celui de potassium $KO\text{-}CrO_2\text{-}O\text{-}CrO_2\text{-}OK$. On connaît même des trichromates, ainsi que les nitro-chromates tels que $KO\text{-}CrO_2\text{-}O\text{-}CrO_2\text{-}O\text{-}CrO_2\text{-}OK$, $KO\text{-}CrO_2\text{-}O\text{-}CrO_2\text{-}NO_2$ et $KO\text{-}CrO_2\text{-}O\text{-}CrO_2\text{-}O\text{-}CrO_2\text{-}NO_2$. Les chromates sont isomorphes avec les sulfates. On aussi préparé un sel de la formule $MgCrO_4 + (NH_4)_2CrO_4 + 6H_2O$, isomorphe avec le composé sulfurique correspondant.

Les chromates d'ammonium, de potassium, de sodium, de rubidium, de cæsium, de lithium et de magnésium sont solubles dans l'eau ; les autres sont insolubles et peuvent être préparés par voie de précipitation. Tous sont jaunes ou orangés ; quelques uns sont employés comme couleur. Le chromate de calcium et celui de strontium sont peu solubles dans l'eau (1 : 250), mais solubles dans les acides ; on a obtenu un dichromate de calcium déliquescent en dissolvant le chromate neutre dans une solution d'acide chromique.

On ne connaît pas de chromates acides. Quant on essaie de préparer ces sels, ils transforment en dichromates nommés aussi bichromates.

308. Le *chromate neutre de potassium* K_2CrO_4 se produit en faisant agir une solution de carbonate ou de sulfate de potassium sur le chromate de calcium qui se forme lorsqu'on calcine dans un courant d'air un mélange intime de fer chromé et d'hydroxyde de calcium. Il est jaune, isomorphe avec le sulfate de potassium, très soluble dans l'eau, qu'il colore en jaune intense. Il est fusible sans altération.

L'acide sulfureux le transforme en sulfate chromique vert et en sulfate de potassium.

L'acide azotique le transforme en dichromate.

309. Le *dichromate ou bichromate de potassium* $K_2Cr_2O_7$ est le plus important des composés du chrome. Pour préparer ce sel on ajoute de l'acide sulfurique au chromate de potassium brut dont la préparation vient d'être indiquée. Comme le dichromate n'est pas très soluble dans l'eau froide (9 : 100) il cristallise par le refroidissement : l'eau mère contenant du sulfate de potassium est employée, comme il a été dit au § précédent, au traitement du chromate de calcium.

Il cristallise en prismes tricliniques d'un beau rouge orangé, fusibles sans altération, et qui se décomposent au rouge blanc en chromate neutre et oxyde chromique. Il est très vénéneux.

Le dichromate de potassium est un oxydant très énergique, ce qui le fait employer aussi bien dans les laboratoires que dans l'industrie.

La gélatine dans laquelle ou a incorporé un peu de dichromate de potassium devient insoluble dans l'eau lorsqu'elle est soumise à l'action de la lumière. C'est sur cette propriété qu'est basée la photographie au charbon.

310. Le *trichromate* $K_2Cr_3O_{10}$ se forme en dissolvant du dichromate dans de l'acide nitrique chauffé à 60°. Un nouveau traitement à l'acide azotique transforme le trichromate en tétrachromate. Si l'on emploie pour 1 p. de dichromate 12 p. d'acide azotique, on obtient des aiguilles oranges de nitrochromate. Enfin en ajoutant une molécule d'acide sulfurique à une solution aqueuse, saturée et chaude d'une molécule de dichromate, on obtient après refroidissement des cristaux de sulfochromate $KO\text{-}SO_2\text{-}O\text{-}CrO_2\text{-}OK$, décomposables pas l'eau pure.

311. Les *chromates d'ammoniaque* s'obtiennent en ajoutant de l'ammoniaque en quantité théorique à une solution d'anhydride chromique de titre connu. On connaît le chromate neutre jaune, le dichrômate et le trichrômate. Le dichrômate forme de beaux cristaux rouges, qui se décomposent avec incandescence quand on les chauffe, en dégageant de l'eau, et de l'azote et en laissant comme résidu de l'oxyde chrômique poreux.

312. Le *chrômate de plomb* $PbCrO_4$ se produit par double décomposition à l'aide du chrômate de potassium et de l'azotate de plomb. Il est jaune pur, fusible, insoluble dans l'eau, soluble dans la potasse et dans l'acide nitrique. Il sert comme oxydant dans l'analyse organique. Il est aussi employé comme couleur sous le nom de jaune de chrôme.

Le chrômate basique $PbCrO_4, PbO$ se fabrique en chauffant le chrômate neutre avec de l'azotate de potassium fondu. On l'obtient encore en faisant bouillir le jaune de chrôme avec une solution alcaline de chrômate neutre de potassium. Il est d'un beau rouge, insoluble dans l'eau.

Ces chrômates servent comme couleurs. Les différentes nuances du jaune de chrôme résultent du mélange du chrômate neutre de plomb avec du sulfate ou du chrômate basique.

313. Le *chrômate de chrôme* est une poudre brune qu'on peut obtenir en calcinant l'azotate chrômique, ou en versant un chrômate soluble dans la solution d'un sel de chrôme. Ce composé se forme fréquemment dans l'action des corps réducteurs sur l'acide chrômique, quand la solution ne renferme pas d'acides libres.

CHLORURE DE CHRÔMYLE. CrO_2Cl_2.

314. Ce corps est le chlorure acide correspondant à l'anhydride chrômique; on l'appelle aussi *anhydride chloro-chrômique*. C'est un liquide rouge de sang, bouillant à 120°. L'eau le décompose en acide chlorhydrique et en anhydride chrômique. Il prend naissance lorsqu'on traite par l'acide sulfurique fumant (30 p.) un mélange de 10 parties de sel marin fondu et de 17 parties de dichrômate de potassium :

$$K_2Cr_2O_7 + 4NaCl + 3H_2SO_4 = 2CrO_2Cl_2 + 2Na_2SO + K_2SO_4 + 3H_2O.$$

On doit avoir soin de bien refroidir le récipient (fig. 14) car le chlorure de chrômyle attaque vivement les organes respiratoires.

On peut encore le former par l'action du perchlorure de phosphore sur les chromates. De même que l'anhydride chromique est l'analogue de l'anhydride sulfurique, de même l'anhydride chlorochromique correspond au chlorure de sulfuryle.

Maintenu en tube scellé pendant 3 ou 4 heures à la température de 180° il se transforme en une poudre noire, déliquescente $Cr_3O_8Cl_2$ qui est un chlorochromate de chrome.

Le chlorure de chromyle est un agent oxydant et chlorurant

Fig. 14.

très énergique, qui agit avec violence sur la plupart des composés organiques.

Le brome et l'iode sont mis en liberté lorsqu'on chauffe les bromures ou les iodures avec de l'acide sulfurique et du bichromate. On ne parvient pas à préparer un bromure ou un iodure de chromyle.

315. On ne connaît pas l'acide chlorochromique $Cl-CrO_2-OH$ analogue au chlorhydrate sulfurique, mais on en connaît les dérivés métalliques. Le sel désigné sous le nom de *chlorochromate de potassium* $KO-CrO_2-Cl$ et qu'on obtient par l'action du chlorure de potassium dissous sur l'anhydride chlorochromique en est le représentant le mieux connu. Ce composé se forme encore par l'action du trichlorure de phosphore sur le dichromate. On le prépare d'ordinaire en chauffant modérément un mélange de 3 p. de dichromate de potassium, 4 p. d'acide chlorhydrique concentré et 1 p. d'eau. Il cristallise en belles tables rouges. L'eau le décompose :

on ne peut le recristalliser que dans l'acide chlorhydrique étendu. A 100° il se détruit en dégageant du chlore.

On a préparé un composé analogue, le fluo-chromate $KCrO_3Fl$, par l'action de l'acide fluorhydrique fumant sur le chromate neutre de potassium.

HEXAFLUORURE DE CHRÔME. $CrFl_6$.

816. Ce composé se produit quand on chauffe dans une cornue de platine un mélange de chromate de plomb, de fluorure de calcium et d'acide sulfurique fumant. Il se dégage alors un gaz rouge, très irritant, qui se condense par un refroidissement énergique en un liquide rouge de sang très volatil et fumant à l'air. Il attaque le verre et doit être conservé dans des appareils de platine ou de plomb. La vapeur d'eau décompose l'hexafluorure et le convertit en cristaux d'anhydride chrômique pur.

CARACTÈRES DES COMPOSÉS DU CHRÔME.

COMPOSÉS CHRÔMEUX. — Les composés chrômeux sont bleus, mais leur solution verdit au contact de l'air.

L'hydroxyde de potassium en précipite de l'hydroxyde chrômeux brun.

Le sulfure de potassium en précipite du sulfure noir CrS.

L'ammoniaque les colore en rouge sans les précipiter.

Par leur grande altérabilité, ces combinaisons se prêtent peu aux déterminations analytiques.

COMPOSÉS CHRÔMIQUES. — Les composés chrômiques solubles sont verts ou violets, devenant verts par l'ébullition. Ils précipitent par la potasse de l'hydroxyde chrômique impur gris verdâtre ou bleuâtre. Un excès de réactif le redissout en se colorant en vert. Le précipité reparaît à l'ébullition. La présence d'un composé de fer entrave notablement la solubilité de l'hydroxyde de chrôme dans les alcalis.

L'ammoniaque en précipite de l'hydroxyde gris verdâtre ou bleu violacé, soluble à froid dans un excès d'ammoniaque : la solution est violette. L'ébullition précipite tout l'hydroxyde dissous. Les carbonates solubles en précipitent également de l'hydroxyde de chrôme, difficilement soluble dans un excès de réactif. Le carbonate de baryum se comporte avec les sels de chrôme comme une base et en précipite l'hydroxyde chrômique.

L'hydrogène sulfuré est sans action sur eux. Les sulfures solubles y produisent un précipité gris-vert d'hydroxyde de chrôme.

CHROMATES. — La plupart des chromates sont insolubles dans l'eau, mais solubles dans les acides. Les chromates solubles sont ceux de potassium, de sodium, d'ammonium, de calcium et de magnésium. Tous ces sels ont une couleur qui varie du jaune au rouge.

Ils donnent avec l'acétate de plomb un précipité jaune ($PbCrO_4$), soluble dans les alcalis, difficilement soluble dans les acides.

Chauffés avec de l'acide chlorhydrique concentré, ils dégagent du chlore, et produisent du chlorure chromique vert.

Ils verdissent également par l'acide sulfureux.

Traités par l'hydrogène sulfuré en présence d'un acide, ils sont réduits à l'état de sel chromique vert, en même temps qu'il se dépose du soufre. Si l'on n'a pas soin d'ajouter un acide libre, il se précipite du chromate de chrome brun.

Les composés du chrome sont caractérisés au chalumeau par la masse jaune qu'ils produisent lorsqu'on les fond avec un mélange de soude et de nitre. Ils donnent avec les fondants des perles brunes à chaud, vertes à froid.

MOLYBDÈNE.

Symbole Mo. Poids atomique 95,8.

317. Le molybdène est un élément assez rare, qu'on rencontre surtout à l'état de sulfure MoS_2 ou molybdénite et de molybdate de plomb $PbMoO_4$. On l'obtient à l'état libre en réduisant ses chlorures par l'hydrogène ou l'un de ses oxydes par le carbone. Dans le premier cas il constitue une poudre grise, dans le second il forme des globules métalliques d'un blanc brillant, extrêmement durs, plus réfractaires que le platine. Il est même probable que le molybdène fondu n'est qu'une fonte, c'est à dire un carbure de molybdène.

Le molybdène est inattaquable par les acides étendus. L'acide azotique le transforme en acide molybdique. Chauffé à l'air, il se convertit en anhydride molybdique. Il a bien plutôt les allures d'un métalloïde que celles d'un métal : on n'a d'ailleurs obtenu jusqu'ici aucun sel molybdénique défini dérivant d'un oxacide.

318. On connaît quatre chlorures de molybdène : $MoCl_2$, Mo_2Cl_6, $MoCl_4$ et $MoCl_5$. La densité de vapeur de ce dernier a pu être déterminée. On l'obtient en chauffant le molybdène ou le sulfure dans un courant de chlore. Il se présente à l'état de cristaux brillants d'un vert noir, fusibles à 194° et volatils à 268°. Ce corps cède facilement une partie de son chlore aux substances qui en sont avides, et le reprend quand on le maintient en contact avec ce gaz : il peut donc servir en chimie organique comme agent de chloruration dans les cas où l'action du chlore libre ne se produit pas nettement.

On a obtenu aussi les oxychlorures MoO_2Cl_2 et $MoOCl_4$, qui établissent que le molybdène est hexavalent.

319. Les oxydes de molybdène actuellement connus sont MoO, Mo_2O_3, MoO_2 et MoO_3. Ce dernier est de beaucoup le plus important : c'est un anhydride acide, appartenant à l'acide molybdique H_2MoO_4 et analogue à l'anhydride chrômique.

L'anhydride molybdique s'obtient par le grillage du sulfure de molybdène naturel. On purifie le produit en le dissolvant dans l'ammoniaque; on élimine au moyen de quelques gouttes de sulfure d'ammonium le cuivre qui pourrait se trouver en solution, et on fait cristalliser ensuite le molybdate d'ammoniaque. On décompose enfin ce dernier par l'acide nitrique à une chaleur modérée, et on élimine l'azotate d'ammoniaque par un lavage à l'eau.

L'anhydride molybdique forme une poudre cristalline blanche, très douce au toucher. Il se colore en jaune quand on le chauffe, et fond au rouge en un liquide jaune foncé qui cristallise par le refroidissement. Il se laisse aisément sublimer dans un courant d'air. Il est très peu soluble dans l'eau (1 : 500) mais il se dissout aisément dans les alcalis. Il se dissout aussi dans l'acide sulfurique concentré avec lequel il forme un anhydride mixte cristallisé,

$$MoO_2 \underset{\diagdown O\diagup}{\overset{\diagup O\diagdown}{}} SO_2,$$ que la chaleur dédouble avec dégagement d'anhydride sulfurique. Le trichlorure de phosphore le convertit d'abord en bioxyde MoO_2 et puis en oxychlorure MoO_2Cl_2.

320. *L'acide molybdique* H_2MoO_4 s'obtient en ajoutant 3 p. d'acide azotique de 1,16 de densité à 5 p. de molybdate d'ammoniaque dissous dans 20 p. d'eau. Il se dépose à la longue des cristaux jaunes d'acide molybdique, solubles dans l'acide azotique.

On obtient une variété soluble d'acide molybdique en soumettant à la dialyse une solution de molybdate de sodium additionnée d'acide chlorhydrique : le liquide qui reste sur le dialyseur se dessèche par évaporation en une masse amorphe soluble dans l'eau.

Quand on décompose le molybdate de baryum par l'acide sulfurique, on obtient une solution qui abandonne également par dessiccation un résidu amorphe, soluble, constitué par l'acide dimolybdique $H_2Mo_2O_7$.

Les solutions chlorhydriques d'acide molybdique, mises en contact avec une lame de zinc ou du chlorure stanneux se colorent en bleu, puis en vert, en brun et en jaune, par suite de la formation d'oxydes inférieurs du molybdène.

L'acide molybdique est bibasique, mais on ne connaît qu'un petit nombre de sels de la forme M_2MoO_4. La plupart des molybdates dérivent d'acides condensés $nH_2MoO_4 — (n — 1) H_2O$, tels que $H_2Mo_2O_7$, $H_2Mo_3O_{10}$, $H_2Mo_4O_{13}$ etc., analogues aux polysulfates et aux polychromates.

L'analogie de l'acide molybdique avec l'acide sulfurique et l'acide chromique est démontrée par le fait que dans plusieurs molybdates on a pu remplacer partiellement l'acide molybdique par des quantités équivalentes de ces acides sans que la forme cristalline fût modifiée.

D'après ce qui vient d'être dit, tous les acides polymolybdiques devraient être bibasiques. On connaît cependant quelques sels, comme le molybdate d'ammoniaque ordinaire $(NH_4)_6Mo_7O_{24} + 4H_2O$ qui semblent faire exception à cette règle. Ce fait trouve son explication dans la circonstance que plusieurs de ces sels peuvent s'unir entre eux pour former des combinaisons additionnelles, comme $(NH_4)_2MoO_4 + 2(NH_4)_2M_3O_{10}$.

Le plus important de ces sels est le molybdate d'ammoniaque.

321. Quand on dissout l'anhydride molybdique dans de l'ammoniaque concentrée et en excès, et qu'on ajoute de l'alcool au mélange, il se dépose de petits cristaux prismatiques de molybdate neutre $(NH_4)_2MoO_4$. Mais quand on évapore une solution d'anhydride molybdique dans l'ammoniaque, il se dépose de grands cristaux de molybdate d'ammoniaque ordinaire. Ce sel est le meilleur réactif que l'on possède pour découvrir l'acide phosphorique : sa solution dans l'acide azotique étendu donne un précipité jaune dès qu'on y ajoute un phosphate. Comme ce précipité se forme en solution nitrique, on peut le produire même à l'aide des phosphates insolubles dans l'eau, mais solubles dans l'acide azotique.

La liqueur nitromolybdique qui sert à la recherche des phosphates se prépare en dissolvant 100 gr. de molybdate d'ammoniaque dans 150 centimètres cubes d'ammoniaque et 80 gr. d'eau : on verse cette solution dans un demi litre d'acide azotique ordinaire auquel on a ajouté 500 grammes d'eau. Pour reconnaître la présence de l'acide phosphorique on verse dans un grand excès de ce réactif le phosphate dissous dans l'acide nitrique s'il y a lieu, et on chauffe à 40°. Il se produit alors un précipité jaune de phosphomolybdate ammonique, § 322, insoluble dans l'eau et dans les acides, sauf dans l'acide phosphorique, mais soluble dans l'ammoniaque. En ajoutant de la mixture magnésienne à cette solution ammoniacale on précipite tout l'acide phosphorique à l'état de phosphate ammoniaco-magnésien pur.

322. Le précipité jaune de phosphomolybdate d'ammoniaque a pour formule brute $2(NH_4)_3PO_4 + 20$ à $24MoO_3 + 10$ à $15H_4O$. Il dérive d'un acide condensé très complexe, résultant de la déshydratation simultanée de deux molécules d'acide phosphorique et d'un grand nombre de molécules d'acide molybdique. Voilà pourquoi dans la recherche de l'acide phosphorique par la liqueur nitromolybdique il convient d'employer un très grand excès de cette dernière.

Quand on fait bouillir le phosphomolybdate d'ammoniaque avec de l'eau régale, l'ammoniaque est complètement brûlée. L'évaporation de la liqueur fournit des cristaux déliquescents d'*acide phosphomolybdique*, dont la composition est variable. Cet acide donne des précipités jaunes avec les sels de potassium, de cæsium, de rubidium, de thallium et d'ammonium additionnés d'acide nitrique : il précipite également les alcaloïdes organiques qu'il peut servir à déceler.

La présence de l'acide chlorhydrique, de même que celle des corps réducteurs et des acides organiques entrave la formation du phosphomolybdate d'ammoniaque.

Des composés analogues à ce dernier se produisent en présence de l'acide arsénique et de l'acide orthosilicique dissous.

323. Le *bisulfure de molybdène* MoS_2 est le minéral de molybdène par excellence. On peut obtenir ce corps artificiellement en chauffant l'anhydride molybdique avec du soufre ou de l'hydrogène sulfuré.

Il se présente alors à l'état d'une poudre noire brillante.

Le *trisulfure de molybdène* MoS_3 s'obtient en dirigeant un courant d'hydrogène sulfuré et en ajoutant ensuite de l'acide chlorhydrique. On obtient ainsi un précipité rouge brun, qui devient plus foncé par la dessiccation, et qui de même que le bisulfure tache fortement les doigts. Il a les propriétés d'un sulfoanhydride et se dissout dans les sulfures alcalins. La chaleur le décompose en soufre et en bisulfure.

TUNGSTÈNE.

Symbole W. Poids atomique 183,6.

324. Cet élément est l'analogue parfait du molydène, quoique moins rare que ce dernier. On le rencontre dans la nature à l'état de tungstates, et notamment de wolfram $(FeWO_4)$ et de scheelite ou tungsténite $(CaWO_4)$. La scheelitine est du tungstate de plomb $PbWO_4$.

On obtient le tungstène métallique en réduisant ses chlorures par l'hydrogène, ou en chauffant l'anhydride tungstique avec du charbon. Il se présente à l'état d'une poudre noire ou de paillettes d'un gris d'acier très dures et à peine fusibles au chalumeau oxhydrique. Le chlore et l'oxygène ne l'attaquent qu'au rouge.

Le tungstène forme avec le fer des alliages remarquables par leur dureté et leur ténacité : on fabrique actuellement des aciers au tungstène, qui se laissent parfaitement forger, et qui résistent aux meilleures limes anglaises. Ils contiennent 9 % de tungstène et 2 % de manganèse, et possèdent la propriété curieuse de perdre leur dureté par la trempe.

On a préparé les chlorures WCl_3, WCl_4, WCl_5 et WCl_6, et les oxychlorures WO_2Cl_2 et $WOCl_4$, ainsi que les oxydes WO_2 et WO_3. On ne connaît aucun sel proprement dit dans lequel le tungstène joue le rôle de métal : cet élément est un véritable métalloïde.

325. Les composés les plus intéressants du tungstène sont l'acide tungstique et ses dérivés. L'*anhydride tungstique* WO_3 est une poudre jaune insoluble dans l'eau et dans les acides, qu'on obtient en faisant bouillir les tungstates naturels avec de l'acide nitrique. On l'obtient encore par l'action de la chaleur sur le tungstate ammonique. Il fond au rouge vif et se sublime au rouge blanc.

326. L'anhydride tungstique est très soluble dans les alcalis, et forme avec eux des tungstates complexes, analogues aux polymolybdates. Si à la solution d'un de ces sels on ajoute un acide on obtient un précipité blanc d'*acide tungstique* $WO_4H_2 + H_2O$, légèrement soluble dans l'eau. A chaud l'acide WO_4H_2 se précipite à l'état d'une poudre jaune insoluble. La solution d'acide tungstique se colore en bleu au contact de l'acide chlorhydrique et du zinc.

On connaît aussi une variété colloïde d'acide tungstique, obtenue en soumettant à la dialyse une solution de tungstate de soude à laquelle on ajoute de temps en temps quelques gouttes d'acide chlorhydrique.

L'acide tungstique forme avec l'acide phosphorique un acide phosphotungstique analogue à l'acide phosphomolybdique, et qu'on emploie comme réactif dans la recherche des alcaloïdes organiques. On prépare ce réactif en ajoutant un peu d'acide phosphorique à une solution de tungstate de sodium.

327. Le *tungstate de sodium* $Na_{10}W_{12}O_{41} + 28H_2O$ est un sel d'un acide polytungstique très condensé. On l'obtient en grand en faisant fondre les tungstates naturels avec du carbonate de sodium ; on épuise la masse fondue à l'eau bouillante, on neutralise la liqueur claire par l'acide chlorhydrique pour décomposer le carbonate de sodium en excès et on laisse cristalliser. Il forme de beaux cristaux clinoédriques. Il est employé en teinture comme succédané des sels d'étain ; on l'emploie aussi pour rendre les tissus et les bois incombustibles. Il empêche la combustion avec flamme, tout en n'exerçant aucune action sur les fibres elles-mêmes ou sur les couleurs qu'on y a appliquées.

328. Quand sur les tungstates fondus on fait agir des agents réducteurs et surtout de l'étain, il se forme des combinaisons qui contiennent à la fois des polytungstates et du bioxyde de tungstène, telles que $Na_4W_3O_7 + WO_2$, $Na_4W_2O_{10} + 2WO_2$, etc. Ces combinaisons se présentent en petits cristaux diversement colorés, mais doués d'un bel éclat métallique, qui permet de les employer en peinture comme poudre de bronze, sous le nom de bronzes de wolfram.

URANE.

Symbole U. Poids atomique 239.

329. L'urane est un métal rare, qu'on rencontre surtout à l'état de pechblende U_3O_8 combinaison d'oxyde uraneux et d'oxyde uranique. On le trouve aussi à l'état d'autunite ou phosphate d'urane et de calcium et de johannite, sulfate double d'urane et de cuivre. Ces minerais finement pulvérisés sont attaqués par l'acide nitrique; on évapore alors à sec et on reprend le résidu par l'éther qui ne dissout que l'azotate d'urane pur. Ce dernier sert de point de départ à la préparation de tous les autres composés.

On obtient l'urane métallique en décomposant par le sodium le chlorure uraneux mélangé de sel marin. On chauffe ce mélange au rouge dans un creuset. Après refroidissement on trouve l'urane à l'état de poudre noire ou de petits globules d'un blanc d'argent. Il brûle quand on le chauffe à l'air, et dégage l'hydrogène de l'acide chlorhydrique.

L'urane forme deux séries de combinaisons. Dans les composés uraneux, qui dérivent du chlorure et de l'oxyde uraneux UCl_4 et UO_2, il se comporte comme un métal quadrivalent. Dans les composés uraniques qui dérivent de l'hydroxyde $O_2 \equiv U(OH)_2$, il est hexavalent. La formule de cet hydroxyde est analogue à celle de l'acide sulfurique et de l'acide chrômique; toutefois l'hydroxyde uranique se comporte plutôt comme une base et forme des sels dont le plus important est l'azotate $O_2U(NO_3)_2$. On connaît cependant des uranates, comme $K_2U_2O_7$, mais ils dérivent d'un hydroxyde inconnu analogue à l'acide disulfurique.

On a préparé également un *pentachlorure d'urane* UCl_5. On l'obtient à l'état d'aiguilles vertes, douées de l'éclat métallique, par l'action du chlore sur le tetrachlorure.

COMPOSÉS URANEUX.

330. Les sels uraneux sont généralement verts et possèdent un pouvoir réducteur très énergique.

Le *chlorure uraneux* UCl_4 se forme par la combustion de l'urane dans le chlore, ou par l'action de l'acide chlorhydrique gazeux sur l'oxyde. On l'obtient d'ordinaire en faisant agir le chlore sur un mélange fortement chauffé de l'un des oxydes d'urane avec du charbon.

Il se sublime en octaèdres d'un vert foncé à reflets métalliques. Il est volatil au rouge; on a même déterminé sa densité de vapeur, qui conduit à la formule UCl_4. Il se dissout dans l'eau en dégageant beaucoup de chaleur : la solution verte fournit l'hydroxyde $U(OH)_4$ par évaporation.

Ce dernier constitue un précipité vert, qu'on obtient aussi par l'action des alcalis sur les sels uraneux : il brunit à l'air en absorbant de l'oxygène. Il donne avec l'acide sulfurique des cristaux verts $U(SO_4)_2 + 8H_2O$.

L'oxyde uraneux UO_2 est noir : on l'obtient en chauffant les oxydes supérieurs dans un courant d'hydrogène. Il brûle à l'air en se transformant en oxyde intermédiaire U_3O_8. Chauffé dans un courant de chlore il se transforme en chlorure d'uranyle UO_2Cl_2.

COMPOSÉS URANIQUES.

331. Les composés uraniques sont jaunes, et doués d'une fluorescence verte. Comme nous l'avons déjà dit, ils possèdent une constitution analogue à celle des dérivés de l'acide sulfurique : on y trouve un radical métallique UO_2 bivalent, analogue au sulfuryle SO_2. On observe les mêmes rapports entre l'oxyde uraneux et le radical uranyle qu'entre l'anhydride sulfureux et le radical sulfuryle. L'oxyde uraneux mis au contact d'une solution d'azotate d'argent en précipite de l'argent métallique et produit du nitrate $UO_2(NO_3)_2$.

L'oxyde d'uranyle UO_3 s'obtient par l'action de la chaleur (250°) sur le nitrate d'urane. C'est une poudre d'un rouge brun, insoluble dans l'eau. Incorporé dans le verre fondu, il lui communique une belle fluorescence jaune verdâtre (verre d'urane). On l'emploie aussi dans la peinture sur porcelaine pour produire les noirs : en effet sous l'influence d'une température élevée il se transforme en oxyde noir $U_2O_5 = UO_3, UO_2$. Quand on le chauffe au rouge sombre, on obtient un oxyde vert foncé $UO_2, 2UO_3$ qu'on peut considérer comme l'uranate uraneux $UO_4 - U'' - UO_4$, et qui constitue la pechblende.

L'*hydroxyde uranique* UO_4H_2 ne peut pas s'obtenir par l'action des bases sur les sels uraniques : on produit ainsi des précipités jaunes qui sont des pyro-uranates, et dont le plus important est le jaune d'urane ou uranate de soude $Na_2U_2O_7$ ou $NaO - UO_2 - O - UO_2 - ONa$, qu'on emploie pour la fabrication du verre d'urane. L'hydroxyde uranique se forme quand on chauffe l'azotate d'urane avec de l'alcool. C'est une poudre jaune, qui se décompose au rouge en oxyde vert U_3O_8.

Le seul uranate normal qu'on ait obtenu est celui de lithium $UO_4 Li_2$.

L'*azotate d'urane* $UO_2(NO_2) + 6H_2O$ s'obtient par l'action de l'acide azotique sur tous les oxydes de l'urane. Il cristallise en beaux prismes jaunes déliquescents. Chauffé avec de l'acide sulfurique il se convertit en sulfate.

L'un des composés uraniques les plus importants est le *phosphate d'uranyle et d'ammonium* $UO_2(NH_4)PO_4$. C'est un précipité d'un jaune verdâtre, insoluble dans l'eau et dans l'acide acétique. Il se produit quand on verse de l'acétate d'uranyle dans une solution chaude d'un phosphate contenant à la fois de l'acide acétique et du chlorure d'ammonium. Cette réaction est mise à profit pour le dosage volumétrique de l'acide phosphorique.

SEPTIÈME GROUPE.

(*Famille du manganèse.*)

332. Le manganèse est le seul métal septivalent. Il se rattache aux halogènes par l'acide permanganique $HMnO_4$, dont les sels sont analogues aux perchlorates avec lesquels ils sont isomorphes. Mais là se bornent les rapprochements. Comme nous l'avons déjà fait remarquer § 58, ce métal ne met pas toujours en jeu tous ses centres d'attraction : il se montre hexavalent dans les manganates, qui sont analogues aux chromates et aux sulfates, quadrivalent dans son bioxyde MnO_2 et dans les sels manganiques comme $Cl_3Mn = MnCl_3$, qui sont comparables aux sels chrômiques et aluminiques, et enfin bivalent dans les composés manganeux comme $MnCl_2$, $MnSO_4$, qu'on peut rapprocher des combinaisons magnésiennes.

MANGANÈSE.

Symbole Mn''; poids atomique 55,00.

333. État naturel. Le manganèse est un élément fort répandu dans la nature. On en trouve des traces dans beaucoup d'eaux minérales, dans la plupart des terres arables, et dans les tissus de la plupart des êtres vivants. On le rencontre en proportion variable dans beaucoup de minerais de fer.

Le principal minerai du manganèse est la pyrolusite ou bioxyde. On rencontre aussi d'autres oxydes ou hydroxydes, tels que la braunite Mn_4O_3, l'acerdèse $Mn_2O_2(OH)_2$, la hausmannite (Mn_3O_4), ainsi que le carbonate ou diallogite, qui est isomorphe avec le carbonate de calcium.

Préparation. On obtient ce métal en chauffant au blanc dans un creuset de chaux, un oxyde de manganèse avec une quantité de noir de fumée insuffisante pour amener tout l'oxygène à l'état d'oxyde carbonique. L'excès d'oxyde non réduit reste, et le manganèse produit se fond si la température est assez élevée.

Les oxydes de manganèse mélangés de minerai de fer se laissent réduire dans le haut fourneau et produisent des alliages de fer et de manganèse qui sont utilisés dans la fabrication de l'acier.

Propriétés. Le manganèse fondu est gris de fer, très brillant, aussi peu fusible que le platine, assez dur pour rayer le verre et même l'acier. Il est inaltérable à l'air sec. Abandonné à l'air humide, il devient brun en s'oxydant. A la température ordinaire, il décompose l'eau avec lenteur, mais à 100° cette décomposition est rapide.

COMBINAISONS DU MANGANOSUM.

334. Les composés manganeux dérivent du type $Mn''R'_2$. On peut dire d'une manière générale que ce sont les combinaisons les plus stables du manganèse, abstraction faite des oxydes. Ils s'obtiennent en général par l'action des acides sur tous les oxydes du manganèse surtout quand on fait intervenir l'eau et la chaleur. Ces réactions donnent lieu à un dégagement d'oxygène ou d'halogène comme le montrent les formules suivantes :

$$MnO_2 + 4HCl = MnCl_2 + Cl_2 + 2H_2O.$$
$$MnO_3 + H_2SO_4 = MnSO_4 + O + H_2O.$$
$$Mn_2O_3 + 6HCl = 2MnCl_2 + Cl_2 + 3H_2O.$$

CHLORURE MANGANEUX $MnCl_2$.

335. Le chlorure manganeux s'obtient par l'action à chaud de l'acide chlorhydrique sur un oxyde quelconque de manganèse.

On extrait ce sel du chlorure brut provenant de la préparation du chlore. Le résidu de cette préparation est évaporé à sec et chauffé au rouge sombre dans un creuset pour éliminer le chlorure ferrique : après refroidissement on dissout la masse fondue dans l'eau, on filtre et à la liqueur filtrée on ajoute peu à peu du sulfure d'ammonium dissous, jusqu'à ce qu'un précipité rose commence à se produire : on élimine ainsi à l'état de sulfure les traces de cuivre, de cobalt et de nickel que la solution pouvait contenir. On filtre de nouveau, et on évapore à cristallisation la liqueur filtrée.

Le chlorure manganeux cristallise de sa solution aqueuse en petits cristaux roses contenant 4 molécules d'eau de cristallisation, très-solubles dans l'eau et déliquescents. Pour l'obtenir anhydre, il faut le chauffer dans un tube où circule un courant de gaz chlorhydrique, sinon il se décompose en se transformant en oxyde Mn_3O_4. Le chlorure anhydre forme une masse nacrée, rose et déliquescente. Il est soluble dans l'alcool, qu'il colore en vert.

Le chlorure manganeux est volatil au rouge blanc : on a pu prendre sa densité de vapeur, qui a été trouvée égale à 126 ($H_2 = 2$), ce qui justifie la formule $MnCl_2$.

OXYDE MANGANEUX MnO.

336. Le monoxyde de manganèse se prépare par l'action de la chaleur sur le carbonate de manganèse ou en réduisant par l'hydrogène les autres oxydes de manganèse, et forme une poudre verte. On peut l'obtenir en beaux cristaux octaédriques d'un vert d'émeraude en le chauffant au rouge dans un courant d'hydrogène mélangé d'une trace d'acide chlorhydrique.

Il est d'autant plus stable qu'il a été obtenu à une température plus élevée. L'oxyde préparé à 260° brûle quand on le chauffe en présence de l'air et se transforme en un oxyde intermédiaire Mn_3O_4.

337. L'*hydroxyde* MnH_2O_2 se prépare par l'action de l'hydroxyde de potassium dissous sur un composé manganeux soluble. Il est blanc, gélatineux, insoluble dans l'eau ; il se colore en brun par son exposition à l'air, en se transformant en hydroxyde manganique.

Le chlore le transforme en hydrate de bioxyde et en chlorure manganeux.

SULFATE MANGANEUX $MnSO_4$.

338. On peut former ce sel en neutralisant de l'acide sulfurique par le carbonate manganeux. Il se forme par l'action de l'acide sulfurique concentré et chaud sur tous les oxydes de manganèse.

Pour préparer ce sel on chauffe au rouge sombre dans un creuset de Hesse un mélange pâteux de bioxyde de manganèse en poudre et d'acide sulfurique. Dès que les vapeurs d'acide sulfurique ont cessé de se dégager, on retire le creuset du feu et on dissout dans l'eau la masse refroidie. On filtre et on ajoute à la liqueur filtrée un peu de carbonate manganeux pour précipiter les traces de métaux étrangers qu'elle pourrait contenir. Après une dernière filtration on évapore à cristallisation.

Le sulfate manganeux forme de beaux cristaux roses qui appartiennent à la série des vitriols. Quand il cristallise au dessous de 6° ses cristaux ont pour formule $MnSO_4 + 7H_2O$, et sont isomorphes avec ceux du sulfate ferreux. De 6° à 20° il se dépose en beaux clinoèdres efflorescents, avec $5H_2O$, isomorphes avec le sulfate de cuivre. De 20° à 30° les cristaux prennent $4H_2O$. A la température de l'ébullition, sa solution concentrée dépose une poudre cristalline rose légèrement jaunâtre $MnSO_4 + H_2O$, qui devient anhydre et blanche quand on la dessèche. Le sulfate manganeux ne se décompose qu'au rouge. Il peut donner naissance à tous les sels doubles caractéristiques pour les vitriols.

Il est employé en médecine comme tonique et astringent.

AZOTATE MANGANEUX $Mn(NO_3)_2$.

339. Ce sel ne peut s'obtenir que par la neutralisation de l'acide azotique par le carbonate manganeux. Il est fort soluble dans l'eau et déliquescent : on ne parvient qu'avec peine à l'obtenir en cristaux aiguillés, d'un rose très pâle et contenant 6 molécules d'eau de cristallisation. Il est très soluble dans l'alcool.

Il entre en fusion à 129° et se décompose à quelques degrés au dessus de ce point en se transformant en bioxyde de manganèse.

SULFURE MANGANEUX MnS.

340. Ce composé se rencontre, quoique rarement, dans le règne minéral : il forme des cristaux cubiques d'un gris d'acier, et est connu sous le nom de blende de manganèse.

On le connaît surtout à l'état hydraté : il se produit par double décomposition entre un sel manganeux et un sulfure solubles. Il est gélatineux, couleur de chair, insoluble dans l'eau, décomposable par les acides même les plus faibles. Il s'altère peu à peu au contact de l'air et se colore en brun. Maintenu ou chauffé pendant quelque temps en présence d'un grand excès de sulfure d'ammonium il se convertit en une poudre verte de la formule $3MnS + H_2O$.

CARBONATE MANGANEUX $MnCO_3$.

341. Ce sel se rencontre dans le règne minéral en beaux rhomboèdres roses, isomorphes avec le spath d'Islande, et connus sous le nom de diallogite. On l'obtient par double décomposition entre le sulfate manganeux et le bicarbonate de soude dissous dans de l'eau préalablement bouillie. Il est blanc rosé, insoluble dans l'eau. La chaleur le ramène à l'état de protoxyde et d'anhydride carbonique.

On doit le préparer et le dessécher autant que possible à l'abri du contact de l'air, car quand il est humide, il a une grande tendance à absorber l'oxygène et à se transformer en hydroxyde manganique brun.

COMBINAISONS DU MANGANICUM.

342. Les composés manganiques résultent de l'action des acides sur l'oxyde ou l'hydroxyde manganique. Ils dérivent du groupement hexavalent $\equiv Mn - Mn \equiv$. L'oxyde et l'hydroxyde manganiques sont assez stables, mais on ne saurait en dire autant des sels correspondants, qui se décomposent très facilement pour peu qu'on les chauffe, surtout en présence de l'eau.

343. Le *chlorure manganique* $Mmn''Cl_6$ se produit par l'action de l'acide chlorhydrique dissous et froid sur l'oxyde manganique. On ne le connaît qu'à l'état de solution. Il est coloré en brun ou vert foncé brunâtre. Sous l'influence de la moindre élévation de température, il dégage du chlore en passant à l'état de chlorure manganeux.

344. L'*oxyde manganique* $Mmn''O_3$ existe dans la nature en quadratoctaèdres noirs, et porte le nom de braunite. On l'obtient par l'action d'une chaleur rouge sombre sur l'azotate manganeux ou sur le bioxyde. Il existe également un hydroxyde manganique naturel que les minéralogistes appellent acerdèse.

L'hydroxyde manganique se forme par l'action de l'air sur l'hydroxyde manganeux humide.

Le caractère basique de l'oxyde et de l'hydroxyde manganiques est à peine sensible. Ces composés ne se dissolvent que très difficilement dans l'acide sulfurique. L'acide azotique les décompose d'après l'équation

$$Mn_2O_3 + 2HNO_3 = MnO_2 + Mn(NO_3)_4 + H_2O.$$

345. L'oxyde de manganosum et l'oxyde de manganicum peuvent s'unir en un oxyde intermédiaire Mn_3O_4. Cette combinaison se produit lorsqu'on chauffe en présence de l'air l'oxyde de manganosum[1], elle se forme encore par l'action d'une température très élevée sur les autres oxydes de manganèse. Il se présente alors à l'état d'une

---

[1] Quand on chauffe l'oxyde manganeux dans l'oxygène pur ou dans une atmosphère artificielle contenant au moins 26 % d'oxygène, il se convertit en oxyde manganique.

poudre d'un brun rougeâtre. On le trouve aussi dans la nature, cristallisé en octaèdres à base carrée, d'un noir brillant et dont la poussière est brune : il est connu des minéralogistes sous le nom de *hausmannite*.

On envisage généralement ce corps comme un spinelle, bien qu'il ne soit pas isomorphe avec ces derniers, et on lui donne la formule

$$O_3 \equiv Mn_2{}^{vi} \underset{\diagdown O \diagup}{\overset{\diagup O \diagdown}{}} Mn''.$$

Cette manière de voir est basée sur la décomposition qu'il subit sous l'influence de l'acide sulfurique concentré, qui le dédouble à froid en un mélange de sulfate manganeux et de sulfate manganique. Mais on peut le regarder aussi comme un dérivé

du bioxyde $O = Mn^{iv} \underset{O - Mn''}{\overset{O - Mn''}{<>}} O$: en effet l'acide nitrique con-

centré et chaud, et même l'acide sulfurique étendu le décomposent en bioxyde et en sels manganeux.

346. Le *sulfate manganique* $Mn_2(SO_4)_3$ s'obtient le plus facilement en chauffant à 140° le bioxyde artificiel avec de l'acide sulfurique concentré. Il se produit alors un liquide vert qui laisse déposer une poudre amorphe d'un vert foncé qu'on purifie par un lavage à l'acide azotique pur, et une dessiccation à 150°.

Il se dissout dans l'eau en produisant une solution rouge violet. On doit éviter l'emploi d'une trop forte quantité d'eau ou l'élévation de la température, si non il se décompose en déposant de l'hydroxyde manganique. Si à cette solution concentrée on ajoute du sulfate de potassium, il se dépose des octaèdres violets, très solubles, d'alun de manganèse $Mn_2(SO_4)_3 + K_2SO_4 + 24H_2O$.

BIOXYDE DE MANGANÈSE. MnO_2.

347. Ce corps est le plus important des composés du manganèse, dont il est le principal minerai. Il forme des dépôts abondants, dans lesquels on le rencontre parfois cristallisé en prismes rhomboïdaux noirs, doués de l'éclat métallique et connus par les minéralogistes sous le nom de *pyrolusite*.

On peut l'obtenir artificiellement par l'action de la chaleur (160°) sur l'azotate manganeux. Il se produit aussi quand on chauffe le carbonate ou l'un des oxydes du manganèse avec du chlorate de potassium.

Le bioxyde de manganèse artificiel est une poudre noire, insoluble dans l'eau. Ce corps est surtout intéressant par ses propriétés oxydantes. Chauffé à 300° il dégage de l'oxygène, et se convertit en oxyde manganique Mn_2O_3. Une température plus élevée le transforme en oxyde intermédiaire Mn_3O_4.

Il brûle la plupart des substances organiques, surtout quand on fait intervenir en même temps un acide étendu. Chauffé avec de l'acide chlorhydrique, il dégage du chlore : l'acide sulfurique concentré en élimine de l'oxygène.

Quand on fait agir l'acide chlorhydrique à froid sur du bioxyde de manganèse, il se produit une solution brune qui se décompose en chlore et en chlorure manganeux à la moindre élévation de température. On avait pensé qu'il se formait ainsi un tétrachlorure $MnCl_4$, soluble dans l'éther sans altération : mais l'expérience a prouvé qu'on n'obtient ainsi qu'un hexachlorure Mn_2Cl_6. On n'est pas parvenu davantage à isoler le tétrafluorure de manganèse dont l'existence avait été annoncée.

Ces recherches ont été inspirées par l'idée que le bioxyde de manganèse était l'équioxyde du manganèse tétravalent $O = M^{iv} = O$. Le caractère basique semble faire défaut à ce composé. Le seul sel bien défini qu'on en ait obtenu est le sulfate $Mn^{iv}(SO_4)_2$. Ce sel prend naissance quand on verse sur 100 parties de permanganate de potassium un mélange bien refroidi de 150 p. d'eau et de 500 p. d'acide sulfurique. L'acide permanganique momentanément mis en liberté se décompose peu à peu en dégageant de l'oxygène, et le liquide contient alors le sulfate $Mn(SO_4)_2$ qui le colore en jaune intense. L'eau froide décompose ce sel, et produit un précipité d'hydrate de bioxyde de manganèse : une addition de sulfate de potassium provoque la précipitation d'un sel basique $O = Mn = SO_4$; une addition de sulfate manganeux engendre un sel double $Mn(SO_4)_2 + MnSO_4 + 9H_2O$, qui cristallise en belles tables hexagonales roses.

L'hydroxyde normal $Mn^{iv}(OH)_4$ correspondant au bioxyde n'est pas connu, mais on en possède deux dérivés par déshydratation

$$\text{partielle } O = Mn = (OH)_2 \text{ et } \begin{array}{c} HO - Mn^{IV} = O \\ > O \\ HO - Mn'' = O \end{array}$$

Le mélange de ces deux corps constitue le minéral désigné sous le nom de *Wade*.

Le premier s'obtient par la décomposition ou la réduction des manganates et des permanganates au sein d'une solution neutre.

Le second se forme par l'action du chlore ou des hypochlorites sur le carbonate ou l'hydroxyde manganeux, et purification du produit par un lavage à l'acide acétique ou à l'acide nitrique étendu. Il résulte aussi de l'action de l'acide azotique sur l'oxyde intermédiaire.

Ces hydrates sont des poudres noires, qui tachent fortement les doigts, et qu'il est difficile d'obtenir d'une composition constante. L'hydrate MnO_3H_2 a bien plutôt les allures d'un acide faible que celles d'une base et laisse très facilement remplacer son hydrogène par d'autres métaux en formant des oxydes mixtes qu'on a appelés *manganites*. Ces composés se forment toujours lorsque l'hydrate de bioxyde se produit au sein d'une solution saline : leur constitution est souvent assez complexe.

348. Quand on chauffe le permanganate de potassium, il se dégage de l'oxygène et l'on obtient un résidu brun $K_2Mn_2O_5$. Ce corps, décomposé par l'eau, lui abandonne de la potasse caustique et se transforme en un autre oxyde mixte de la forme $K_2Mn_5O_{11}$, qui se produit également quand on fait agir l'anhydride carbonique sur la solution d'un manganate. Le manganite de calcium $Ca_2Mn_5O_{11}$ se produit quand on verse du nitrate manganeux dans du chlorure de chaux. Le manganite manganeux est un précipité brun qui se forme parfois dans l'action du permanganate de potassium sur la solution neutre d'un sel manganeux.

Le minéral connu sous le nom de *psilomélane* ou manganèse de Romanèche est le manganite barytique

$$Ba \begin{array}{c} O - Mn = O \\ < \quad > O \\ O - Mn = O \end{array}$$

Quand on fait passer un courant d'air comprimé dans un mélange chauffé à 50° d'hydroxydes de manganèse et de calcium obtenu en ajoutant un excès de chaux éteinte au résidu de la fabrication du chlore, on obtient une poudre noire, qui est un oxyde mixte de la forme $Ca<^O_O>Mn = O$. Cette substance est connue sous le nom de *manganèse revivifié*. Elle possède les propriétés oxydantes du bioxyde, et peut le remplacer pour la préparation industrielle du chlore.

Un autre procédé de revivification du bioxyde consiste à griller un mélange de chlorure manganeux et de chlorure de magnésium : il se dégage du chlore et l'on obtient un manganite de magnésium qui rentre dans la fabrication

$$MnCl_2 + MgCl_2 + O_3 = Cl_4 + MnO_2, MgO.$$

349. Manganométrie. La valeur commerciale d'un bioxyde de manganèse dépend de la proportion de chlore qu'il peut dégager sous l'action de l'acide chlorhydrique, et par conséquent de la quantité d'oxygène qu'il renferme au delà de celle qui est nécessaire à la formation de l'oxyde manganeux. Les formules suivantes montrent qu'il faut employer des quantités bien différentes des divers oxydes du manganèse pour obtenir une même quantité de chlore :

$$MnO_2 + 4HCl = MnCl_2 + Cl_2 + 2H_2O$$
$$Mn_2O_3 + 6HCl = 2MnCl_2 + Cl_2 + 3H_2O$$
$$Mn_3O_4 + 8HCl = 3MnCl_2 + Cl_2 + 4H_2O;$$

or ces oxydes et leurs hydrates se ressemblent extérieurement et se trouvent souvent mélangés.

Pour déterminer la valeur *industrielle* d'un bioxyde de manganèse, on en introduit un échantillon moyen, finement pulvérisé et en quantité connue dans un petit ballon avec de l'acide chlorhydrique concentré et on chauffe doucement. Il se dégage du chlore qu'on dirige dans une solution d'iodure de potassium. Le chlore met en liberté une quantité équivalente d'iode, qu'on n'a plus qu'à titrer par un essai iodométrique.

Ce procédé si simple en théorie est d'une exécution assez délicate. On lui substitue d'ordinaire une autre méthode, basée sur l'oxydation que le bioxyde fait subir à l'acide oxalique

$$O + C_2H_2O_4 = H_2O + 2CO_2.$$

On met le bioxyde en contact avec de l'acide sulfurique et de l'acide oxalique dans un appareil taré. Il se produit alors du sulfate manganeux et la perte en poids de l'appareil, due au départ de l'anhydride carbonique, est proportionnelle à la quantité d'oxygène disponible du bioxyde

$$MnO_2 + H_2SO_4 + C_2H_2O_4 = MnSO_4 + 2H_2O + 2CO_2.$$

Cette expérience se fait dans le petit appareil représenté par la fig. 15. A est un ballon d'environ 20 centilitres de capacité : on y introduit 0,991 gr. de bioxyde

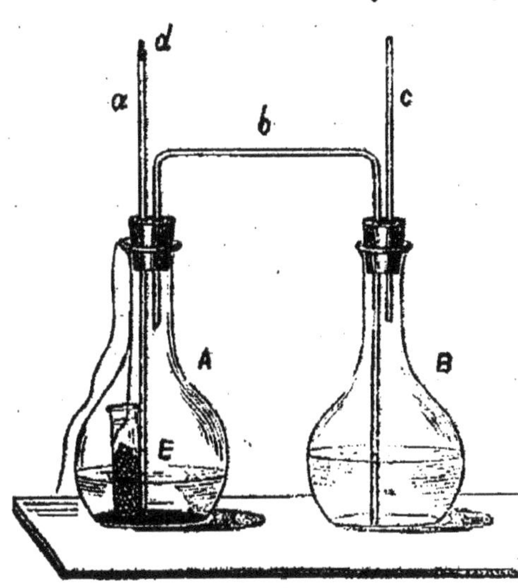

finement pulvérisé, et 50gr. d'eau acidulée par l'acide sulfurique. On chauffe légèrement ce mélange pour éliminer l'anhydride carbonique des carbonates que le bioxyde pourrait contenir. Après refroidissement, on monte l'appareil comme le montre la figure : on suspend dans le ballon A au moyen d'un fil une petite éprouvette E contenant quelques grammes d'acide oxalique, on introduit en B une centaine de grammes d'acide sulfurique concentré, et on prend le poids exact de l'appareil tout entier.

Fig. 15.

On soulève alors un instant le bouchon du ballon A et on le replace immédiatement : cette manœuvre a pour effet de renverser l'éprouvette et de mettre l'acide oxalique en contact avec le bioxyde. Aussitôt le dégagement d'anhydride carbonique commence : ce gaz barbotte en B dans l'acide sulfurique, s'y dessèche et s'échappe pur par le tube c.

Quand la réaction est terminée et que tout le bioxyde a disparu, on chauffe le ballon A à 70°. On peut obtenir ce résultat en aspirant fortement en c : il se produit alors en A un vide partiel qui, dès qu'on cesse d'aspirer en c, fait pénétrer dans ce ballon un peu d'acide sulfurique par le tube b, ce qui donne lieu à une élévation de température, et fait dégager l'anhydride carbonique dissous dans le liquide. On enlève alors le bouchon d, on aspire en c pour déterminer un courant d'air qui balaye tout le gaz carbonique contenu dans l'appareil. On pèse ce dernier après refroidissement complet : sa perte de poids représente la proportion d'anhydride carbonique dégagée. Il est facile de s'assurer par un petit calcul, que si l'on a employé 0,991 gr. de matière, le nombre de centigrammes de gaz carbonique parti représente les % de bioxyde pur contenus dans la substance.

350. On trouve dans le règne minéral un composé sulfuré MnS analogue au bioxyde de manganèse et connu sous le nom de *hauerite*. Il se présente en beaux cristaux bruns à éclat métallique. On l'obtient artificiellement, à l'état d'une poudre rouge, en chauffant à 160° un mélange de sulfate manganeux et de polysulfure de potassium.

ACIDES DU MANGANÈSE.

351. Le manganèse produit deux genres de composés dans lesquels il remplit le rôle d'un corps non métallique; il donne naissance à des manganates M_2MnO_4 et à des permanganates $MMnO_4$. Les manganates sont isomorphes avec les sulfates; les permanganates le sont avec les perchlorates. Cet isomorphisme fait attribuer à ces deux catégories de combinaisons des formules analogues. Toutefois rien jusqu'ici n'a établi que l'acide manganique soit réellement bibasique, et l'acide permanganique monobasique : il y a même des chimistes qui donnent aux permanganates la formule $M_2Mn_2O_8$.

On ne parvient pas à isoler l'acide manganique : dès qu'on essaie de le mettre en liberté, il se décompose par oxydation et réduction simultanées

$$3H_2MnO_4 = 2HMnO_4 + MnO_2 + 2H_2O.$$

Par contre on connaît l'acide et l'anhydride permanganique, ainsi que le chlorure acide et les sels correspondants.

MANGANATES.

352. Le *manganate de potassium* K_2MnO_4 s'obtient en chauffant au rouge sombre un mélange de bioxyde de manganèse et d'hydroxyde de potassium en présence de l'air ou d'une source d'oxygène, telle que l'azotate ou le chlorate de potassium, ou même le bioxyde de manganèse employé en excès :

$$MnO_2 + 2KOH + O = MnO_4K_2 + H_2O.$$

Il se forme encore quand on fait bouillir avec de la potasse caustique une solution concentrée de permanganate, tant qu'il se dégage de l'oxygène :

$$2KMnO_4 + 2KOH = 2K_2MnO_4 + H_2O + O.$$

On évapore dans le vide la solution obtenue. Ce sel cristallise en prismes déliquescents, d'un vert très foncé et isomorphes avec le sulfate de potassium. Il se dissout dans une solution de potasse qu'il colore en vert ; l'eau pure le décompose en hydroxyde de potassium, en hydrate de bioxyde de manganèse et en permanganate :

$$3H_2O + 3K_2MnO_4 = 4KHO + H_2MnO_3 + 2KMnO_4.$$

Tous les acides, même l'acide carbonique, provoquent la même transformation, en donnant lieu à des changements de couleur qui ont fait donner jadis à cette substance le nom de *caméléon minéral*. Aujourd'hui ce nom est plus spécialement attribué au permanganate.

353. En chauffant au rouge sombre, dans un courant d'air, un mélange de bioxyde de manganèse et d'hydroxyde de sodium, on obtient le *manganate de sodium*

$$2NaOH + MnO_4 + O = MnO_4Na_2 + H_2O.$$

Ce sel se décompose en ses générateurs sous l'influence de la vapeur d'eau, à 450°. Ces réactions permettent d'extraire industriellement l'oxygène de l'air.

On le prépare en grand dans l'industrie. Il cède son oxygène à toutes les matières qui peuvent en prendre et constitue un désinfectant très énergique. Il est isomorphe avec le sulfate de sodium et cristallise comme lui avec 10 molécules d'eau.

354. Le *manganate de baryum* $BaMnO_4$ s'obtient par la fusion du bioxyde de manganèse avec le nitrate de baryum. C'est une poudre cristalline, d'un beau vert, insoluble dans l'eau. On l'emploie comme couleur. L'acide carbonique le transforme en permanganate de baryum soluble.

PERMANGANATES.

355. *Permanganate de potassium* $KMnO_4$. Ce sel est le plus important de tous les permanganates. On le produit industriellement en décomposant le manganate par l'eau bouillante et l'anhydride carbonique. Pour l'obtenir dans les laboratoires, on chauffe dans une capsule 10 p. de potasse caustique dissoute dans aussi peu d'eau que possible, avec 7 p. de chlorate de potassium et 8 p. de bioxyde de manganèse pur et finement pulvérisé. Quand ce mélange est devenu bien sec, on le met dans un creuset et on le porte au rouge sombre, pour amener la décomposition complète du chlorate et la production du manganate. Après refroidissement on épuise à l'eau bouillante la masse verte obtenue; on filtre à travers une couche d'amiante ou de laine de verre, et on laisse cristalliser à l'abri des poussières atmosphériques.

356. Le permanganate de potassium cristallise en longues aiguilles rouges violacées, douées de l'éclat métallique et inaltérables à l'air. Il se dissout dans l'eau sans se décomposer en produisant une solution bleue par transparence et pourpre par réflexion. Cette solution est douée d'un pouvoir oxydant considérable et est employée dans l'analyse volumétrique pour le dosage des corps réducteurs. Le permanganate de potassium leur cède de l'oxygène avec une facilité extrême, en déposant en même temps de l'hydrate de bioxyde de manganèse.

$$2KMnO_4 + 3H_2O = 2H_2MnO_3 + 2KOH + O_3.$$

En présence des acides et des corps avides d'oxygène, il produit des sels manganeux :

$$2KMnO_4 + 3H_2SO_4 = 2MnSO_4 + K_2SO_4 + 3H_2O + O_5.$$

On voit alors la couleur violette du permanganate disparaître tant que l'oxydation n'est pas terminée; mais la moindre goutte de ce réactif qu'on ajoute en excès colore le liquide en rouge. On peut donc doser facilement les corps réducteurs par la quantité d'oxygène qu'ils empruntent à un volume déterminé de permanganate dont le titre a été préalablement établi.

Ce pouvoir oxydant fait aussi du permanganate de potassium le désinfectant le plus énergique connu. On l'emploie surtout dans les hôpitaux pour désinfecter les linges etc. provenant de malades atteints d'affections contagieuses. On le remplace souvent pour cet objet par le permanganate de sodium brut obtenu en fondant ensemble 10 p. de soude caustique, 4 p. de salpêtre et 6 p. de bioxyde de manganèse.

357. *L'anhydride permanganique* Mn_2O_7 prend naissance quand on introduit par petites portions du permanganate de potassium bien pur dans de l'acide sulfurique concentré et fortement refroidi. Le mélange se colore en vert et l'anhydride permanganique se dépose à l'état d'une huile rouge foncé et très dense, et qui ne se solidifie pas à — 20°. Ce corps est très instable ; il se décompose avec explosion quand on le chauffe, et se détruit même peu à peu à la température ordinaire, en dégageant de l'ozone, et en produisant des vapeurs violettes, à reflet métallique, d'acide permanganique. Il détone violemment au contact des corps organiques. Projeté dans l'eau il se transforme en *acide permanganique* $HMnO_4$. Ce dernier n'est connu qu'à l'état de solution bleu violet comme celle des permanganates. On l'obtient plus facilement en décomposant le permanganate de baryum par l'acide sulfurique étendu. Ce corps n'est pas très stable : il se décompose quand on le chauffe ou quand on le met en contact avec des agents réducteurs, et précipite de l'hydrate de bioxyde de manganèse.

Un mode de formation intéressant de l'acide permanganique consiste à faire bouillir un oxysel manganeux avec de l'acide nitrique et du bioxyde de plomb. Le mélange se colore alors en violet, ce qui permet de reconnaître des traces de composés manganeux. Cette réaction ne réussit pas avec les sels haloïdes de manganèse.

358. Le *chlorure permanganique* MnO_3Cl se produit quand on introduit peu à peu du sel marin, préalablement fondu, dans un mélange bien refroidi d'acide sulfurique et de permanganate de potassium. Il se dégage alors un gaz jaune qu'on peut condenser, par un refroidissement énergique, en un liquide brun qui au contact de l'air dégage des fumées violettes. Il possède une odeur irritante très caractéristique. Il détone violemment quand on le chauffe. L'eau le dédouble en acide chlorhydrique et en acide permanganique, dont il est le chlorure acide.

CARACTÈRES DES COMPOSÉS SOLUBLES DE MANGANÈSE.

COMPOSÉS MANGANEUX. — Les solutions des composés manganeux, qui sont les seuls stables, sont incolores ou légèrement colorées en rose.

Les hydroxydes alcalins y produisent un précipité blanc d'hydroxyde qui brunit par son contact avec l'air en se transformant en hydroxyde manganique. L'ammoniaque produit une réaction analogue, toutefois le précipité blanc d'hydroxyde manganeux n'apparaît pas quand la liqueur contient déjà un sel ammoniacal.

Les sulfures solubles y produisent un précipité rose (MnS), soluble à froid dans l'acide chlorhydrique étendu.

Chauffées avec un mélange d'acide azotique et de bioxyde de plomb, elles donnent une solution violette d'acide permanganique.

Quand on fait bouillir un sel manganeux avec de l'acide azotique, et qu'on y introduit peu à peu du chlorate de potassium, on précipite la totalité du manganèse sous forme de bioxyde noir.

COMPOSÉS MANGANIQUES. — Les composés manganiques sont peu stables. — La chaleur les transforme en composés manganeux. Leurs solutions sont violettes ou d'un rouge très foncé.

Les hydroxydes alcalins en précipitent de l'hydroxyde manganique brun.

L'acide sulfhydrique en précipite du soufre en les ramenant à l'état de composés manganeux.

Les sulfures dissous en précipitent un mélange de soufre et de sulfure manganeux.

MANGANATES. — Les manganates solubles produisent des solutions vertes.

L'eau bouillante les transforme en permanganates. Les acides provoquent la même transformation.

PERMANGANATES. — Les permanganates solubles produisent des solutions pourpres. L'eau les dissout sans altération.

L'acide sulfureux réduit instantanément ces deux genres de sels et les convertit en sulfate manganeux rose. L'hydrogène sulfuré produit la même transformation, et donne lieu en même temps à un dépôt de soufre.

Au chalumeau, les composés du manganèse donnent des réactions fort caractéristiques. Avec le borax ou le sel de phosphore, ils produisent une perle incolore au feu de réduction et violette au feu d'oxydation. Chauffés avec du carbonate de sodium et une parcelle de salpêtre, ils produisent une masse fondue d'un beau vert, constituée par du manganate.

HUITIÈME GROUPE.

(Famille des ferrides).

359. Dans la classification périodique de Mendelejeff, on voit dans chaque période la valence s'élever progressivement de groupe en groupe. Il suffit pour s'en convaincre, de jeter les yeux sur la série des composés les plus riches en oxygène, formés par les termes successifs d'une période. Examinons, par exemple, la quatrième période du tableau de la p. 55 : nous trouverons :

$$K_2O, Ca_2O_3, ScO_3, Ti_2O_4, V_2O_5, Cr_2O_6, Mn_2O_7.$$

On peut donc, par analogie, admettre que dans le huitième groupe de chaque période se rencontreront des éléments octovalents. Ces huitièmes groupes ne se retrouvent pas à chaque période : ils n'appartiennent qu'à la quatrième, à la sixième et à la huitième, et l'on y trouve les métaux suivants : Fe, Co, Ni, Ru, Rb, Pd, Os, Ir, Pt, auxquels il faut peut-être joindre l'or. De tous ces éléments, il n'en est que deux qui soient incontestablement octovalents, ce sont l'osmium et le ruthénium, dont on connaît les oxydes RuO_4 et OsO_4 ou Ru_2O_8 et Os_2O_8. Il n'est pas impossible que tous soient réellement octoatomiques, mais que, dans les combinaisons que l'on connaît jusqu'ici, ils ne mettent en jeu qu'une partie de leurs atomicités, semblables en cela au manganèse, dont les composés les plus nombreux et les plus stables dérivent du type $Mn\,R'_2$.

FER.

Symbole Fe ; poids atomique 56,00.

360. État naturel. Le plus commun et le plus important des métaux est le fer ; on peut à bon droit l'appeler le roi des métaux. Peu de corps se rencontrent dans la nature en aussi grande profusion, non seulement à l'état de minerais, mais aussi en petite quantité dans un grand nombre de substances. C'est à un composé de fer que beaucoup de matières terreuses doivent leur teinte jaunâtre ; ce sont des composés de fer qui colorent le sang en rouge et le feuillage en vert.

Le fer natif est très rare. Mais on rencontre assez fréquemment des blocs de fer météorique, contenant des traces de nickel, et qu'on exploite là où il en est tombé des masses assez volumineuses.

Le règne minéral nous offre de nombreux composés de fer. Le bisulfure ou *pyrite*, qu'on trouve en abondance, ne saurait servir de minerai, car le fer qu'il fournit retient toujours des traces de soufre qui le rendent cassant.

Les vrais minerais de fer sont des oxydes, tels que l'oxyde de fer magnétique ou *aimant* Fe_3O_4 qu'on trouve abondamment en Suède et en Norwège, l'*oligiste*, hématite rouge ou sanguine Fe_2O_3, dont les variétés argileuses sont connues sous le nom de craie rouge, la *limonite* ou hydroxyde de fer, qui forme des masses d'un jaune brun appelées hématite brune, et dont le mélange avec l'argile constitue l'ocre brune. Sous l'influence de la chaleur, la limonite, qui ne diffère pas sensiblement de la rouille, se décompose en eau et en oxyde ferrique. On exploite aussi le fer spathique ou *sidérose*, $FeCO_3$ qui se dédouble par la chaleur en oxyde de fer et en anhydride carbonique.

Aux États-Unis on exploite un gisement important de franklinite Fe_2O_4Zn, qui est un spinelle ferrico-zincique. Tous ces minerais peuvent donc être ramenés à l'oxyde de fer. Quand on les chauffe au contact du charbon, ce dernier s'empare de leur oxygène, et le fer se trouve réduit à l'état de métal.

Préparation. On peut obtenir le fer pur par divers procédés de laboratoire. Quand on réduit le chlorure ferreux ou l'oxyde ferrique par l'hydrogène, dans un appareil semblable à celui que représente la fig. 16, on obtient le fer à l'état d'une poudre métallique grise, si l'on a eu soin de porter la température jusqu'au rouge. Mais lorsqu'on opère sur l'oxyde ferrique

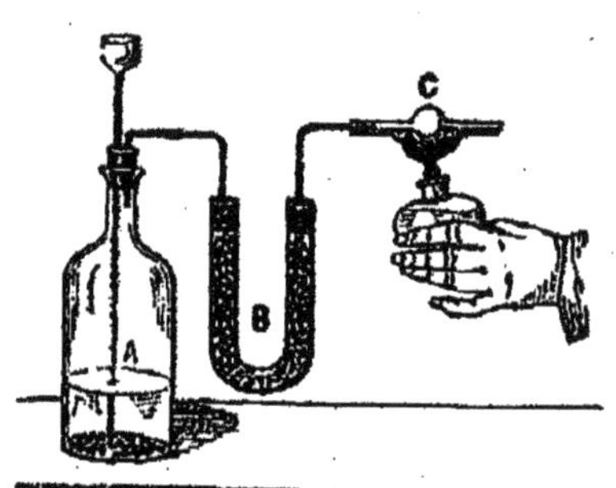

Fig. 16.

ou sur l'oxalate ferreux, et que la température ne dépasse pas 500° on obtient une poudre noire de fer pyrophorique, qui prend feu au contact de l'air (1).

On produit un fer très pur en fondant du fil de clavecin, qui ne contient que 0,003 d'impuretés, dans un creuset de chaux au chalu-

---

(1) On a annoncé récemment que le fer pyrophorique est formé, non par du fer pur, mais par de l'oxyde ferreux ou de l'oxyde magnétique très divisé. On n'obtiendrait du fer métallique pyrophorique qu'en chauffant à 440° et en maintenant très longtemps le courant d'hydrogène.

meau oxhydrique. Toutes les impuretés se brûlent et se concentrent dans la scorie d'oxydes qui est absorbée par la chaux. On obtient ainsi un culot d'un blanc d'argent, susceptible de prendre un beau poli, mais beaucoup plus mou que le fer doux du commerce.

Une autre variété de fer s'obtient par l'électrolyse d'une solution de sulfate ferreux additionnée de sulfate et de carbonate de magnésium. Ce fer est d'un blanc mat, très dur et cassant. On l'emploie avantageusement à la reproduction des clichés par voie galvanique. Il contient toujours de l'hydrogène occlus, ce qui lui donne la force coercitive pour le magnétisme. Chauffé à l'abri de l'air, il devient blanc comme du platine.

Propriétés. Le fer doux du commerce est gris bleu, cristallisable en cubes ou en octaèdres, mou, très ductile et très malléable, flexible sans se rompre et privé de toute élasticité. Chauffé, il se ramollit et fond vers 1600°. Au rouge bien décidé, il se laisse pétrir sous le marteau et peut se souder à lui-même. Lorsqu'il n'a pas été forgé, sa structure est grenue ; elle devient fibreuse sous l'influence du marteau, du laminoir ou de la filière. Une chaleur rouge longtemps continuée ou des vibrations longtemps soutenues ramènent le fer fibreux à l'état grenu.

Le fer est magnétique, mais il n'est pas susceptible comme l'acier, de devenir aimant lui-même. On dit qu'il ne possède pas de force coercitive.

A la température ordinaire il est inaltérable dans l'oxygène et dans l'air sec, mais s'oxyde à une température élevée et se convertit en un oxyde ferroso-ferrique connu sous le nom de battitures de fer. Il brûle avec éclat dans l'oxygène pur. A l'air humide il se couvre de rouille. La présence de traces d'acides, même d'anhydride carbonique, favorise singulièrement cette oxydation. Il en est de même de certains sels, et spécialement des chlorures et des sels ammoniacaux : par contre les alcalis et les carbonates alcalins préviennent la formation de la rouille. Une fois qu'une pièce de fer a commencé à se rouiller, l'oxydation continue rapidement, d'après les uns parce que la rouille forme avec le fer un élément galvanique, d'après d'autres parce que le métal sous-jacent réduit partiellement la rouille, en s'oxydant à son tour et que l'oxygène de l'air régénère l'hydroxyde ferrique aux dépens du composé ferreux qui s'était momentanément formé. Pour empêcher le fer de se rouiller, on le recouvre d'un enduit protecteur tel qu'une couche de peinture, de vernis ou de graisse, ou d'un mince revêtement métallique. On a recours tantôt à l'étain (fer blanc), tantôt au zinc (fer galvanisé), au plomb ou au nickel. Le moyen le plus efficace consiste à produire à la surface du métal une pellicule d'oxyde intermédiaire Fe_3O_4 : on y parvient en chauffant le fer à 650° dans une atmosphère de vapeur d'eau ou d'anhydride carbonique.

La rouille contient toujours des traces d'ammoniaque résultant de l'union de l'hydrogène naissant avec l'azote de l'air.

Au rouge le fer décompose l'eau en se transformant en oxyde magnétique. Il déplace l'hydrogène de la plupart des acides étendus en produisant des composés de ferrosum ; l'acide azotique produit du nitrate ferrique dès que la température s'élève ou que l'acide atteint un certain degré de concentration.

L'acide azotique très concentré n'attaque pas le fer, et le rend inattaquable par l'acide de concentration moyenne. On dit qu'il rend le fer *passif*. Cette passivité du fer est assez difficile à expliquer : d'aucuns prétendent qu'il se produit à la surface du métal une couche gazeuse (NO) qui le garantirait contre l'action de l'acide ; d'autres pensent que le fer se recouvre d'un enduit d'oxyde intermédiaire, difficilement attaquable par l'acide nitrique. Cette dernière opinion paraît la plus probable, car on peut rendre le fer passif en le maintenant pendant quelques instants dans l'eau oxygénée, dans l'acide chromique, l'acide iodique ou d'autres agents oxydants.

Le fer du commerce renferme toujours des traces de carbone, de silicium, de soufre, de phosphore, d'arsenic et de métaux tels que le manganèse, le titane, l'aluminium, etc.

361. Extraction. Deux méthodes sont employées pour extraire le fer de ses minerais ; l'une, connue sous le nom de méthode catalane, ne s'applique qu'au traitement des minerais riches et donne directement du fer pur ; l'autre, désignée sous le nom de méthode du haut fourneau, peut servir même pour des minerais pauvres : mais elle produit d'abord de la fonte ou carbure de fer, qu'on transforme après en fer métallique.

Dans l'un et dans l'autre procédé, on réduit par le carbone, ou plus exactement par l'oxyde carbonique, les minerais, qui sont des oxydes ou du carbonate. Mais comme le fer est très difficilement fusible, on doit déterminer la fusion de la gangue pour permettre la réunion des grains métalliques qui se forment. Ce qui fait la différence des deux procédés, c'est précisément la nature des laitiers fusibles dont on provoque la formation. Dans la méthode catalane le laitier est du silicate ferreux; dans la méthode du haut fourneau il est constitué par un silicate double d'aluminium et de calcium.

Quel que soit le procédé auquel on a recours il importe de préparer convenablement le minerai par le bocardage et le triage : on aura soin d'éliminer le plus complètement possible les minéraux nuisibles tels que les sulfures, la barytine, les phosphorites etc. On soumet aussi le minerai à un léger grillage qui a pour but de le désagréger, de transformer le carbonate ferreux et l'oxyde magnétique Fe_3O_4 en oxyde ferrique Fe_2O_3 plus facile à réduire; on oxyde en même temps les traces de sulfure de fer que le minerai pourrait contenir, et on les convertit en sulfate : ce dernier est enlevé peu à peu par l'eau des pluies.

Méthode catalane. Dans la forge catalane, fig. 17, on chauffe au charbon de bois des minerais siliceux ou additionnés d'anhydride silicique. Ce dernier se combine à une partie de l'oxyde employé, pour former un silicate ferreux aisément fusible imprégnant l'éponge métallique qui résulte de la réduction. Il garantit ainsi le métal contre toute oxydation ultérieure. L'oxyde de carbone sert d'agent réducteur.

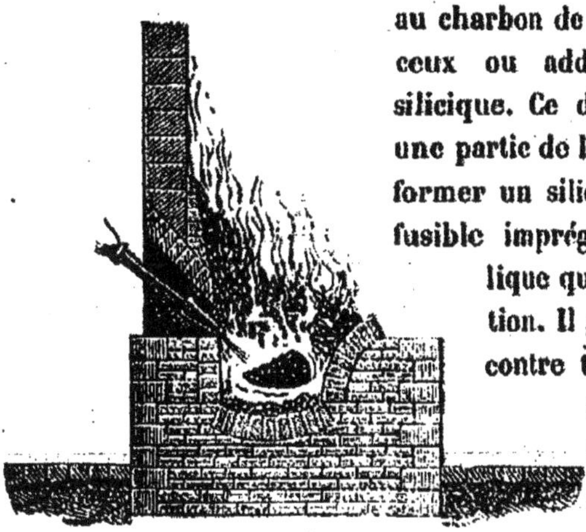

Fig. 17.

L'ouvrier réunit au moyen d'un ringard les divers fragments de fer spongieux, et les agglomère en une masse nommée loupe. Cette loupe est violemment comprimée à chaud, pour en faire jaillir le silicate fondu, et martelée ensuite, pour agréger les grains métalliques.

On obtient ainsi un fer d'excellente qualité, mais dont le prix de revient est fort élevé tant à cause de la dépense en combustible, qu'à cause de la perte d'une partie du fer qui passe dans le laitier.

362. Méthode du haut fourneau. Dans la méthode du haut fourneau on introduit dans un vaste four à cuve, ayant la forme de deux troncs de cône accolés par leur base, fig. 18, des couches alternatives de combustible et de minerai mélangé de fondant. Ce dernier est destiné à produire par lui-même ou avec les matériaux de la gangue une scorie fusible ou laitier consistant en

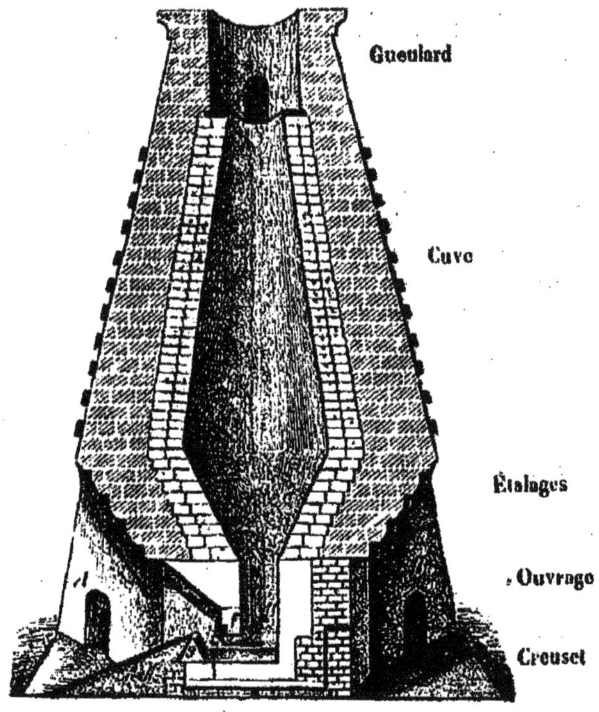

Fig. 18.

un silicate double d'aluminium et de calcium. Si le minerai est calcareux, le fondant à ajouter sera de l'argile ou silicate d'aluminium : s'il est argileux, au contraire, on y ajoutera de la chaux ou du carbonate de calcium. De puissantes souffleries qui débouchent en *d* permettent de lancer dans l'appareil un puissant courant d'air, que l'on a même soin de chauffer au préalable de 400° à 700°; on produit ainsi une chaleur très intense. La plus haute température règne dans *l'ouvrage* c au niveau des tuyères : là le carbone est transformé en anhydride carbonique; mais ce gaz est rapidement transformé en oxyde de carbone dans sa marche ascensionnelle à travers le combustible. Dans la cuve du haut fourneau la chaleur relativement faible dessèche les minerais s'il y a lieu, et expulse l'anhydride carbonique des carbonates. Plus bas, dans le ventre la température s'élevant, l'oxyde de fer est réduit et transformé en grains de fer spongieux éparpillés dans les matières terreuses. Celles-ci ne se combinent entre elles pour former le laitier qu'au bas des étalages; elles ne commencent à fondre que dans l'ouvrage, en c, attendu que le silicate double d'aluminium et de calcium exige pour sa fusion une chaleur très intense[1]. Mais à cette haute température le fer se carbure progressivement; il combine au carbone pour former un composé fusible connu sous le nom de fonte et qui coule au fond du haut fourneau, dans le creuset e, où il est recouvert par une couche de laitier également fondu, et qui le protège contre l'action oxydante du vent. Le laitier s'écoule constamment sur le plan incliné h par une ouverture ménagée entre deux grosses pierres siliceuses, la *dame g* et la *tympe f*. La fonte s'extrait du creuset par un trou de coulée qui n'est pas représenté dans la figure, et qui est bouché par un tampon d'argile : on la reçoit dans des poches en tôle, ou bien dans des rigoles creusés dans le sol de l'usine, où elle se solidifie en lingots demi cylindriques connus sous le nom de *gueuses*.

La carburation du fer commence déjà dans les étalages. Cette

---

(1) Les additions de fondant doivent être réglées de manière à former avec les gangues un silicate double d'aluminium et de calcium dont la composition soit comprise entre celle du métasilicate $4CaSiO_3 + Al(SiO_3)_3$ et celle de l'orthosilicate $5Ca_2SiO_4 + (Al)_2(SiO_4)_3$. Ce dernier est le moins fusible. L'emploi d'une plus forte proportion de matériaux siliceux ferait perdre du fer, car l'anhydride silicique s'unirait à une portion d'oxyde ferreux pour former un silicate qui passerait au laitier : une plus grande quantité d'alumine par rapport à la chaux rendrait le silicate infusible. On peut remplacer une partie de l'alumine par de la magnésie. L'introduction du manganèse dans le laitier en augmente notablement la fusibilité.

C'est surtout sur la couleur, la consistance et l'aspect du laitier que le fondeur se guide pour juger de la marche du haut fourneau.

carburation est produite non seulement par l'action directe du carbone sur le fer [1], mais aussi par l'oxyde de carbone d'après l'équation

$$4Fe + 2CO = Fe_4C + CO_2$$

Les cyanures alcalins KCN, NaCN, paraissent également jouer un rôle important dans la production de la fonte. Ces composés se produisent par l'union directe du carbone et de l'azote aux métaux alcalins contenus dans les gangues ou dans les cendres du combustible. Ces cyanures sont volatils. Arrivés au contact du fer dans les étalages, ils lui abandonnent du carbone et le transforment en fonte.

Les gaz qui s'échappent du haut fourneau contiennent une proportion notable d'oxyde de carbone et possèdent une température élevée. On les laissait flamber autrefois à l'orifice du gueulard : actuellement on les récolte et on les brûle. A cet effet le gueulard reçoit un tronc de cône (fig. 19) qui forme trémie, et par lequel on introduit les charges. Ce tronc de cône est fermé inférieurement par un cône en fonte fixé à une poulie : ce dernier s'abaisse

Fig. 19.

toutes les fois qu'on jette une charge dans la trémie, mais il se referme aussitôt et intercepte tout passage aux gaz, qui sont forcés de s'échapper par un gros tube latéral. On utilise d'ordinaire ces gaz pour chauffer de grandes caisses en tôle dans lesquelles on fait circuler l'air que la soufflerie envoie aux tuyères. Cet air se trouve ainsi porté à une haute température.

La fonte ne contient pas seulement du carbone; sous l'influence de la haute température qui règne dans le haut fourneau il se réduit aussi du silicium, du phosphore et du soufre, qui s'unissent également au fer. Il en est de même du manganèse, et de quelques métaux, comme le cuivre, le cobalt, le nickel, le chrome et le tungstène qui peuvent se rencontrer dans la gangue. Quelques-uns

---

[1] L'union directe du fer au carbone a été démontrée par l'expérience suivante. On a chauffé au rouge vif, dans une atmosphère inerte, un fragment de diamant placé sur une plaque de fer. Le diamant a disparu, et à la place qu'il occupait le fer s'était transformé en fonte.

de ces corps sont utiles, notamment le manganèse, d'autres sont absolument nuisibles. De ce nombre est surtout le phosphore, dont la présence rend la fonte très fluide et appropriée au moulage artistique, mais en même temps très cassante. Le fer que cette fonte fournit à l'affinage est tendre, c'est-à-dire cassant à froid. De ce nombre est encore le soufre, qui rend la fonte pâteuse et impropre au moulage, et dont la présence dans le fer le rend rouverin, ou cassant à chaud. On peut éliminer la majeure partie du soufre en augmentant la proportion de chaux, ou mieux encore en introduisant dans les fondants des composés manganiques. Il se produit alors du sulfure de calcium ou de manganèse qui passe au laitier. On parvient ainsi à utiliser l'oxyde de fer qui résulte du grillage des pyrites dans la fabrication de l'acide sulfurique, et qui retient généralement une partie de soufre : on connaît ce minerai d'un genre spécial sous le nom de *purple ore*.

L'anhydride silicique n'est pas décomposable par le carbone : mais il se laisse réduire par l'action combinée du fer et du charbon, surtout quand la température est très élevée. On peut obtenir ainsi des fontes qui contiennent jusque $50\,^{0}/_{0}$ de silicium. Les fontes ordinaires n'en contiennent guère au de là de $2\,^{0}/_{0}$. La présence du silicium rend la fonte plus grise, plus dure et plus cassante; elle provoque la séparation du carbone d'avec le fer; elle détermine aussi une perte de fer à l'affinage, mais elle est très avantageuse dans les fontes destinées à la fabrication de l'acier Bessemer. Un fer qui contient plus de $3\,^{0}/_{00}$ de cuivre est rouverin. La présence du chrôme ou du tungstène au contraire est avantageuse.

Propriétés de la fonte. La fonte est un carbure de fer contenant 2 à 6 pour cent de carbone. Un carbure de la formule

$$\text{Fe} — \text{Fe}$$
$$| \;\rangle\!\!\diagup\!\text{C}\!\diagdown\!\langle\; | \quad \text{contient } 5{,}08\,^{0}/_{0} \text{ de charbon. Elle renferme également du}$$
$$\text{Fe} — \text{Fe}$$

silicium, qui remplace une quantité équivalente de carbone, ainsi que les matières étrangères contenues dans le fer. Soumise à l'action des acides, elle dégage de l'hydrogène carboné ayant une odeur désagréable. Traitée par l'eau de chlore ou de brôme, elle produit du chlorure ou du brômure de fer et laisse un dépôt de carbone amorphe.

La fonte est très dure, cassante et aisément fusible. Si elle a été préparée à une température relativement basse, le fer a réduit peu de silicium, et n'a guère dissous de carbone : il s'est produit de la fonte blanche, c'est-à-dire ne contenant pas de cristaux de graphite. Cette fonte est extrèmement dure et cassante, impropre au travail de l'atelier ou du moulage : elle est réservée à l'affinage.

Quand elle contient en même temps du manganèse, elle cristallise en grandes lames miroitantes et porte alors le nom de *spiegeleisen*. La présence du manganèse facilite cette cristallisation, mais n'est cependant pas absolument nécessaire.

Si au contraire la température du haut fourneau a été très élevée, le fer a réduit plus de silicium et est devenu moins apte à retenir le carbone : et comme alors le refroidissement se fait plus lentement, une partie du carbone cristallise à l'état de graphite dont les cristaux, disséminés dans la masse, donnent à la cassure un aspect grisâtre. Cette fonte grise fond plus facilement : elle est moins dure, moins cassante : elle se prête très bien au moulage, et se laisse tourner et limer fort aisément. Elle n'est jamais élastique. La présence du soufre dans une fonte empêche la séparation du graphite et par suite la formation de la fonte grise.

Une fonte brusquement refroidie ne laisse pas au graphite le temps de cristalliser, et devient toujours blanche. Refroidie lentement au contraire, elle tend à devenir grise.

On appelle fonte truitée une fonte intermédiaire entre la fonte blanche et la fonte grise, et qui n'a laissé déposer qu'une minime proportion de graphite. Elle est surtout employée pour le coulage des grosses pièces de machines.

Affinage. On appelle ainsi l'opération qui consiste à transformer la fonte en fer doux ou en acier. On distingue en métallurgie les quatre produits suivants :

1° Tout fer malléable obtenu par la réunion de masses pâteuses, par paquetage, ou par tout autre procédé analogue de martelage ou de compression sans avoir été fondu et qui ne durcit pas par la trempe est appelé *fer soudé*. Sous cette rubrique se range le métal connu jusqu'ici sous le nom de fer doux.

2° Tout métal analogue, qui durcit par l'action de la trempe est appelé *acier soudé*. Cette dénomination s'applique aux produits connus sous le nom d'acier naturel, d'acier de forge, d'acier puddlé, etc.

3° Tout fer qui a été obtenu et coulé à l'état fondu, et qui ne durcit pas par la trempe est appelé *fer fondu*.

4° Tout métal pareil qui par une cause quelconque durcit par la trempe porte le nom d'*acier fondu*.

Pour transformer la fonte en fer, il suffit de lui enlever le carbone et le silicium. A cet effet, on la chauffe fortement et on l'expose à une oxydation partielle en la brassant continuellement. Dans cette opération, qui s'appelle le *puddlage*, le carbone brûle dans l'oxygène, et se transforme en oxyde et en anhydride carbonique : le silicium passe à l'état d'anhydride silicique qui se combine à de l'oxyde de fer pour former un silicate très fusible qu'on élimine en comprimant la masse incandescente sous un puissant marteau.

Ce travail s'exécute dans le four à puddler dont la fig. 20 représente la coupe, et la fig. 21 le plan. *a* est le cendrier, *r* la grille et *s* la porte du foyer ; *h* est la sole, *f* le rampant et *e* la cheminée. Les flammes produites en *r* passent sous la voûte du réverbère et chauffent la fonte placée en *h*. Des pièces à jour *b*, *d*, *t* et *x* permet-

Fig. 20.

tent à l'air ambiant de circuler dans les parois de l'appareil, et empêchent qu'elles ne s'échauffent trop fort. On charge la sole de fonte blanche, aussi pure que possible; on y ajoute même parfois de l'oxyde ou des battitures de fer. Sous l'influence de l'air dont on règle l'arrivée par les portes *s* et *o*, le silicium de la fonte se convertit en anhydride silicique : ce dernier se combine à l'oxyde de fer et produit un silicate basique qui par son oxygène oxyde peu à peu le carbone. L'ouvrier armé d'un ringard brasse constamment le bain de fonte, pour y faire pénétrer l'oxyde ou le silicate de fer : il ne tarde pas à s'y produire des éponges de fer métallique qu'on agglutine en une loupe, dont on exprime le silicate en la martelant encore toute rouge sous un marteau pilon. Le phosphore contenu dans

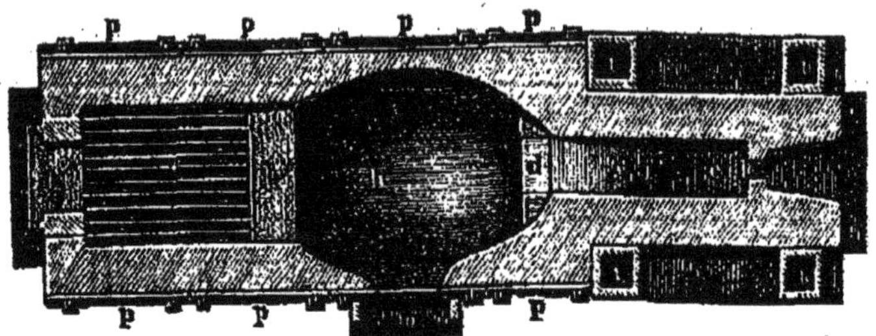

Fig. 21.

la fonte est également oxydé dans cette opération et se convertit en phosphate de fer. L'excès de scorie, formée essentiellement de silicate de fer, est constamment refoulé vers *d*, et s'écoule par le rampant *f* : on la récolte pour en garnir la sole dans les opérations subséquentes.

La loupe de fer, convenablement cinglée au marteau pilon ou au marteau frontal est passée au laminoir : on la convertit ainsi en barres, dont on fait des paquets, et qu'on soude ensuite à elles-mêmes par un nouveau martelage ou corroyage.

Fonte malléable. Ce produit s'obtient par la décarburation de la fonte solide. On la chauffe pendant quelques jours au dessous de son point de fusion, dans un lit de substances oxydantes, telles que du minerai pur, des battitures de fer, ou même du bioxyde de manganèse. L'oxygène de ces corps agit de proche en proche sur le carbone de la fonte en formant de l'oxyde carbonique : le carbone d'une molécule interne se porte peu à peu sur le fer d'une molécule périphérique déjà affiné. On peut éliminer ainsi 80 °/₀ du carbone combiné, mais le graphite ne prend point part à la réaction. Si les pièces sont un peu volumineuses, les portions centrales demeurent inaltérées.

La fonte malléable a des propriétés intermédiaires entre celles de la fonte et celles du fer doux : on peut la forger et la marteler. Elle sert surtout à la confection de menus objets, clefs, étriers, garnitures d'armes et de harnais, qu'on peut couler aisément, mais qui coûteraient trop de main d'œuvre s'il fallait les confectionner en fer forgé.

Acier. L'acier est un carbure de fer contenant de 0,8 à 2 pour cent de carbone combiné. Des traces de manganèse paraissent indispensables à sa constitution. Il est blanc, brillant, susceptible de prendre un beau poli, assez fusible, et fort malléable. Il est magnétique comme le fer et peut même devenir aimant. La force coercitive est surtout développée dans l'acier au tungstène. La propriété la plus précieuse de l'acier est de devenir dur, cassant et élastique par la trempe, et de perdre graduellement ces qualités par le recuit suivi d'un refroidissement lent. Il se laisse d'ailleurs forger comme le fer, quoique moins facilement.

On peut préparer l'acier par trois méthodes différentes. Ou bien on chauffe le fer pendant quelque temps dans de la poussière de charbon : c'est le procédé de cémentation. Ou bien on soumet la fonte à un affinage, c'est-à-dire à une décarburation incomplète : l'opération est très délicate à conduire; elle produit l'acier dit de forge. Ou bien enfin on soumet la fonte à une oxydation ménagée qui la transforme en fer doux, et on incorpore ensuite dans ce dernier de la fonte en fusion, pour le ramener au degré de carburation convenable : on obtient ainsi l'acier Bessemer.

La cémentation est en quelque sorte l'inverse du procédé qui fournit la fonte malléable. On cémente en maintenant le fer en barres minces pendant 8 à 10 jours dans des caisses en briques réfractaires, remplies de poussière de charbon de bois et chauffées au rouge vif. L'opération est facilitée par la présence de matières organiques azotées, telles que des déchets de cuir, qu'on ajoute au charbon : il se produit alors avec les alcalis contenus dans le charbon de bois des cyanures volatils qui cèdent aisément leur carbone au fer.

L'acier de cémentation n'est jamais homogène. On lui donne de l'homogénéité, soit en le fondant dans des creusets, soit en réunissant les barres en paquets pour les chauffer au rouge, les souder, les forger et les corroyer.

Dans la fabrication de l'acier puddlé ou acier de forge, on procède à peu près comme dans l'affinage de la fonte. On travaille des fontes très pures, auxquelles on ajoute au besoin des oxydes de manganèse. On obtient ainsi des scories très fluides de silicate ferroso-manganeux. Cette scorie se sépare facilement du bain de fonte, et l'oxyde moins énergiquement que le silicate simple de fer, qui est plus pâteux, et qui dans le puddlage ordinaire de la fonte, reste plus intimement mélangé à cette dernière et en oxyde plus complètement, le carbone. Quand on juge que la décarburation est suffisamment avancée, on forme les loupes, on les cingle sous le marteau pilon et on les soumet enfin à la fusion ou au corroyage.

La majeure partie de l'acier se prépare actuellement par la méthode de Bessemer. Ce procédé consiste à lancer un courant d'air forcé à travers la fonte en fusion, telle qu'elle sort du haut fourneau, et à maintenir le métal en fusion, sans intervention de combustible, par la chaleur dégagée dans l'oxydation du carbone et du silicium combinés au fer. Il se produit ainsi du fer doux auquel on ajoute ensuite une quantité de spiegeleisen en rapport avec la teneur en carbone qu'on désire donner à l'acier.

Cette opération s'exécute dans un appareil représenté par la fig. 22 et qu'on appelle *convertisseur*. C'est une énorme cornue en tôle rivée A, revêtue intérieure-

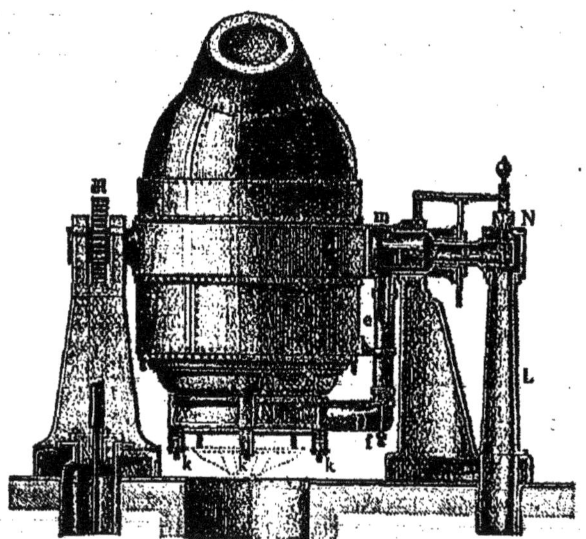

Fig. 22.

ment d'un garnissage siliceux réfractaire et mobile autour de deux tourillons, au moyen de l'engrenage H. Le tourillon N est creux et permet d'amener par le tube D le vent qui vient par L de la soufflerie sous une pression de deux atmosphères. Le tube D aboutit à une boîte à vent M qui forme le fond de la cornue, et qui loge dans sa paroi de terre réfractaire 80 à 100 tuyères qui débouchent verticalement dans la cornue et qui permettent d'y lancer un courant d'air forcé. On chauffe d'abord l'appareil au rouge blanc en le remplissant de charbon de bois allumé et de coke; on l'incline ensuite pour en extraire le combustible et on y fait couler de la fonte blanche en fusion. On redresse alors l'appareil, tout en donnant le vent. L'air qui vient des tuyères barbotte à travers le bain de fonte incandescente et brûle complètement le silicium en donnant lieu à une énorme production de chaleur. L'anhydride silicique formé s'unit immédiatement à l'oxyde de fer et à l'oxyde de manganèse qui ne tardent pas à se produire, et se convertit en silicates ferroso-manganeux. Quand cette première réaction s'est accomplie, ce qui dure de 5 à 6 minutes, la combustion du carbone commence : elle est annoncée par l'apparition d'une flamme jaunâtre bordée de bleu qui s'échappe du col de la cornue. Après 7 à 8 minutes la flamme s'éteint et des étincelles de fer incandescent apparaissent : c'est l'oxydation vive du métal qui commence. On arrête alors le vent, on incline le convertisseur et on ajoute au fer affiné de 5 à 10 % de spiegel fondu. Le silicium et le manganèse contenus dans ce dernier s'emparent de l'oxygène qui avait pu se fixer sur le fer. On redresse la cornue, on donne le vent pendant deux secondes pour bien brasser le mélange, et on procède à la coulée.

Le procédé Bessemer permet d'obtenir des fers et des aciers avec telle teneur en carbone qu'on le désire; mais il exige l'emploi de matériaux absolument exempts de phosphore. L'anhydride phosphorique qui pourrait se former par oxydation et se convertir en une scorie de phosphate de fer est déplacé par l'anhydride silicique du lut qui forme le revêtement intérieur de la cornue, et réduit par le fer. Il se produit alors du phosphure ferreux, qui est cristallin et qui rend le fer fragile.

On remédie à cet inconvénient en employant le procédé connu sous le nom de Bessemer basique, imaginé par Thomas et Gilchrist et qui consiste à garnir le convertisseur d'un revêtement basique, formé d'un mélange de chaux et de magnésie agglutinées au moyen d'une minime quantité de silicate d'alumine. On oxyde le phosphore en prolongeant l'action du vent, par un *sursoufflage*, et on le transforme en phosphate de calcium. Ce procédé permet d'utiliser les minerais phosphoreux, qui sont très abondants, et fournit en même temps un phosphate de calcium basique très estimé comme engrais.

D'autres procédés encore sont mis en œuvre pour la préparation de l'acier; tel est le procédé Uchatius qui consiste à fondre la fonte dans un creuset avec addition d'une quantité convenable d'oxyde de fer pur et même de pyrolusite; tel est encore le procédé Siemens Martin fort en honneur aujourd'hui, et qui est en quelque sorte l'antithèse du procédé Bessemer. On amène la fonte à la teneur voulue en carbone par l'introduction d'une quantité appropriée de déchets de fer doux.

Le four Siemens Martin est un four à réverbère, fig. 23, dont la sole S est siliceuse ou calcareuse, suivant la nature des fontes que l'on veut affiner. Sous ce four se trouvent deux couples de chambres AG et A'G', remplies de briques réfractaires disposées en chicane et entre lesquelles l'air peut circuler. Au début de l'opération on met G en communication avec un foyer nommé gazogène, dans

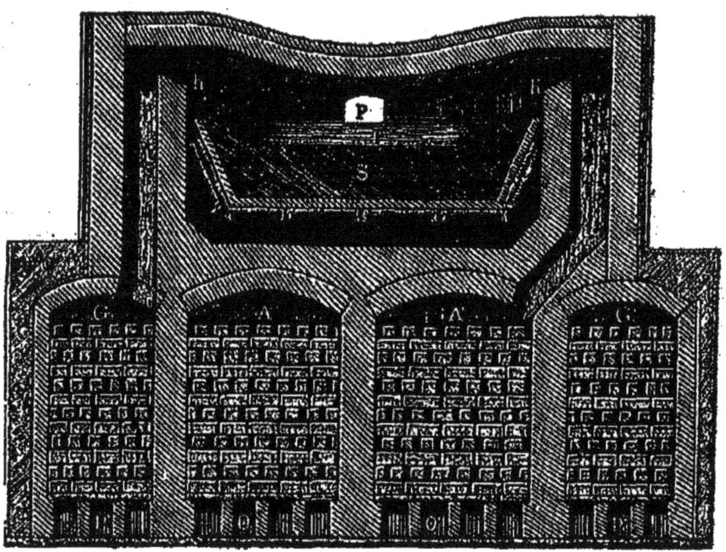

Fig. 23.

lequel une épaisse couche de combustible incandescent (houille, bois, tourbe, etc.), est brûlée dans un courant d'air strictement limité. Il se produit ainsi de l'oxyde de carbone et d'autres gaz combustibles qui passent en G et qui sont amenés, par le conduit gh, jusqu'à la surface du bain de fonte F. En même temps l'air extérieur traverse la chambre A et pénètre sous la voûte du réverbère par un conduit qui côtoie gh et qui n'est pas visible dans la figure, mais dont on voit le pendant en a'. Les deux gaz se rencontrent en h et produisent un véritable jet de chalumeau dirigé vers la surface du métal qu'ils portent à une température extrêmement élevée. Toutes les manipulations se font par les portes p. Les produits de la combustion s'échappent par les conduits $h'\,a'$, passent par les chambres A' G' qu'ils échauffent au rouge en abandonnant la chaleur perdue, et se dirigent vers la cheminée par les canaux O'P'. Quand on juge que la température des briques A'G' s'est suffisamment élevée, on fait jouer un ensemble de registres qui met P'G' en communication avec le foyer, O'A' avec l'air extérieur, tandis que AO et GP sont reliés à la cheminée. Les courants gazeux sont désormais renversés, mais les gaz, air et oxyde de carbone, qui se rendent dans le four par a'h' s'échauffent en A' et en G' au contact des briques, et produisent par leur combustion une température plus élevée que celle qu'ils avaient développée au début quand l'air était froid. Actuellement ce sont les chambres A et G qui font office de récupérateurs et qui absorbent la chaleur perdue des flammes, pour la restituer aux gaz combustibles et à l'air lorsqu'un nouveau déplacement des registres les amènera de nouveau à jouer le rôle de chambres d'entrée. A chaque renversement les gaz traverseront des lits de briques chauffées de plus en plus, et la température s'élèvera sous la voûte, au delà du point de fusion du fer métallique. On pourra donc effectuer dans le four Siemens non seulement le mélange du fer et de la fonte, mais aussi toutes les opérations qu'on exécute dans le four à puddler ou dans le convertisseur Bessemer. Le jeu des registres permet de régler l'introduction de l'air et d'obtenir à volonté une flamme oxydante ou réductrice. On peut aussi disposer sur la sole des creusets contenant de l'acier de forge ou de l'acier cémenté et transformer ce dernier en acier fondu.

La coulée du fer ou de l'acier fondu entraîne souvent des bulles d'air qui amènent des soufflures ou qui produisent dans la masse du métal un peu d'oxyde ferreux qui le rend rouverin. On peut parer à ces inconvénients en introduisant dans les moules ou dans les poches de coulée un peu de spiegel fondu, ou en exerçant une forte pression à la surface du métal qui vient d'être coulé. Dans certaines usines on exerce cette pression à l'aide d'anhydride carbonique liquide.

COMPOSÉS FERREUX.

363. Les composés de fer au minimum contiennent un atome de ce métal fonctionnant à l'instar d'un élément diatomique ($=Fe$)″, et répondent à la formule $=FeR'_2$. Leur constitution est analogue à celle des composés zinciques. Ils s'obtiennent par l'action directe du fer sur les acides, et ne peuvent se produire que dans un milieu réducteur. Ils montrent une grande tendance à passer à l'état de sels ferriques par l'action des agents oxydants. L'oxygène de l'air les transforme en sels ferriques basiques.

364. Le *chlorure ferreux* $FeCl_2$ se forme par l'action de l'acide chlorhydrique gazeux sur le fer chauffé au rouge. Par l'action du fer sur l'acide chlorhydrique dissous on obtient le chlorure hydraté.

Le chlorure anhydre est cristallin, d'un blanc grisâtre, volatil, soluble dans l'eau. Le sel hydraté est vert et cristallise avec 4 molécules d'eau. Il s'altère très facilement à l'air.

365. *L'oxyde ferreux* FeO s'obtient en faisant réagir au rouge un mélange d'oxyde et d'anhydride carbonique sur l'oxyde ferrique. Il se produit encore quand on projette de l'oxalate ferreux dans une solution bouillante de potasse caustique. (Voir aussi la note de la p. 259). C'est une poudre noire qui absorbe rapidement l'oxygène et se transforme en oxyde de ferricum.

L'hydroxyde se produit lorsqu'on verse une solution d'un sel ferreux dans une solution de potasse :

$$2KHO + FeCl_2 = 2KCl + FeH_2O_2.$$

On obtient ainsi un précipité d'un blanc sale légèrement verdâtre, excessivement altérable. A 100°, il paraît se décomposer avec dégagement d'hydrogène et se transforme en hydrate de fer magnétique. A l'air il absorbe presque instantanément l'oxygène; il se colore ainsi en vert, en bleu, en noir (hydrate de fer magnétique), et enfin en jaune rougeâtre (hydroxyde de ferricum).

366. Le *sulfure ferreux* FeS se rencontre dans plusieurs pierres météoriques. On le prépare directement en fondant dans un creuset couvert un mélange de 2 p. de soufre avec 3 p. de limaille de fer, ou en faisant passer de la vapeur de soufre sur du fer chauffé au rouge vif. On l'obtient à l'état hydraté en abandonnant à l'abri de l'air un mélange de limaille de fer et de soufre humecté, ou en précipitant un composé soluble de ferrosum par un sulfure ou un sulfhydrate dissous.

Il est jaune de bronze, sonore, très fusible, inaltérable par la chaleur seule et par l'air sec. L'air humide le transforme en sulfate ferreux.

Chauffé en présence de l'air, il brûle en dégageant de l'anhydride sulfureux et en laissant de l'oxyde de ferricum pour résidu. A la température ordinaire, les acides le dissolvent avec dégagement d'acide sulfhydrique. Il sert dans les laboratoires pour la préparation de l'hydrogène sulfuré.

Le sulfure hydraté est noir, très altérable à l'air et facilement décomposable par les acides. Il est légèrement soluble dans l'eau, qu'il colore en vert, mais insoluble dans les solutions des sulfures alcalins.

367. Le *sulfate ferreux* $FeSO_4$ se forme par grillage ou par l'oxydation à l'air humide des sulfures de fer contenus dans les schistes pyriteux : on le rencontre par conséquent dans les eaux-mères de l'alun de Liége. On le prépare en attaquant par le fer l'acide sulfurique étendu. On obtient ainsi des cristaux de sel hydraté vert, connu sous le nom de couperose verte ou vitriol vert. On le purifie en le précipitant de sa solution aqueuse par l'alcool concentré.

Il est très soluble dans l'eau : 100 p. d'eau en dissolvent 60 p. à 10° et 330 p. à 100°.

Il cristallise avec 7 molécules d'eau et possède tous les caractères d'un vitriol. La chaleur le décompose en lui faisant perdre successivement son eau de cristallisation, et en le transformant en sulfate anhydre qui est d'un blanc sale. Au rouge il se dédouble d'après l'équation :

$$2FeSO_4 = Fe_2O_3 + SO_4 + SO_3.$$

L'oxygène le transforme en sulfate ferrique basique $Fe^{vi}{}_2O(SO_4)_2$, qui le colore en brun. Ce sel se décompose également par la chaleur

$$FeO(SO_4)_2 = Fe_2O_3 + 2SO_3.$$

Sur ces réactions est basée la fabrication de l'anhydride sulfurique à Nordhausen.

Le sulfate ferreux forme avec le sulfate d'ammonium un sel double de la formule $FeSO_4 + (NH_4)_2SO_4 + 6H_2O$, dont les cristaux compactes résistent mieux à l'action oxydante de l'air que ceux du sulfate ferreux. On l'emploie comme réactif dans les laboratoires sous le nom de *sel de Mohr*.

Le sulfate ferreux est surtout employé en teinture.

368. Le *carbonate ferreux* $FeCO_3$ se rencontre abondamment dans la nature et porte le nom de fer spathique ou de sidérose. Il est souvent mêlé à du carbonate de calcium, de magnésium, et surtout de manganèse, avec lesquels il est isomorphe. Il se trouve en solution dans certaines eaux chargées d'anhydride carbonique. On l'obtient artificiellement par l'action d'une solution d'un carbonate soluble sur une solution de chlorure ou de sulfate ferreux.

Le sel naturel est rarement blanc, presque toujours jaunâtre, cristallisé en rhomboèdres inaltérables à l'air et insolubles dans l'eau. Produit artificiellement il est floconneux, blanc verdâtre, insoluble dans l'eau, mais soluble dans l'eau chargée d'anhydride carbonique.

Abandonné à l'air il se transforme en hydroxyde ferrique. Cette altération est moins rapide quand il a été obtenu au sein d'une solution de sucre.

COMBINAISONS FERRIQUES.

369. Les composés ferriques contiennent deux atomes de fer réunis en un groupement hexavalent $Fe_2 = Ffe^{vi}$.

On les obtient par l'oxydation directe ou indirecte des composés ferreux correspondants en présence d'une quantité suffisante d'acide pouvant fournir le résidu halogénique nécessaire. Ainsi pour transformer le chlorure ferreux $FeCl_2$ en chlorure ferrique, on y ajoute une substance oxydante telle que l'acide azotique, et de l'acide chlorhydrique pour fournir le chlore

$$2FeCl_2 + 2HCl + 2NO_3H = Fe_2Cl_6 + 2H_2O + N_2O_4.$$

De même, pour le sulfate on aurait

$$2FeSO_4 + H_2SO_4 + O = Ffe(SO_4)_3 + H_2O.$$

On voit par là que la quantité d'acide à ajouter pour obtenir un sel ferrique neutre est égale à la moitié de celle qui forme le sel ferreux employé.

Si l'oxydation se fait sans addition d'acide, il se produit un sel basique

$$2FeSO_4 + O = O = Ffe^{vi} \equiv (SO_4)_2.$$

Une addition de fer métallique transforme directement les sels ferriques en sels ferreux. Les agents réducteurs agissent de la même manière

$$Fe_2Cl_6 + Fe = 3FeCl_2$$
$$Fe_2(SO_4)_3 + H_2S = 2Fe_2SO_4 + S + H_2SO_4.$$

370. Le *chlorure ferrique anhydre* Fe_2Cl_6 se prépare en faisant réagir le chlore sur le chlorure ferreux ou sur du fer porté au rouge sombre. Il cristallise en lamelles violettes, brillantes, à reflet métallique verdâtre.

Il est volatil au rouge. Abandonné à l'air, il en absorbe l'eau, se liquéfie et se transforme en un liquide brun ou jaune qui, dans un milieu sec, cristallise en cristaux tubulaires bruns, ayant pour composition $Fe''Cl_6$, $6H_2O$. Il se dissout aussi dans l'alcool et dans l'éther.

Le chlorure hydraté s'obtient d'ordinaire par l'action du chlore ou de l'eau régale sur le chorure ferreux dissous. Sa solution, prudemment évaporée au bain-marie se prend en cristaux mammelonnés contenant $12H_2O$. Ce chlorure hydraté ne peut plus perdre son eau sans se décomposer. En effet sous l'influence de la chaleur il dégage de l'acide chorhydrique et laisse déposer une poudre de couleur d'ocre qui est un oxychlorure ferrique. Cette décomposition est d'autant plus facile que la solution est plus étendue.

Le chlorure ferrique est employé comme réactif dans les laboratoires. On l'emploie aussi en médecine comme hémostatique.

371. *L'oxyde ferrique* Fe_2O_3 est l'un des minerais de fer les plus importants. Il existe abondamment dans la nature et porte le nom d'hématite, d'oligiste, de fer spéculaire. Il cristallise en rhomboèdres isomorphes avec ceux du corindon. On en connaît une variété dimorphe, nommée *martite*, et qui est cristallisée en octoèdres réguliers.

On le prépare 1° par l'action de la chaleur sur l'hydroxyde ferrique, 2° par la calcination de l'azotate ou du sulfate de fer. Produit par l'action de la chaleur sur le sulfate ferreux, il porte le nom de colcothar, ou de rouge d'Angleterre. On l'emploie comme couleur et comme poudre à polir les métaux.

Les cristaux d'oxyde ferrique naturel sont d'un gris bleu foncé et possèdent l'éclat métallique : leur poussière est rouge. L'oxyde artificiel est pulvérulent, sa couleur varie du rouge brun au rouge violet, suivant le mode employé pour sa production. Lorsqu'il a été obtenu à une basse température, il dégage de la chaleur au point de devenir incandescent lorsqu'il est chauffé près du rouge sombre. Il est parfois légèrement magnétique.

Les acides le dissolvent facilement lorsqu'il a été faiblement chauffé, mais l'attaquent avec peine lorsque sa température a été portée jusqu'au rouge. Au blanc, il se transforme en oxyde de fer magnétique et en oxygène.

L'hydrogène et le carbone le réduisent au rouge, et le transforment en oxyde magnétique et puis en fer métallique.

372. *L'hydroxyde ferrique* normal a pour formule $Ffe(OH)_6$. On le produit à l'état d'un précipité brun gélatineux en versant une solution de chlorure ou de sulfate ferrique dans une solution diluée d'ammoniaque. Cet hydroxyde, suivant la température à laquelle il est exposé, perd successivement une, deux ou trois molécules d'eau et se transforme finalement en oxyde.

On connaît plusieurs hydroxydes de ferricum qui résultent de plusieurs molécules d'hydroxyde normal $Fe_2(OH)_6$ par déshydratation partielle, p. 64. La rouille et la limonite sont des mélanges de ces divers corps. La gœthite a pour formule $Fe_2O_2(OH)_2$: elle se présente en prismes rhombiques d'un brun rougeâtre, à éclat adamantin. Les autres hydroxydes naturels forment des masses concrétionnées, dont la couleur varie du brun au noir, et dont la poussière est brune. Les variétés rougeâtres forment le minéral appelé turgite. Les variétés argileuses sont employées en peinture sous le nom d'ocre jaune. L'hydroxyde gélatineux devient peu à peu cristallin, lorsqu'on le conserve sous l'eau. Cette transformation a lieu immédiatement, quand on soumet le mélange à la congélation. La poudre cristalline obtenue est identique à la limonite fibreuse $Fe_4O_9H_6$.

Les acides le dissolvent aisément en le transformant en sels ferriques. Il se dissout également dans une solution de chlorure ferrique, en formant un sel basique soluble d'un rouge foncé. Cette solution, soumise à la dialyse, se dédouble en acide chlorhydrique qui traverse la membrane dialysante, et en hydroxyde ferrique soluble, colloïde, qui reste sur le dialyseur. On l'emploie en médecine sous le nom de fer dialysé. La plupart des acides, sauf l'acide chlorhydrique et l'acide nitrique, le coagulent et le transforment en hydroxyde ordinaire. Il en est de même des sels et des alcalis.

L'hydroxyde ferrique, semblable en cela à l'hydroxyde chromique ou aluminique, est une base très faible. Son nitrate et son acétate se décomposent par l'ébullition avec l'eau en acides volatils et en hydroxyde ferrique colloïde.

Les sels ferriques se décomposent au contact des carbonates alcalins ; il se précipite de l'hydroxyde ferrique, en même temps que de l'anhydride carbonique se dégage. Le carbonate de baryum produit une réaction analogue. Quand on emploie un excès de carbonate alcalin, l'hydroxyde se dissout en un liquide rouge ($Fe_4O_4Na_2$?) connu sous le nom de teinture ferrique de Stahl.

L'hydroxyde ferrique forme avec l'acide arsénieux un arsénite insoluble; il est employé comme antidote dans les empoisonnements par l'arsenic. Il s'unit aussi au sucre en une combinaison soluble qui est également utilisée en médecine.

373. *L'oxyde ferroso-ferrique* Fe_3O_4. qu'on appelle aussi aimant, oxyde magnétique ou oxyde intermédiaire de fer, se rencontre tout formé dans la nature. Il constitue l'un des meilleurs minerais de fer.

Il appartient au groupe des spinelles. Si dans la goethite $H_2Ffe''O_4$ on remplace H_2 par Fe'', on obtient l'oxyde magnétique.

On peut le former artificiellement en exposant le fer chauffé au rouge à l'action de la vapeur d'eau, ou en chauffant au blanc l'oxyde ferrique. En versant dans une solution d'hydroxyde de sodium une solution de chlorure ferreux et de chlorure ferrique mélangés dans les rapports de leurs poids moléculaires, on obtient un précipité noir d'oxyde magnétique hydraté.

L'aimant naturel cristallise en octaèdres réguliers, noirs, à éclat métallique. Produit artificiellement, il est pulvérulent et noir. Il est plus magnétique que le fer lui-même et constitue même un aimant. Il est inaltérable à l'air et au feu.

Les oxydes de ferrosum et de ferricum s'unissent encore dans d'autres rapports. Telles sont les battitures de fer, lamelles d'un noir bleuâtre, qui se détachent du fer, lorsqu'après l'avoir chauffé au blanc, on le soumet au martelage. Ce composé renferme habituellement $2Fe''O, Ffe''O_3$.

On connaît aussi quelques oxydes mixtes qui se rattachent à l'oxyde magnétique : tel est le composé Fe_2O_3, CaO, qu'on obtient en beaux cristaux doués de l'éclat métallique en fondant ensemble les deux oxydes chauffés au rouge blanc, telle est encore la franklinite Fe_2O_3, ZnO, qu'on rencontre en octaèdres réguliers magnétiques.

374. Le *sulfate ferrique* $Fe_2(SO_4)_3 + 9H_2O$, se rencontre au Chili, et forme le minéral nommé coquimbite, qui cristallise en petits prismes hexagonaux. On le prépare 1° en dissolvant l'oxyde ou l'hydroxyde de ferricum dans l'acide sulfurique; 2° en transformant le sulfate ferreux en sel ferrique, à l'aide d'un mélange d'acide sulfurique et d'acide azotique. On prend d'ordinaire 80 p. de sulfate ferreux cristallisé, 50 p. d'eau et 15 p. d'acide sulfurique. On chauffe ce mélange, et on y verse peu à peu 10 p. d'acide nitrique ordinaire du commerce.

En évaporant le liquide à siccité, on obtient un résidu cristallin, blanc légèrement jaunâtre, très facilement soluble dans l'eau avant d'avoir été fortement chauffé, très difficilement soluble quand il a été soumis à l'action d'une chaleur élevée.

Il se combine à l'hydroxyde ferrique en donnant naissance à plusieurs composés basiques insolubles dans l'eau.

Il s'unit au sulfate de potassium et produit un alun de fer : $K_2SO_4 + Fe_2'''(SO_4)_3 + 24$ aq., qui se présente en magnifiques octaèdres violets. On connaît aussi un alun de fer ammoniacal.

375. Le *sulfure ferrique* Fe_2S_3 ne saurait s'obtenir par voie humide, car l'hydrogène sulfuré de même que les sulfures solubles réduisent les sels ferriques et les ramènent au minimum avant que la formation du sulfure ferrique puisse avoir lieu. On l'obtient en fondant parties égales de fer et de soufre : il se présente à l'état d'une masse fondue jaunâtre. On le rencontre dans la nature en combinaison avec le sulfure cuivreux dans la chalcopyrite.

La nature nous fournit aussi des sulfures formés par des combinaisons en proportions variables de sulfure de ferrosum avec du sulfure de ferricum, et qu'on désigne sous le nom de *pyrite magnétique* ou *leberkise*.

376. Le *bisulfure de fer* FeS_2 ou pyrite martiale, cristallise en octaèdres jaune de laiton; il est inaltérable à l'air, fusible et décomposable par la chaleur, en soufre et en pyrite magnétique; chauffé dans un courant d'hydrogène, il se convertit en sulfure ferreux. Il est inattaquable par les acides. Chauffé en présence de l'air, il brûle en se transformant en anhydride sulfureux et en oxyde ferrique.

Il existe une modification dimorphe de la pyrite, qui cristallise en prismes rhomboïdaux. Elle est connue sous le nom de sperkise. L'air humide la transforme en sulfate ferreux; les acides l'attaquent facilement.

On l'emploie dans l'industrie pour la fabrication de l'acide sulfurique.

Ce corps est le seul composé dans lequel un atome de fer unique joue le rôle d'élément quadrivalent.

ACIDE FERRIQUE.

377. Cet acide, pas plus que son anhydride, n'est connu à l'état de liberté, mais on connaît plusieurs de ses sels. Ils répondent à la formule M_2FeO_4.

Lorsqu'on fait passer du chlore au travers d'une solution de potasse renfermant de l'hydroxyde de ferricum en suspension, il se produit du chlorure de potassium et une solution rouge de ferrate de potassium $K_4Fe''O_4$. Ce ferrate prend encore naissance par l'action de l'azotate de potassium sur le fer. Il suffit de chauffer dans un petit ballon un mélange de 1 p. de fer porphyrisé avec 2 p. de nitre. Il se forme également dans l'électrolyse d'une solution concentrée de potasse, quand on prend un barreau de fonte comme électrode positive. Ce sel est rouge, soluble dans l'eau qu'il colore en rouge vineux foncé. Par double décomposition, il peut produire d'autres ferrates. Ceux de baryum et de strontium sont insolubles et stables, tandis que les ferrates de potassium ou de sodium sont très instables. En solutions diluées, ils se décomposent avec dégagement d'oxygène et production d'hydroxyde de ferricum.

L'hydrogène sulfuré colore la solution des ferrates en beau vert. Peut-être se forme-t-il ici un sulfosel FeS_4K_4.

CARACTÈRES DES COMPOSÉS SOLUBLES DU FER.

SELS FERREUX. Les solutions des composés ferreux sont d'un vert bleuâtre, et possèdent une saveur à la fois douce et astringente.

Abandonnées à l'air, elles en absorbent l'oxygène en se colorant en jaune rougeâtre ; elles déposent en même temps un précipité brun de composés ferriques basiques.

Les hydroxydes alcalins, de même que l'ammoniaque, les précipitent en blanc verdâtre (FeO_2H_2) ; ce précipité devient vert, puis noir, et enfin jaune par le contact de l'air. Les carbonates solubles agissent de la même manière.

L'acide sulfhydrique ne les altère point ; les sulfures solubles y produisent un précipité noir (FeS), soluble dans l'acide chlorhydrique étendu.

Le ferrocyanure de potassium les précipite en blanc; ce précipité bleuit au contact de l'air.

Le ferricyanure de potassium les précipite en bleu.

Le sulfocyanate de potassium ne les colore point.

Les sels ferreux sont des agents réducteurs; leurs solutions décolorent le permanganate de potassium. Chauffés avec des corps oxydants, tels que l'acide azotique ou le chlorate de potassium en présence d'un excès d'acide, ils se transforment en sels ferriques.

SELS FERRIQUES. Les solutions des sels ferriques sont jaunes ou brunes. Leur saveur est âpre, astringente et presque toujours acide. Elles n'éprouvent aucune altération de la part de l'air; mais à l'état de solution très diluée plusieurs se troublent lorsqu'on les fait bouillir, en donnant des sels basiques.

Les hydroxydes alcalins, l'ammoniaque et les carbonates solubles les précipitent en brun rougeâtre ($Fe_2(OH)_6$).

L'acide sulfhydrique y produit un trouble d'un blanc jaunâtre de soufre; il se forme en même temps un sel ferreux : les sulfures solubles les précipitent en noir.

Le carbonate de baryum précipité décompose les sels ferriques; il se produit de l'hydroxyde ($Fe_2O_6H_6$), avec dégagement d'anhydride carbonique et formation d'un sel de baryum.

Le ferrocyanure de potassium les précipite en bleu foncé.

Le ferricyanure les colore en brun foncé sans les troubler.

Le sulfocyanate de potassium les colore en rouge de sang.

Leurs solutions sont sans action sur le permanganate de potassium.

Tous les composés de fer, chauffés sur le charbon à la flamme oxydante du chalumeau, se transforment en oxyde Fe_3O_4, magnétique et difficilement fusible. Au feu de réduction, et en présence de la soude, ils produisent une poudre grise, infusible, de fer métallique. Ils colorent les perles de borax en brun au feu d'oxydation et en vert bouteille au feu de réduction.

NICKEL.

Symbole Ni''; poids atomique 58,74.

378. Ce métal existe dans la nature à l'état d'arséniure et de sulfure et forme des minerais d'ordinaire fort complexes, contenant en même temps du fer, du cobalt et du cuivre. On trouve à la Nouvelle Calédonie un gisement considérable de garniérite, silicate double de nickel et de magnésium $2(NiMg)_3Si_4O_{13} + 3H_2O$, contenant parfois du fer et de l'aluminium.

La schreibersite est un phosphure double de fer et de nickel, qui n'a été rencontré jusqu'ici que dans le fer météorique.

La métallurgie du nickel est très compliquée ; les méthodes pratiques d'extraction sont tenues secrètes.

En principe, on opère comme dans la métallurgie du cuivre en scorifiant le fer, qu'on transforme en silicate, tandis que le nickel, le cobalt et le cuivre forment une matte d'arséniosulfures connue sous le nom de speiss. Une nouvelle fusion oxydante de ce speiss en présence de l'anhydride silicique donne du smalt ou silicate de cobalt, et laisse de l'arséniosulfure de nickel et de cuivre. Ce nouveau produit est grillé à mort pour éliminer autant que possible le soufre et l'arsenic : les oxydes sont dissous dans l'acide sulfurique étendu, et de cette solution on élimine le cuivre par l'hydrogène sulfuré. On précipite ensuite le nickel à l'état d'hydroxyde : ce dernier est alors réduit par le charbon.

La garniérite est traitée au haut fourneau avec un fondant calcareux, et fournit une fonte ou silicio-carbure de nickel très pur : les métaux étrangers (Mg,Ca,Al) forment le laitier. La fonte est affinée ensuite au four à réverbère, si elle contient du fer, ce métal s'oxyde le premier et passe aux scories.

On obtient le nickel à l'état de pureté soit par la réduction du chlorure ou de l'oxyde pur par l'hydrogène, soit par la réduction de l'oxyde par le charbon.

Ce métal est blanc d'argent, dur, ductile, très tenace, moins fusible que le fer, magnétique, inaltérable à l'air humide, à peine oxydable à chaud. Sa densité est de 8,67. Il se laisse travailler et forger comme le fer[1], et résiste beaucoup mieux que ce dernier à l'action des acides étendus.

Il n'existe qu'un seul genre de sels de nickel. Ils renferment tous un seul atome de métal bivalent. On connaît néanmoins un sesquioxyde Ni_2O_3.

Le nickel est employé pour la fabrication de certains alliages. Il entre pour 25 pour cent dans la monnaie de billon Belge, dans le

---

[1] Pendant la coulée le nickel s'oxyde partiellement, l'oxyde produit se dissout dans le métal fondu et le rend aigre et impropre au travail mécanique. On rétablit la malléabilité primitive par une addition de 1 ‰ de magnésium.

Packfong (alliage chinois) et dans l'argentan ou argent neuf. Il est employé aussi pour recouvrir les objets en fer d'une couche de nickel et les garantir contre l'oxydation. Ce nickelage galvanique s'obtient par l'électrolyse du sulfate double de nickel et d'ammonium.

379. Le *chlorure de nickel* $NiCl_2$ s'obtient par l'action du chlore sur l'arséniure ou l'arsénio-sulfure naturel ou sur le sulfure de nickel; il se forme du trichlorure d'arsenic et du sulfure de chlore très volatils en même temps que du chlorure de nickel brut, contenant souvent des chlorures de cobalt et d'autres métaux renfermés dans le minerai. Pour l'obtenir pur, on dissout le nickel pur dans l'eau régale.

Il cristallise en paillettes dorées, volatiles au rouge dans un courant de chlore, inaltérables à l'air froid. Il se dissout lentement dans l'eau. L'évaporation de la solution produit des aiguilles vertes déliquescentes, contenant 6 molécules d'eau de cristallisation.

380. L'*oxyde de nickel* NiO se rencontre dans la nature, cristallisé en octaèdres réguliers d'un beau vert, et forme le minéral appelé bunsénite. On l'obtient par l'action de la chaleur sur l'azotate, le carbonate ou l'hydroxyde, et celui-ci par l'action d'une solution de chlorure sur une solution d'hydroxyde de potassium.

L'oxyde est vert ou gris cendré, inaltérable dans l'air à la température ordinaire; mais à chaud, il absorbe l'oxygène et se transforme en oxydes intermédiaires mal définis et enfin en oxyde nickelique $Ni_2O_3 = Nni''O_3$.

L'hydroxyde est vert pomme, insoluble dans l'eau et dans l'hydroxyde de potassium, mais soluble dans l'ammoniaque, qu'il colore en bleu.

Le chlore, le brôme ou les hypochlorites le font passer à l'état d'hydroxyde nickelique, noir. Ce dernier n'engendre pas de sels. L'acide chlorhydrique le transforme en chlorure nickeleux avec dégagement de chlore

$$Ni_2O_3 + 6HCl = 2NiCl_2 + 5H_2O + Cl_2.$$

381. Le *sulfate de nickel* $NiSO_4$ se forme quand on dissout le nickel dans l'acide sulfurique étendu et chaud, ou par l'action de l'acide azotique concentré sur le sulfure. Le sel anhydre est jaune, inaltérable à l'air, soluble dans l'eau en un liquide d'un beau vert d'émeraude et qui, par évaporation, dépose des prismes rhomboïdaux droits, verts, isomorphes avec le sulfate de magnésium, et contenant $NiSO_4 + 7H_2O$.

Quand il cristallise d'une solution acidulée par l'acide sulfurique, il ne prend que 6 molécules d'eau, et les cristaux affectent la forme de quadratoctaèdres.

Le sulfate de nickel s'unit, comme les autres vitriols, au sulfate d'ammonium en un sel de la composition $NiSO_4 + (NH_4)_2SO_4 + 6H_2O$. Ce sel est employé dans le nickelage galvanique. Il est peu soluble dans l'eau froide (1 : 20), et à peu près insoluble dans une solution acide contenant un excès de sulfate d'ammoniaque. On met cette propriété à profit pour séparer le nickel du cobalt.

382. Le *sulfure de nickel* NiS se produit directement, avec incandescence, quand on chauffe de la limaille de nickel avec du soufre : il se présente à l'état d'une masse cristalline, d'un jaune de bronze, inattaquable par l'acide chlorhydrique ou l'acide sulfurique étendu. On peut l'obtenir aussi par voie humide, par l'action de l'acide sulfhydrique sur la solution des sels de nickel. Mais la précipitation est fort incomplète : elle est entravée ou empêchée par la présence des acides libres, et ne réussit d'ailleurs que pour les sels d'acides faibles, tels que l'acide acétique. On réussit mieux en employant le sulfure d'ammonium, ou même une solution bouillante d'hyposulfite de soude. Le sulfure de nickel hydraté qu'on obtient ainsi est noir et compacte : il ne se laisse décomposer que par les acides concentrés.

On connaît aussi un bisulfure de nickel NiS_2, c'est la millerite des minéralogistes, qui se présente en petits cristaux aiguillés d'un jaune d'or.

CARACTÈRES DES COMPOSÉS SOLUBLES DE NICKEL.

Les solutions des sels de nickel sont d'un vert d'émeraude. L'hydroxyde de potassium les précipite en vert pomme $(Ni(OH)_2)$. L'ammoniaque produit le même précipité, mais un excès d'ammoniaque le redissout en produisant une liqueur bleue. Les solutions de nickel acides et celles qui contiennent un composé d'ammonium ne sont pas précipitées par l'ammoniaque, mais colorées en bleu.

L'acide sulfhydrique ne les trouble point quand elles contiennent des acides libres, mais y produit un précipité peu abondant quand elles sont rigoureusement neutres, ou formées par un acide organique. Les sulfures dissous en précipitent du sulfure de nickel noir, insoluble dans l'acide chlorhydrique étendu, soluble dans l'eau régale.

Le sulfure de nickel est très légèrement soluble dans le sulfure d'ammonium, qu'il colore en brun.

Le ferro-cyanure de potassium en précipite du ferro-cyanure de nickel, blanc verdâtre, soluble dans l'ammoniaque qui se colore ainsi en rose; le liquide rosé dépose des aiguilles roses de ferro-cyanure de nickel ammoniacal.

Les sels de nickel sont vénéneux.

COBALT.

Symbole Co''; poids atomique 58,94.

383. Des traces de cobalt se trouvent dans le fer météorique. On rencontre ce métal surtout à l'état de sulfure, d'arséniure et d'arséniosulfure. Ces minerais contiennent généralement d'autres métaux et notamment du nickel. Les méthodes d'extraction et de séparation sont analogues à celles qu'on emploie dans la métallurgie du nickel. On soumet l'arséniure de cobalt ou smaltine à un grillage partiel et on fait fondre le produit grillé avec de la silice, ce qui transforme en silicate le fer contenu dans le minerai. Un nouveau grillage du speiss obtenu convertit ce dernier en un mélange d'oxyde et d'arséniate de cobalt. Ce mélange est connu sous le nom de safre. On l'emploie directement pour la fabrication du verre bleu, du bleu d'azur et dans la peinture sur porcelaine. Pour en extraire le cobalt, on le dissout dans l'acide chlorhydrique et on en élimine les métaux étrangers par l'application méthodique des réactifs de la voie humide.

On connaît aussi un minerai qu'on pourrait appeler le psilomélane cobaltique, et qui est désigné sous le nom de manganocobalt. Il est abondant à la Nouvelle Calédonie. Il fournit du cobalt par un traitement au haut fourneau en présence d'un fondant silico-calcareux : le manganèse passe au laitier.

On obtient le cobalt pur par la réduction de l'oxyde à l'aide du charbon, par la réduction du chlorure au moyen de l'hydrogène, ou par l'action de la chaleur sur l'oxalate de cobalt :

$$CoC_2O_4 = Co + 2CO_2.$$

Le cobalt est un métal d'un blanc d'acier, aussi peu fusible que le fer, très ductile, très malléable et très tenace, peu altérable à l'air. Densité $= 8,50$. Il est magnétique comme le nickel.

Il se dissout aisément dans l'acide azotique. Les autres acides ne l'attaquent que difficilement.

Le cobalt forme deux espèces de combinaisons; mais les composés au minimum sont de loin les plus stables et les plus nombreux. On ne connaît que deux ou trois composés cobaltiques.

384. Le *chlorure de cobalt* $CoCl_2$ s'obtient par l'action du chlore sur le cobalt métallique ou sur l'arséniosulfure chauffé au rouge sombre. Le sel anhydre est bleu violet, volatil au rouge vif; il est soluble dans l'eau qu'il colore en rose; la solution évaporée dépose des aiguilles rouges de chlorure hydraté $CoCl_2,6H_2O$. A 86° il devient bleu en perdant $2H_2O$. Une solution étendue de ce sel peut servir d'encre sympathique[1].

385. On obtient l'*oxyde cobalteux* CoO en chauffant l'hydroxyde hors du contact de l'air ou en réduisant l'oxyde intermédiaire à 550° dans un courant d'hydrogène. On produit l'hydroxyde en versant une solution de chlorure dans une solution diluée et bouillante de potasse.

L'oxyde est gris foncé, inaltérable à l'air froid. A chaud, il absorbe l'oxygène et se transforme en oxyde intermédiaire noir Co_3O_4.

Il se combine à d'autres oxydes métalliques : avec le zinc, il produit une combinaison verte, le vert de Rinmann qui est employé en peinture, avec l'alumine, une combinaison bleue, avec la magnésie, un composé rose. Ces combinaisons se forment en calcinant ces oxydes avec l'azotate de cobalt.

L'hydroxyde est rose, insoluble dans la potasse, soluble dans l'ammoniaque. A l'état humide il absorbe l'oxygène et se colore en

---

[1] La cause de ces changements de couleur n'est pas bien connue. La plupart des chimistes l'attribuent à une déshydratation partielle, à un départ d'eau de cristallisation. D'autres veulent y voir une transformation isomérique, attendu que les solutions concentrées, rouges à froid, deviennent bleues même quand on les chauffe en tube scellé. Cet argument est peu probant : on connaît plusieurs substances, telles que le sulfate de sodium $Na_2SO_4 + 10H_2O$ ou l'hydroxyde cuivre $Cu(OH)_2$, qui se déshydratent même au sein de l'eau.

brun. Il se dissout également dans le carbonate d'ammonium qu'il colore en beau rose.

386. Les principaux oxysels cobalteux sont l'azotate, le sulfate et l'hydrocarbonate. Les deux premiers sont solubles dans l'eau, le dernier y est insoluble mais soluble dans une solution de carbonate d'ammonium. Le sulfate de cobalt possède tous les caractères d'un vitriol.

Le phosphate double d'aluminium et de cobalt est employé en peinture sous le nom de *bleu Thénard*. On le prépare en versant du phosphate de sodium dans une solution d'alun contenant de l'azotate de cobalt, et en calcinant le précipité qui se produit.

Le *smalt* ou *bleu d'azur* est un silicate double de potassium et de cobalt. Ce produit est supplanté aujourd'hui par l'outremer : il présente sur ce dernier l'avantage d'être inaltérable par les acides.

Quand on verse de l'ammoniaque dans une solution d'un sel de cobalt, il ne se précipite pas d'hydroxyde cobalteux, comme on devrait s'y attendre; mais le précipité de sel basique qui se produit se dissout dans un excès d'ammoniaque, en donnant lieu à des cobaltamines très compliquées, qu'on peut considérer comme des sels d'ammonium, où l'hydrogène est partiellement remplacé par du cobalt.

387. L'oxyde intermédiaire Co_3O_4 se forme par l'action de la chaleur sur l'azotate ou le carbonate de cobalt. On obtient ainsi une poudre noire, qui est employée dans la peinture sur porcelaine.

Chauffé au rouge vif avec de la potasse caustique en présence de l'air, il donne naissance à des cristaux noirs, semblables à du graphite, et formés par du cobaltate de potassium analogue au ferrate. Ces cristaux sont insolubles dans l'eau. L'acide chlorhydrique les décompose avec dégagement de chlore.

388. L'*oxyde cobaltique* Co_2O_3, se forme en chauffant doucement l'azotate de cobalt. Il se produit un hydroxyde $Co_2O_4H_6$ lorsqu'on verse une solution d'hypochlorite de potassium dans une solution d'un sel de cobalt. Ces corps sont d'un brun noir. Le seul acide capable de les transformer en un sel de cobalticum un peu stable est l'acide acétique.

Lorsqu'on dissout l'hydroxyde cobaltique dans de l'acide chlorhydrique fortement refroidi, on obtient une solution brune, qui dégage du chlore dès qu'on la chauffe

$$Co_2Cl_6 = 2CoCl_2 + Cl_2$$

et qui, au contact de la potasse donne un précipité brun noir $Co_2O_6H_6$.

L'oxyde cobaltique sert à la fabrication du verre bleu et à la peinture sur verre et sur porcelaine. Il est employé également pour la fabrication du smalt ou bleu d'azur.

389. Un mélange de sel cobalteux et d'azotite de potassium dissous produit peu à peu un précipité jaune au contact de l'acide acétique. Ce dernier met en liberté de l'acide azoteux, qui oxyde le sel cobalteux et le convertit en azotite cobaltique, lequel s'unit immédiatement au nitrite de potassium pour former un sel double insoluble dans l'eau et qui se précipite à la longue

$$2CoCl_2 + 10KNO_2 + 4HNO_2 = K_6Co_2(NO_2)_{12} + 4KCl + 2NO + 2H_2O.$$

Cette réaction permet de séparer le cobalt d'avec tous les autres métaux. Elle permet aussi de reconnaître les sels de potassium : le précipité jaune se produit lorsqu'on ajoute un sel potassique à un mélange de chlorure de cobalt, d'acide acétique et de nitrite de sodium.

Ce nitrite double est d'un beau jaune. On l'emploie en peinture sous le nom de jaune de cobalt. Un excès de soude caustique le décompose en précipitant l'hydroxyde brun $Co_2O_6H_6$.

CARACTÈRES DES COMPOSÉS DU COBALT.

Les composés solubles du cobalt sont rouges ou roses, toutefois à chaud ils sont généralement colorés en bleu.

L'hydroxyde de potassium les précipite en bleu lavande; ce précipité devient lentement rose au contact d'un excès d'hydroxyde et instantanément sous l'influence de la chaleur; le précipité rose se dissout dans l'ammoniaque et dans le carbonate d'ammonium.

L'acide sulfhydrique ne les précipite que très incomplètement, et est sans action pour peu que la solution renferme une trace libre d'un acide fort. Les sulfures et les sulfhydrates alcalins les précipitent en noir (CoS). Ce précipité est insoluble dans l'acide chlorhydrique étendu, soluble dans l'eau régale.

Les carbonates alcalins y produisent un précipité rosé d'hydrocarbonate, soluble dans le carbonate d'ammonium.

Les sels de cobalt, additionnés d'une solution d'azotite de potassium et d'acide acétique, produisent au bout de quelques heures un précipité jaune qui est un azotite double de cobalticum et de potassium. $(Co)^{vi}(NO_2)_6 + 6KNO_2$. Cette réaction ne se produit pas avec l'azotite de sodium. Elle sert à séparer le cobalt du nickel, et peut servir aussi à reconnaître les sels de potassium. Si la solution contenait des acides minéraux libres, il faudrait empêcher leur action perturbatrice par une addition d'acétate de sodium.

Les composés du cobalt se laissent très facilement reconnaître par la perle bleue qu'ils fournissent quand on les chauffe au chalumeau avec du borax.

HUITIÈME GROUPE.

(*Famille du platine*).

390. Les métaux qui appartiennent au huitième groupe de la sixième et de la huitième période dans la classification de MM. Lothar Meyer et Mendelejeff sont souvent désignés sous le nom de métaux du platine ou de métaux précieux. Ils comprennent outre le platine, le seul dont nous nous occuperons ici, quelques métaux très rares, le palladium, le rhodium, l'iridium, l'osmium et le ruthénium qui l'accompagnent généralement. Ces métaux paraissent être octovalents : on connaît les anhydrides RuO_4 et OsO_4. Ils forment d'ailleurs plusieurs combinaisons qu'on peut également interpréter par l'octovalence, et qui dérivent du type $PtCl_6H_2$. Indépendemment de ces composés on en connaît d'autres où la saturation est moins complète; tels sont $PtCl_4K_2$, $PtCl_4$ et $PtCl_2$.

A la suite du platine, nous avons fait figurer l'or, dont la place dans le système périodique ne nous paraît pas encore définitivement fixée.

PLATINE.

Symbole Pt^{iv}; poids atomique 197,2.

391. État naturel. Ce métal se trouve surtout à l'état natif. On le rencontre à l'état de grains ou pépites, dans le sable de certaines rivières, mélangé ou allié à de minimes quantités d'autres métaux, tels que l'iridium, le rhodium, le ruthénium, le palladium, l'osmium, l'or, l'argent, le fer, le cuivre.

Extraction. La mine de platine, dépouillée d'or et d'argent à l'aide du mercure, est attaquée par l'eau régale, qui dissout le platine, l'iridium, le palladium, le rhodium, le ruthénium, l'osmium et le fer, mais qui est sans action sur l'osmiure d'iridium. La liqueur ainsi obtenue est évaporée à siccité pour chasser l'excès d'acide, et le résidu repris par l'eau qui dissout les chlorures. A cette solution placée dans l'obscurité on ajoute un lait de chaux qui précipite à l'état d'hydroxydes tous ces métaux sauf le platine. En exposant le liquide filtré à l'action de la lumière, le platine est précipité à son tour, à l'état de platinate de calcium. On acidule ce dernier par l'acide chlorhydrique, et on y ajoute une solution de chlorure de potassium qui, en se combinant au tétrachlorure de platine, forme du chloro-platinate de potassium insoluble. Ce sel est desséché et soumis à l'action de l'hydrogène à une température comprise entre 300 et 350°. Il se produit ainsi de l'acide chlorhydrique qui se dégage, et un résidu formé de platine pur et de chlorure de potassium, qu'on sépare l'un de l'autre au moyen de l'eau.

Le platine obtenu ainsi forme une poussière grise qui acquiert du brillant sous l'influence du frottement et de la compression. Fortement comprimé et forgé ensuite au rouge, il prend complètement l'aspect métallique.

L'extraction industrielle du platine se fait en chauffant le minerai dans un creuset avec du sulfure de plomb pour faire passer le fer à l'état de sulfure. On ajoute ensuite du plomb métallique qui forme un alliage avec tous les métaux de la série du platine. En insufflant de l'air dans le creuset on transforme le soufre en anhydride sulfureux, et les métaux étrangers (cuivre, fer, etc.) en oxydes. Ceux-ci sont éliminés à l'état de silicates fusibles par la fusion avec le verre auquel on a ajouté un peu de bioxyde de manganèse. A la base du culot de plomb se rassemble l'osmiure d'iridium, qui n'est pas attaqué par ce traitement. On l'enlève mécaniquement après refroidissement du creuset.

L'alliage de plomb et de platine est ensuite soumis à la coupellation. Le platine restant, contenant l'iridium, le rhodium, l'osmium, le ruthénium et des traces de plomb, est fondu dans un creuset en chaux, à la flamme du gaz oxhydrique. Le plomb et l'osmium se volatilisent : les métaux du platine fondent et forment un alliage très résistant employé pour la confection des ustensiles de laboratoires. Un platine contenant 10 % d'iridium est plus dur et plus inaltérable par les acides que le platine pur.

Propriétés. On connaît le platine sous quatre états :

1° Le noir de platine se produit par l'action du fer réduit par l'hydrogène sur une solution de tétrachlorure de platine, acidulée par l'acide chlorhydrique, ou bien par l'action de la chaleur sur le platinate de potassium en présence d'un agent réducteur, tel que l'alcool. On obtient un noir de platine très actif en versant peu à peu du chlorure de platine dans un mélange bouillant de 3 volumes de glycérine et de 2 vol. d'une solution de potasse caustique à 10 %.

2° La mousse de platine s'obtient par l'action d'une chaleur faible sur le chloro-platinate d'ammonium, ou par l'action de l'hydrogène sur le chloro-platinate de potassium.

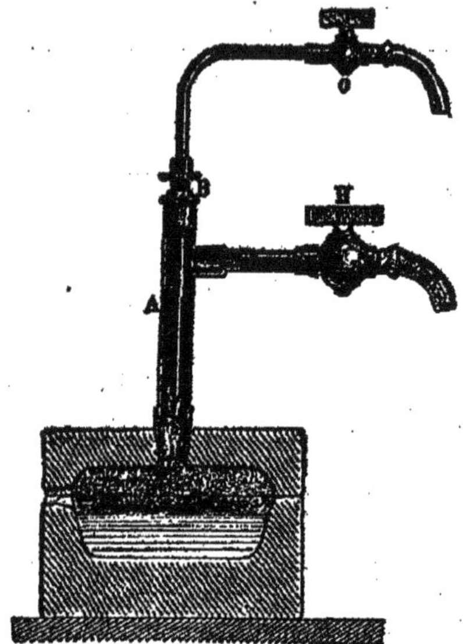

Fig. 24.

3° Le platine comprimé et forgé ensuite se prépare par la compression méthodique de la mousse et par le martelage au rouge de la masse suffisamment agrégée par la compression.

4° Le platine fondu et coulé s'obtient par la fusion du platine dans un petit four en chaux (fig. 24). On chauffe le métal à l'aide du chalumeau oxhydrique A, alimenté par du gaz à éclairage venant en H et activé par un courant d'oxygène amené en O.

Le platine fondu ou forgé est d'un blanc éclatant, mais qui n'a point la blancheur de l'argent. Il est très ductile et très malléable, plus dur que l'argent, mais moins dur que le fer et le cuivre. Sa densité varie de 21, 15 à 21, 47. Au rouge on peut le souder à lui-même comme le fer.

Il est infusible au feu de forge, mais se fond aisément au chalumeau alimenté par l'oxygène. Il peut même bouillir et se volatiliser. La couleur de sa vapeur paraît verte.

A l'état de mousse, le platine est gris, couleur d'ardoise. Le noir de platine est d'un noir velouté.

Dans tous ces états, le platine condense les gaz et les vapeurs, et ce d'autant plus qu'il est divisé. Le noir de platine en condensant rapidement certains gaz peut devenir incandescent ; il se transforme ainsi en mousse de platine.

Le platine est inaltérable à l'air, à toute température.

Les acides chlorhydrique, azotique, sulfurique n'attaquent point le platine lorsqu'ils agissent isolément, mais ils le transforment en sels en présence des corps oxydants, et notamment de l'eau oxygénée. L'eau régale le dissout lentement et le transforme en acide chloroplatinique.

À chaud les hydroxydes alcalins attaquent le platine, et produisent des platinates alcalins solubles. Au rouge, les azotates de ces métaux produisent le même effet.

Le chlore humide attaque le platine, et le transforme en chlorure.

L'anhydride borique et silicique, les acides du phosphore, etc., mêlés de charbon, attaquent également le platine, et le transforment en borure, siliciure, phosphure, etc., fusibles. Le platine se laisse également attaquer par le bisulfate de potassium en fusion.

Usages. Le platine sert à la fabrication des vases destinés à la concentration de l'acide sulfurique, et des ustensiles de laboratoire. La mousse et le noir de platine sont fréquemment employés dans les laboratoires pour faciliter les réactions entre substances gazeuses : c'est ainsi que l'on prépare industriellement l'anhydride sulfurique en unissant l'oxygène à l'anhydride sulfureux. On se sert avantageusement dans ces expériences de l'asbeste platiné, obtenu en chauffant modérément de l'asbeste imprégné d'une solution de chlorure de platine.

COMPOSÉS PLATINIQUES.

392. Par l'action de l'eau régale sur le platine et évaporation à siccité de la solution produite on obtient des cristaux déliquescents, jaune brunâtre, très solubles dans l'eau et dans l'alcool en produisant une solution jaune. Ce produit qu'on désigne fréquemment sous le nom de chlorure de platine, est en réalité l'*acide chloroplatinique* $PtCl_6H_2 + 6H_2O$. Quand on y ajoute une quantité de sel d'argent, azotate ou carbonate, équivalente au tiers du chlore qu'il renferme, il se décompose d'après l'équation

$$PtCl_6H_2 + Ag_2CO_3 = PtCl_4 + 2AgCl + H_2O + CO_2.$$

Il se produit alors une solution orangée, qui par évaporation, donne de beaux cristaux rouges de chlorure platinique $PtCl_4 + 5H_2O$. Ce sel n'est pas déliquescent.

Le chlorure platinique se combine à la plupart des chlorures : avec les chlorures de potassium, de rubidium, de cæsium, d'ammonium, il forme des chloroplatinates M'_2PtCl_6, jaunes, très peu solubles dans l'eau et complètement insolubles dans l'alcool éthéré; avec les chlorures de sodium, de lithium, de calcium, de magnésium, etc., il produit des chloro-platinates solubles dans l'eau, dans l'alcool, et facilement cristallisables. Ces sels sont d'un jaune d'or.

Tous ces chloro-platinates sont décomposés par l'hydrogène à 200° : il se produit de l'acide chlorhydrique, et il reste un mélange de platine et de chlorure métallique. Le chloro-platinate d'ammonium se transforme en platine spongieux pur.

393. *L'oxyde platinique*. PtO_2 résulte de l'action d'une douce chaleur sur l'hydroxyde platinique. Celui-ci s'obtient en versant de l'acide acétique dans une solution de platinate de potassium produite par l'action d'un excès de solution de potasse caustique sur le chloro-platinate de potassium.

L'oxyde platinique est noir; chauffé assez fortement, il perd son oxygène et laisse du platine.

L'hydroxyde est brun foncé; il se dissout facilement dans les acides, qu'il transforme en sels.

Il se combine aux hydroxydes alcalins, en donnant naissance à des platinates jaunes ou bruns, solubles dans l'eau, et qui peuvent être chauffés au rouge sans se décomposer. Le platine semble donc jouer le rôle d'un métalloïde. Ces platinates contiennent M_4PtO_4. Sous l'influence de la chaleur et de l'alcool, ils sont décomposés et produisent du noir de platine.

394. *Le sulfure platinique* PtS_2 se produit par l'action de l'acide sulfhydrique sur le chloro-platinate de sodium. On obtient ainsi un précipité brun foncé qui devient noir par la dessiccation. Il se combine avec les sulfures alcalins en donnant naissance à des sulfoplatinates solubles dans l'eau. Il se comporte donc comme un véritable sulfoanhydride.

L'acide azotique concentré et chaud le transforme en sulfate platinique.

COMPOSÉS PLATINEUX.

395. Le *chlorure platineux* $PtCl_2$ prend naissance par l'union directe du chlore à la mousse de platine chauffée à 250°. Il se produit encore par l'action d'une chaleur de 500° sur le tétrachlorure ou sur l'acide chloroplatinique.

Il est vert olive, insoluble dans l'eau mais soluble dans l'acide chlorhydrique qu'il colore en brun foncé. Sa solution chlorhydrique se combine aux chlorures alcalins en produisant des chloroplatinites cristallisables en prismes rouges et formés de M'_2PtCl_4. Le chloro-platinite de potassium se produit très facilement quand on humecte avec de l'eau un mélange de chloroplatinate de potassium et de chlorure cuivreux. On élimine par l'alcool le chlorure cuivrique formé : le chloroplatinite de potassium est insoluble dans ce dissolvant.

396. L'*oxyde platineux* PtO s'obtient facilement par l'action d'une douce chaleur sur le platinate de calcium (§ 394). On élimine la chaux par l'acide azotique étendu. Il se présente alors à l'état d'une poudre violette.

397. Par l'action d'une solution bouillante d'hydroxyde de potassium sur le chloro-platinite de potassium on obtient un précipité noir violacé d'hydroxyde $Pt(OH)_2$ que la dessiccation transforme en oxyde PtO. Il est décomposé par les hydroxydes alcalins en platine et en platinates.

Il se dissout dans les hydracides mais ne forme pas de sels avec les oxacides.

CARACTÈRES DES COMPOSÉS SOLUBLES DU PLATINE.

Composés platiniques. Leurs solutions sont jaunes, jaune orangé ou brunâtres. Elles sont précipitées en jaune par une solution de chlorure d'ammonium.

L'acide sulfhydrique, les sulfhydrates et les sulfures solubles les précipitent en noir; le précipité se dissout dans un excès de sulfure alcalin.

Composés PLATINEUX. Leurs solutions sont d'un jaune verdâtre, brun foncé, ou rouges.

Elles ne sont pas précipitées par une solution de chlorure d'ammonium.

L'acide sulfhydrique, les sulfhydrates et les sulfures solubles les précipitent en noir; le précipité se dissout dans un excès de sulfure alcalin.

Une chaleur suffisamment élevée décompose tous les composés de platine. Il reste du métal pour résidu, reconnaissable à ses propriétés physiques et à son inaltérabilité sous l'influence des acides chlorhydrique, azotique et sulfurique, pris isolément.

OR.

Symbole Au'''; poids atomique 196,6.

396. Si par ses propriétés physiques et sa solubilité dans le mercure l'or a tous les caractères d'un métal parfait, ses combinaisons chimiques tendent plutôt à le faire ranger parmi les métalloïdes. On ne connaît aucun oxysel d'or bien défini.

L'or forme deux genres de composés: dans les uns, appelés composés *auriques* ou *d'auricum*, il fonctionne comme élément triatomique; les autres contiennent un atome d'or non saturé, paraissant univalent ($=$ Au), l'*aurosum* et se nomment composés *aureux*. On a découvert récemment une nouvelle catégorie de combinaisons, dans lesquelles l'or ne mettrait en jeu que deux centres d'attraction; tel est le bichlorure $AuCl_2$. Mais il n'est pas établi que la formule de ce corps n'est pas Au_4Cl_4, et qu'il ne doit pas être considéré comme une combinaison additionnelle de chlorure aureux et de chlorure aurique.

État naturel. L'or est un métal très répandu dans la nature, mais qui ne se rencontre qu'en minimes quantités. On le trouve surtout dans les roches quartzeuses, et dans les sables qui résultent de leur désagrégation. La plupart des pyrites renferment des traces d'or. Il existe surtout à l'état natif : on le trouve aussi allié à l'argent, au platine, à l'iridium et au tellure.

Extraction. L'or s'extrait des roches ou des sables aurifères par lévigation, de manière à entraîner autant que possible les matières terreuses par un courant d'eau. On agite alors le résidu avec du mercure et on soumet l'amalgame à la distillation.

Les pyrites aurifères sont grillées à fond, au besoin dans une atmosphère contenant un peu de chlore pour éliminer complètement le soufre, l'arsenic et l'antimoine, et soumises, après refroidissement, à l'action du chlore humide. Il se forme ainsi du trichlorure d'or qu'on extrait par l'eau chaude, et qu'on décompose ensuite par un sel ferreux en présence de l'acide chlorhydrique

$$2AuCl_3 + 6FeCl_2 = Au_2 + 3Fe_2Cl_6.$$

On obtient ainsi un précipité brun, pulvérulent, d'or pur.

L'or natif renferme presque toujours de l'argent; inversément l'argent contient fréquemment des traces d'or. On peut séparer ces deux métaux en traitant leur alliage par l'acide nitrique ou l'acide sulfurique concentré et chaud, qui n'attaque que l'argent; mais il importe, surtout si l'on emploie l'acide nitrique, que l'alliage contienne au moins 75 % d'argent.

Propriétés. L'or est jaune-rouge à l'état compacte et brun à l'état de grande division. Réduit en feuilles très minces, il transmet une lumière verte. Densité 19,5. Il cristallise en octaèdres réguliers. Il fond à 1100°. C'est le corps le plus ductile et le plus malléable que l'on connaisse.

Le chlore et le brôme humides l'attaquent avec la plus grande facilité et le transforment en trichlorure ou en tribrômure d'or.

L'eau régale le dissout aisément. Les autres acides sont sans action sur lui.

TRICHLORURE D'OR. $AuCl_3$.

399. Ce composé se forme directement en chauffant des feuilles d'or à 500° dans un courant de chlore. Dans une atmosphère de ce gaz, il se sublime en cristaux d'un jaune rougeâtre, très solubles dans l'eau, dans l'alcool et dans l'éther. L'éther l'enlève à l'eau.

Par l'action de l'eau régale sur l'or purifié, on obtient des cristaux jaunes, déliquescents, d'acide chloroaurique $HCl, AuCl_3$.

Le chlorure d'or est très vénéneux. Il colore les tissus organiques en pourpre.

Il s'unit à l'acide chlorhydrique, de même qu'au chlorure de potassium, de sodium et d'ammonium etc., avec lesquels il produit des chloro-aurates dont la composition est :

$$HCl, Au\, Cl_3 + 4aq \qquad NaCl, Au\, Cl_3 + 2aq$$
$$KCl, Au\, Cl_3 + 2aq \qquad NH_4Cl, Au\, Cl_3 + 2aq.$$

Ces sels sont jaunes ou jaune rougeâtre, et solubles dans l'eau qu'ils colorent en jaune.

Tous les corps réducteurs, comme l'acide sulfureux, l'acide oxalique, les sels ferreux, etc. en précipitent de l'or métallique à l'état pulvérulent.

Le chlorure stanneux y produit un précipité pourpre (pourpre de Cassius). Ce précipité est une laque d'oxyde stannique, sur laquelle l'or s'est déposé à l'état métallique.

400. Le chlore gazeux convertit l'or pulvérulent en *bichlorure d'or* $AuCl_2$. On emploie pour cette expérience l'or précipité par l'acide sulfureux, lavé à l'acide nitrique étendu et séché à 170°. Il se produit ainsi un composé d'un rouge foncé, très dur, très hygroscopique, que l'eau décompose immédiatement en un mélange de chlorure aureux et de chlorure aurique, de là la formule $AuCl, AuCl_3$. Il se dédouble en ses éléments à 250°.

ANHYDRIDE AURIQUE. Au_2O_3.

401. En chauffant à 100° une solution de trichlorure d'or avec de l'hydroxyde de magnésium, il se produit de l'aurate de magnésium insoluble qu'on décompose par l'acide azotique étendu. Il se précipite ainsi de l'hydroxyde aurique $Au(OH)_3$ qu'on transforme en anhydride par dessiccation à 100°. Ce corps est brun, insoluble dans l'eau. Au delà de 100°, il se décompose en or et en oxygène. L'hydrogène le réduit à froid : c'est d'ailleurs le seul oxyde métallique endothermique.

Il se dissout aisément dans les hydracides, mais il est absolument insoluble dans les oxacides même les plus concentrés.

L'*hydroxyde aurique* AuO_3H_3 peut s'obtenir en ajoutant peu à peu de la soude caustique à une solution de trichlorure d'or, jusqu'à ce que le liquide ait pris une teinte brunâtre, et en versant ensuite du sulfate de sodium dans le mélange.

Sa teinte varie du jaune au brun, suivant la manière dont il a été préparé. Il se laisse très facilement réduire : il suffit de le chauffer avec une solution alcoolique de potasse pour obtenir une belle poudre d'or qu'on peut employer en peinture.

Il se dissout dans les hydroxydes de potassium et de sodium, qu'il transforme en métaaurates jaunes, cristallisables et solubles dans l'eau :

$$2KHO + Au_2O_3 = H_2O + 2KAuO_2.$$

Les aurates normaux trimétalliques sont inconnus.

L'hydroxyde aurique se dissout aussi dans l'acide sulfurique et dans l'acide azotique concentrés. On obtient ainsi des composés jaunes, cristallins, de la formule $SO_4H(AuO)$ et $Au(NO_3)_3 + NO_3H$, mais qu'on peut considérer comme des anhydrides mixtes, attendu que l'eau les décompose immédiatement en précipitant de l'hydroxyde d'or.

Il agit aussi sur l'ammoniaque et se transforme ainsi en une poudre brune, très explosive, $Au_2O_3(NH_3)_4$, connue sous le nom d'or fulminant. Le même composé se produit quand on verse de l'ammoniaque dans une solution de chlorure d'or.

SULFURE D'OR.

402. L'or ne se combine pas directement au soufre. Par l'action de l'acide sulfhydrique sur une solution *froide* de trichlorure d'or, on obtient un précipité jaune brun, inaltérable à l'air et formé d'un mélange de bisulfure Au_2S_3 et de soufre. Au rouge, il se transforme en or et en soufre.

Il se dissout aisément dans les sulfures alcalins, qu'il transforme ainsi en sulfaurates incolores et cristallisables. Le sulfure d'or et de sodium $NaAuS$ a été obtenu aussi en chauffant de l'or avec du bisulfure de sodium. Le sulfure d'or possède donc les caractères d'un sulfure négatif; mais ses sels sont fort instables, car ils se décomposent déjà au contact de l'air.

L'hydrogène sulfuré, en agissant sur une solution chaude de trichlorure d'or, la réduit en précipitant de l'or métallique.

COMPOSÉS AUREUX.

403. Le *chlorure* AuCl s'obtient par l'action d'une chaleur de 185° sur le trichlorure. Il se dégage ainsi du chlore. Il est pulvérulent, jaune, insoluble dans l'eau. Par l'action de l'hydroxyde de potassium dissous il se transforme en *oxyde* Au_2O, qui est une poudre violette.

404. L'acide chlorhydrique transforme l'oxyde aureux en or et en trichlorure d'or. Les oxacides sont sans action sur lui. Il se dissout dans les hydroxydes alcalins, mais cette solution se décompose rapidement en or et en aurates.

405. Quand on ajoute peu à peu une solution très étendue (2 %) de chlorure d'or à de l'hyposulfite de sodium dissous dans l'eau, il se produit un liquide rouge, qui ne tarde pas à se décolorer. Si à ce moment on verse dans le mélange une forte quantité d'alcool, il se produit un précipité blanc, formé d'un hyposulfite double d'aurosum et de sodium

$$8Na_2S_2O_3 + 2AuCl_3 = (3Na_2S_2O_3, Au_2S_2O_3) + 2Na_2S_4O_6 + 6NaCl.$$

Ce sel est incolore et soluble dans l'eau : il possède une saveur sucrée. Les acides étendus ne l'altèrent pas; mais les corps réducteurs tels que l'acide oxalique ou les sels ferreux en séparent de l'or métallique.

Les photographes l'emploient pour donner aux épreuves sur papier un ton rouge violacé.

CARACTÈRES DES COMPOSÉS SOLUBLES D'OR.

Toutes ces solutions sont jaunes; elles colorent la peau en violet.

Les hydroxydes de potassium et de sodium ne les précipitent point.

Les composés ferreux solubles, acidulés par l'acide chlorhydrique, les colorent en vert bleuâtre en précipitant de l'or qui se dépose sous forme d'une poussière brune. Le liquide, décoloré par le dépôt, contient des composés de ferricum.

Les iodures solubles en précipitent un mélange d'iode et d'iodure jaune d'aurosum.

Le chlorure de stannosum les précipite en brun pourpre.

Tous les composés d'or, chauffés au rouge vif en présence de l'air, laissent de l'or métallique reconnaissable à ses propriétés physiques.

ERRATA.

TOME I. — *Métalloïdes.*

P. 165	ligne	4	au lieu de	oxygène	lisez	hydrogène.
P. »	»	»	»	hydrogène	»	oxygène.
P. 285	»	23	»	NO_2	»	$2NO_2$.
P. 284	»	16	»	$H_2O + SO_2 + HNO_3$	»	$H_2O + 2SO_3 + 2HNO_3$.
P. 291	»	32	»	K_3SO_4	»	K_2SO_4.
P. 294	»	32	»	§ 94	»	§ 92.
P. 331	»	7	»	$+ O_0$	»	$+ O_5$.
P. 333	»	35	»	s'obstenir	»	s'obtenir.
P. 354	»	3	»	$AgPO_4$	»	Ag_3PO_4.
P. 354	»	30	»	hexamtaphosphate	»	hexamétaphosphate.
P. 360	»	7	»	Sb_2OO_5	»	Sb_2O_5.
P. »	»	25	»	HO_2	»	H_2O.

TOME II. — *Métaux.*

P. 9	ligne	2	au lieu de	Cn	lisez	Cu.
P. 9	»	5	»	Fn	»	Sn.
P. 9	»	7	»	An	»	Au.
P. 42	»	5	»	KH_2 et NaH_2	»	K_2H et Na_2H.
P. 27	»	49	»	mercurium	»	mercuricum.
P. 405	»	3	»	KNO_2	»	KNO_3.
P. 430	»	dernière	»	On	»	On le produit.
P. 434	»	43	»	$2CaOH_2$	»	$2Ca(OH)_2$.
P. 434	»	14	»	H_2O	»	$2H_2O$.
P. 436	»	25	»	iode	»	iodure de potassium.
P. 450	»	28	»	45 %	»	4 %.
P. 451	»	7	»	de	»	des.
P. 485	»	30	»	d'oxydes	»	hydroxydes.
P. 266	»	29	»	5,08	»	5,55

TABLE DES MATIÈRES.

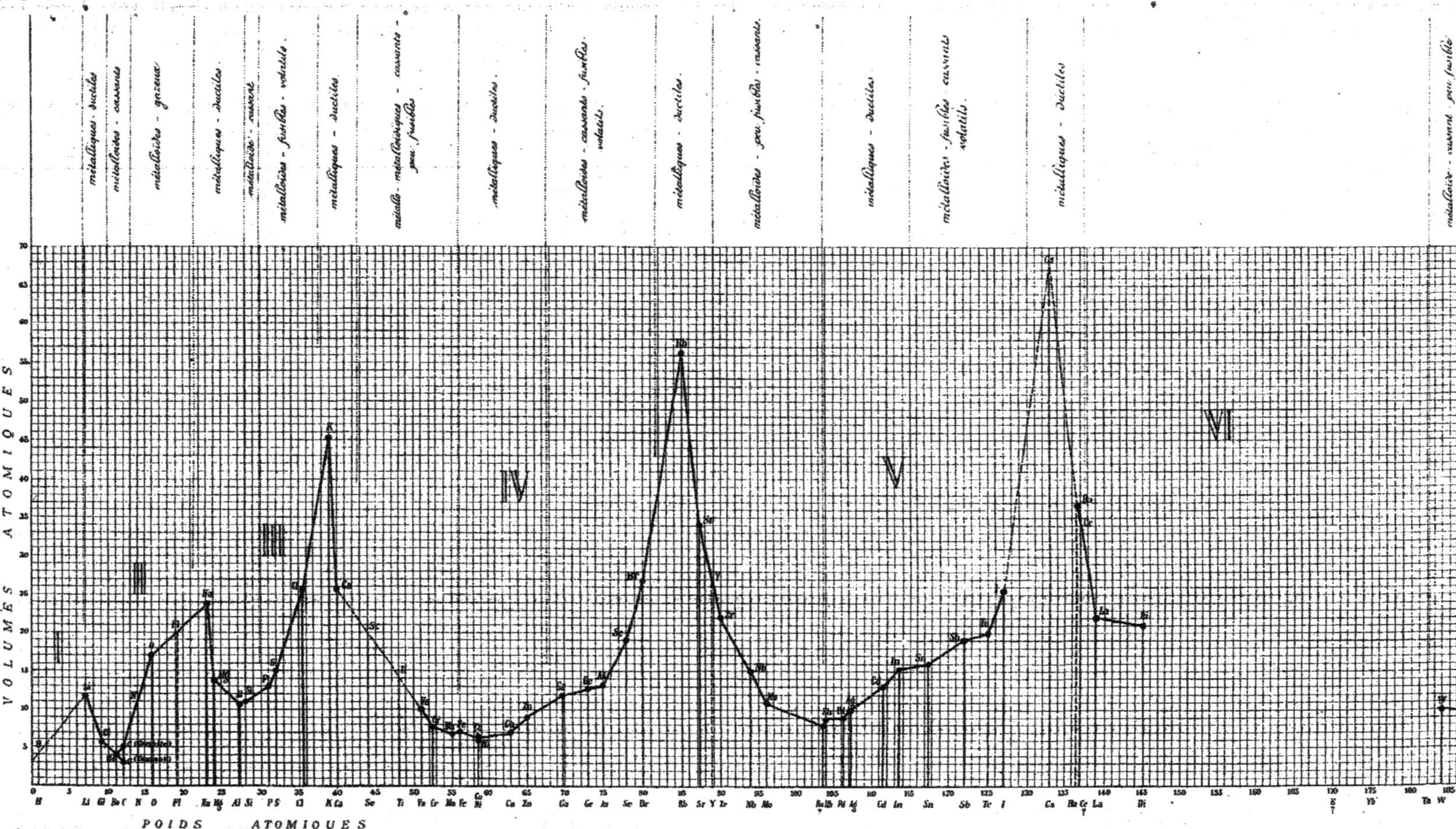

VOLUMES ATOMIQUES
POIDS ATOMIQUES
métalliques - ductiles
métalloïdes - cassants
métalloïdes - gazeux
métalliques - ductiles
métalloïde - cassant
métalloïdes - fusibles - volatils
métalliques - ductiles
métallo - métalloïdiques - cassants - peu fusibles
métalliques - ductiles
métalloïdes - cassants - fusibles - volatils
métalliques - ductiles
métalloïdes - peu fusibles - cassants
métalliques - ductiles
métalloïdes - fusibles - cassants - volatils
métalliques - ductiles
métalloïde - cassant - peu fusible

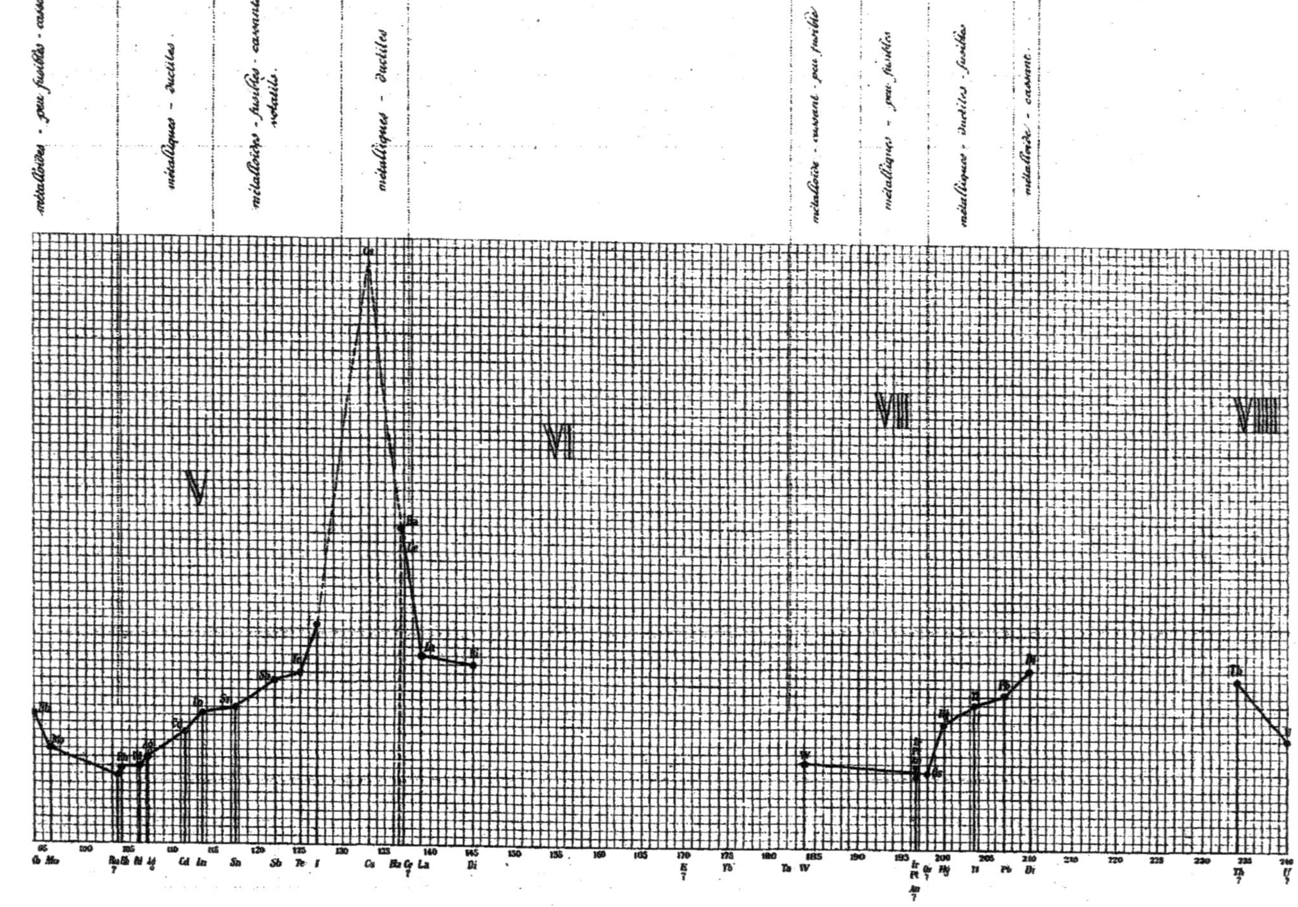

métalloïdes - peu fusibles - cassa[nts]
métalliques - ductiles
métalloïdes - fusibles - cassants volatils.
métalliques - ductiles
métalloïde - cassant - peu fusible
métalliques - peu fusibles
métalliques - ductiles - fusibles
métalloïde - cassant.
V
VI
VII
VIII